碳排放权交易系列教程

碳排放权交易概论

CARBON EMISSIONS TRADING SCHEME INTRODUCTION

主　编 / 孙永平

副主编 / 张彩平　刘习平　朱齐艳

序　言

根据 IPCC 第五次评估报告，人类继续向大气层排放温室气体的容量空间已经日益稀缺，要在 21 世纪末实现 2 摄氏度的温控目标，如果按照 2010 年全球排放水平测算，2050 年前剩余的温室气体排放空间平均仅有 24 年。如果按照《巴黎协定》提出的 1.5 摄氏度的温控目标测算，排放空间更为稀缺。

稀缺资源只有通过市场配置，才能提高效率。碳排放权交易体系就是根据排放空间，设定排放总量目标，确立排放权的稀缺性，通过无偿或者有偿的方式分配排放权配额，依托有效的报告体系、检测体系和核证体系，以公平可靠的交易平台、灵活高效的交易机制，实现排放权的资本化，发挥市场在温室气体减排中的决定性作用。同时，碳排放权交易可以突破时间和空间限制，使碳减排发生在边际成本最低的主体，以较低代价实现排放控制目标，也充分体现“谁排放谁买单、谁减排谁受益”环境治理基本原则。

2009 年，中国超过美国成为全球最大二氧化碳排放国。2014 年，中国二氧化碳排放量占世界的比重为 26.97%，GDP 占世界的比重为 13.29%，前者是后者的 2 倍多。二氧化碳排放的严峻形势，使中国面临着巨大的国际压力，气候变化俨然成为中国政治、外交和经济谈判的核心内容之一。气候变化是人类在 21 世纪面临的最复杂挑战之一，因为没有任何国家可以置身事外，也没有任何国家可以独立应对。中国作为世界第一排放大国和第二大经济体，在全球气候变化治理中既要考虑国情国力，也要承担起应有的责任。建立全国统一碳市场既是中国兑现“国家自主贡献”的承诺和应对气候变化的重要手段，也是倒逼企业进行节能减排、带动低碳产业及相关技术发展、助力产业结构升级、培育绿色竞争力、加快经济增长方式转变的重要手段。因此，正如习近平主席所言，气候变化“不是别人要我们做，而是我们自己要做”，积极应对气候变化符合中国的自身利益、核心利益和根本利益。

无论对于理论工作者还是对于实务工作者，碳排放权交易都是新鲜事物，相关的总量设定、配额分配、MRV 体系建设、碳金融和碳资产管理等多个方面仍处于摸索阶段。在试点碳市场的基础上，国家正在筹建全国统一的碳市场，并将于 2017 年上线交易。全国统一碳市场作为未来全球最大的碳市场，是中国主导全球气候变化治理的重要手段，必将对中国乃至全世界的经济社会发展产生广泛影响。鉴于中国的碳市场建设正处于承前启后的重要历史时刻，亟须培养一批对碳排放权交易有系统了解的“应用型、复合型、前沿化、国际化”高级低碳经济与管理人才。但是，国内仍然缺乏一本全面介绍碳排放权交易体系各个环节的教材，基于此，由湖北经济学院碳排放权交易湖北省协同创新中心牵头，组织湖北碳排放权交易中心、中国质量认证中心、南华大学等相关机构的专家学者，编写了《碳排放权交易概论》，以期为全国统一碳市场能力建设提供支撑。

本书主要内容和结构如下。

第一章　气候变化概述。本章引出本书的背景和主题，综述了 IPCC 对气候变化的描述，包括气候变化、适应气候变化和减缓气候变化。

第二章　碳排放权交易的经济学基础。本章从经济学角度审视人类的排放行为，阐述碳排放权交易的经济学理论基础，包括外部性理论、产权理论、碳排放权交易和碳税。

第三章　碳排放权交易的法律基础。本章从法律的角度解读碳排放权交易的实质，系统分析了二氧化碳的法律属性、碳排放权的法律权属、碳排放权交易的法律保障、中国试点碳市场的立法实践以及碳排放权交易纠纷的法律解决。

第四章　监测、报告与核查（MRV）。可监测、可报告、可核查是温室气体排放和减排量量化的基本要求，也是碳排放权交易体系实施的基础。本章详细介绍了第三方核查机构，核查对象、范围和流程，核查程序，核查数据管理，核查数据的验证与偏差等。

第五章　配额分配。本章详细介绍了碳排放权交易体系中最核心的配额分配问题，包括企业配额确定方法和配额分配方法。

第六章　碳排放权的需求和供给。本章探讨了碳排放权的需求和需求曲线、供给和供给曲线，碳排放权的需求、供给和均衡价格，以及政府对碳价格的调控和管理。

第七章　碳交易产品与规则。本章主要介绍了我国及全球碳金融发展的现状和形势，探讨了碳金融产品与主要的交易规则。

第八章　履约与抵消机制。本章主要介绍了履约与抵消机制以及可能引发的碳泄漏问题。

第九章　碳会计与碳资产管理。本章系统探讨了“总量与交易机制”和“基准与信用机制”下特有的会计确认、计量和报告问题，并对碳资产管理的理论及实践问题进行探索性的研究。

第十章　国内外典型碳市场。本章主要介绍了国内外典型碳市场，包括欧盟碳市场、美国碳市场和中国碳市场。

本书具体分工如下：王珂英负责第一章；刘习平、肖锐负责第二章；王国飞、尤默负责第三章；朱齐艳、徐芳、李晔负责第四章；孙永平负责第五章；孙永平、王磊负责第六章；叶楠、张冯雪负责第七章；刘亚飞、叶楠负责第八章；张彩平、陈力负责第九章；刘晓凤、王成、周蓉负责第十章。全书的统稿工作由孙永平、张彩平和刘习平负责。

在本书编写的过程中，参考了国内外诸多学者的思想和观点，在此向有关作者表示衷心感谢。本书的出版得到了湖北经济学院、社会科学文献出版社领导的大力支持，在此示以衷心的谢意。

由于碳排放权交易在全世界范围内仍处于探索阶段，加之时间和认知水平有限，书中疏漏、错谬之处在所难免，恳请读者批评并提出宝贵的意见。希望通过我们的共同努力，为碳排放权交易的教学和人才培养做出应有的贡献。

编者

2016 年 9 月 28 日

目　录
CONTENTS

第一章
气候变化概述

近百年来，特别是20世纪70年代末以来，地球气候经历了明显的变暖，引起了世界各国政治界和科学界的广泛关注。我国的气候变化趋势与全球变化总趋势基本一致。政府间气候变化专门委员会（IPCC）发表的第五次评估报告指出，最近50年的全球气候变暖很可能是由人类活动向大气中排放二氧化碳等温室气体所产生的增温效应引起的①。本章综述了IPCC对全球气候变化的描述。

第一节　气候变化

一　全球气候变化现状及趋势

IPCC第五次评估报告指出自20世纪50年代以来，观测到的许多变化在几十年乃至上千年时间里都是前所未有的。大气和海洋已变暖，积雪和冰量已减少，海平面已上升，温室气体浓度已增加。

（一）大气

过去三个十年的地表已连续偏暖于1850年以来的任何一个十年。在北半球，1983~2012年可能是过去1400年中最暖的30年。全球平均陆地和海洋表面温度的线性趋势计算结果表明，1880~2012年温度升高了0.85°C。1850~1900年和2003~2012年平均温度之间的总升温幅度为0.78°C（见图

① 关于全球气候变化的内容主要来自IPCC发表的第五次评估报告，http://www.ipcc.ch/report/ar5/。

1－1）。近50年的变暖速率达到每10年0.13°C，几乎是近100年增温速率的2倍。北半球变暖比南半球明显，全球各个大陆的变暖比各个海洋明显，全球陆地夜间增暖比白天明显，北半球中高纬度地区冬季增暖比夏季明显。

利用探空和卫星观测资料对大气对流层中、低层温度进行的分析表明，二者之间的变暖速率基本一致。卫星微波探空仪得到的1979年以来对流层温度变暖速率为每10年0.12°C～0.19°C。平流层底层温度明显下降了。但一些研究表明，高空温度变化趋势还存在着很大不确定性。

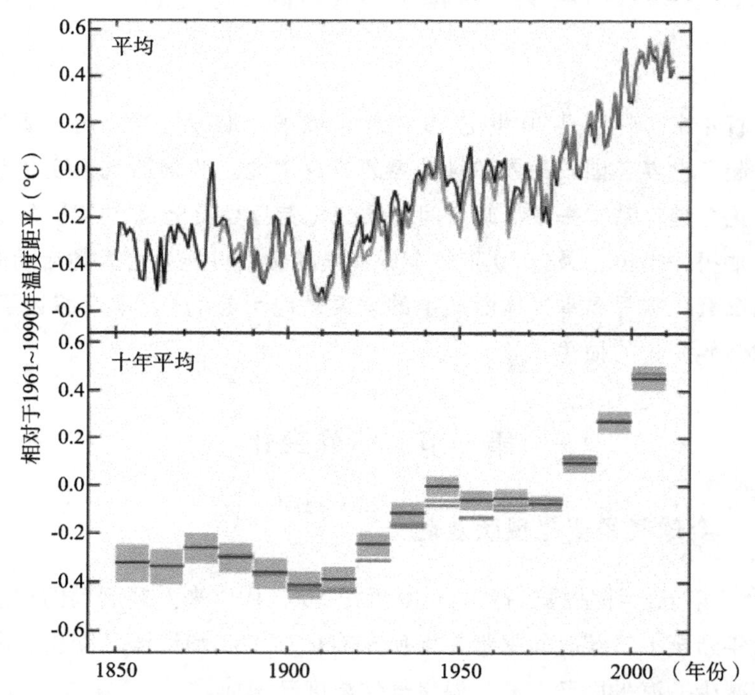

图1－1　观测到的全球平均陆地和海表温度距平[①]变化（1850～2012年）

全球陆地上极端温度变化与大尺度变暖一致。观测结果显示，中纬度区域霜冻日数大幅度减少，极端暖日数（最暖10%的白昼或黑夜）增加，极端冷日数（最冷10%的白昼或黑夜）减少。冷夜日数变化最显著，1951～2003年，在有观测资料的所有区域（76%的陆地）冷夜日数均有所减少。自20世纪下半叶以来，热浪一直在持续增加。但是，目前尚无足够的证据确认一

① 距平，指某一系列数值中的某一个数值与平均值的差。

些如龙卷风、冰雹、闪电等的中小尺度事件存在变化趋势。

大约自 1950 年以来，人类已观测到许多极端天气和气候变化的事件。很可能的原因是，全球范围内冷昼和冷夜的天数已减少，而暖昼和暖夜的天数已增加。在欧洲、亚洲和澳大利亚的大部分地区，热浪的发生频率已经增加。

（二）降水量

在许多地区，观测到降水量在 1900～2005 年存在长期变化趋势。在南北美洲东部、欧洲北部、亚洲北部和中部地区，降水量出现较显著的增加；在萨赫尔、地中海、非洲南部和亚洲南部部分地区降水量减少。降水的时空变化很大。在其他区域尚未观测到长期趋势性变化。

在多数陆地区域，观测到强降水事件的频率似乎呈增加趋势。1901 年以来，北半球中纬度陆地区域平均降水已增加。

与降水减少的区域相比，出现强降水事件的陆地区域数量可能已增加。大约自 1950 年以来，许多陆地上的强降水事件（如高于 95 个百分位值）发生次数可能增加，甚至在那些总降水量减少的区域也是如此。在北美洲和欧洲，强降水事件的发生频率或强度可能均已增加。据报道，极弱降水事件也在增加（50 年 1 次），但是仅有少数地区有足够的资料来评估这种趋势的可信性。

大约自 1970 年以来，北大西洋的强热带气旋活动增加，这与热带海表温度上升相关。在其他一些备受关注的区域，也有迹象表明强热带气旋活动在增加。但在西太平洋地区，热带气旋和台风发生频率出现减少趋势。

自 20 世纪 70 年代以来，在更大范围的地区，尤其是在热带和副热带地区，气象干旱的强度和持续时间似乎增加了，但没有足够证据表明水文干旱事件发生频率也提高了。有很多不同的方法来衡量干旱，但仍有不少研究采用降水和温度的变化来表示，这种干旱被称为气象干旱。

（三）海洋温度

海洋变暖在气候系统储存能量的增加中占据主导地位，1971～2010 年累积能量的 90% 以上可由此加以解释。几乎可以确定的是，1971～2010 年，海洋上层（0～700 米）已经变暖；19 世纪 70 年代至 1971 年，海洋上层可能已变暖。

全球范围内，海洋表层温度升幅最大。1971～2010 年，海洋上层 75 米以上深度的海水温度升幅为每十年 0.11°C。1957～2009 年，海洋在 700 米和

2000米深度之间可能已经变暖。1992~2005年，已有充分的观测可用于评估全球2000米以下海水温度的变化。在此期间，可能的是，2000~3000米之间的海洋没有观测到显著的温度趋势。在这一时期，从3000米至洋底海洋可能已经变暖，在南大洋观测到的海水温度升幅最大。在观测数据相对充足的1971~2010年40年间，气候系统增加的净能量中有60%以上储存在海洋上层（0~700米），另有大约30%储存在700米以下。通过线性趋势估算，在此时期，海洋上层的热含量可能增加了17×10^{22}焦耳（见图1-2）。

与1993~2002年相比，2003~2010年海洋上层（0~700米）热含量的增速较为缓慢。1993~2009年，在年际变率较小的700~2000米深处，海洋吸收的热量可能没有减少。

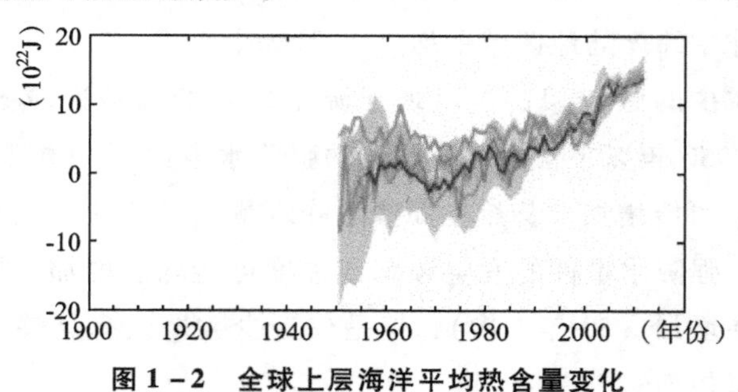

图1-2　全球上层海洋平均热含量变化

（四）冰冻圈

海洋已经吸收了大约30%的人为二氧化碳排放，这导致了海洋酸化，过去20年以来，格陵兰冰盖和南极冰盖的冰量一直在减少，全球范围内的冰川几乎都在持续缩减，北极夏季海冰和北半球春季积雪范围在继续缩小（见图1-3、图1-4）。1971~2009年，全世界冰川的冰量损失平均速率

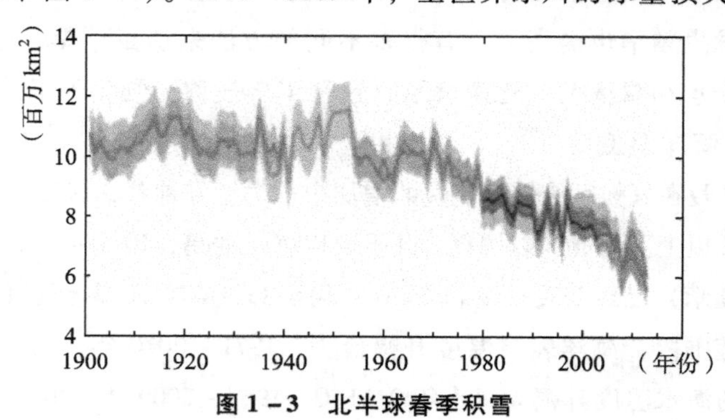

图1-3　北半球春季积雪

很可能是每年 226Gt，1993～2009 年很可能是每年 275Gt。

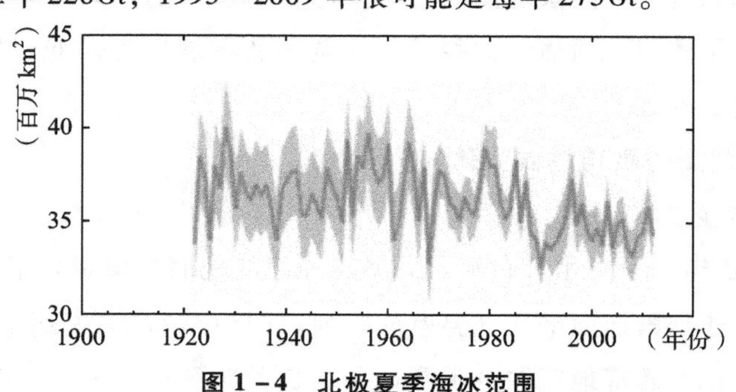

图 1－4　北极夏季海冰范围

（五）全球平均海平面变化

19 世纪末至 20 世纪初出现了海平面从过去两千年相对较低的平均上升速率向更高的上升速率的转变。20 世纪初以来，全球平均海平面上升速率不断加快（见图 1－5）。全球平均海平面上升速率在 1901～2010 年的平均值为每年 1.7 毫米，在 1971～2010 年为每年 2.0 毫米，在 1993～2010 年为每年 3.2 毫米。20 世纪 70 年代初以来，观测到的全球平均海平面上升的 75% 可以由冰川冰量损失和因变暖而导致的海洋热膨胀来解释。1993～2010 年，全球平均海平面上升与观测到的海洋热膨胀（每年 1.1 毫米）、冰川（每年 0.76 毫米）、格陵兰冰盖（每年 0.33 毫米）、南极冰盖（每年 0.27 毫米）以及陆地水储量变化（每年 0.38 毫米）的总贡献一致。这一总贡献为每年 2.8 毫米。

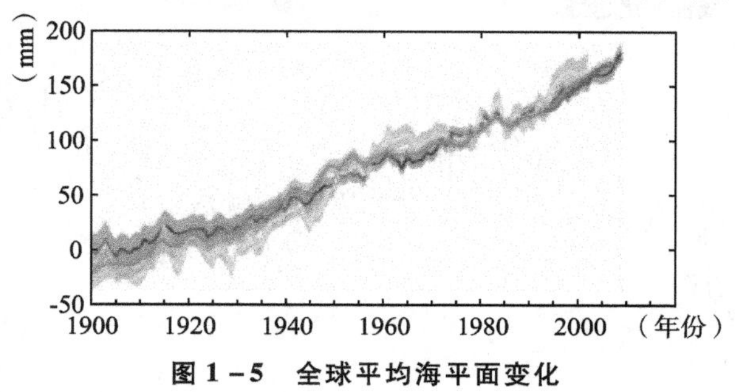

图 1－5　全球平均海平面变化

二　中国气候变化现状及趋势

中国气象局气候变化中心发布的《中国气候变化监测公报》中提到，中国科学家采用 740 个左右气象站长期连续观测记录，对最近 110 年，特别是最近 60 年中国大陆地面和高空气候变化规律进行了系统研究。他们也利用国外和国内的气候系统模式，对全球和中国大陆地区未来气候变化可能趋势进行了模拟和预估，这些工作为全国和区域性气候变化影响、适应性研究奠定了基础。[①]

（一）观测的平均气候变化

1. 温度变化

到1950年，中国才具有相对完整、连续的地面气象观测记录，可以比较可靠地构建全国地面平均气温事件序列。1950年以前的观测资料存在一系列问题，包括西部地区缺少观测记录，以及观测时间和日平均气温计算方法不统一等。

近百年内中国大陆出现两次相对温暖期和寒冷期，其中两次温暖期分别出现在20世纪30～40年代和最近的20多年，长期趋势变化表现为较明显的增暖（见图1－6）。全国近百年来的年平均地面气温上升速率约为每10年0.08℃，考虑估计误差，增温速率为每10年0.08±0.03℃（95%信度区间）。2007年和1998年是中国最近100年中最暖的2年。最近100年中国大陆地面气温的变化与全球和北半球平均大体相似，但由于两次冷、暖波动，特别是20世纪30～40年代的相对暖期更加明显，线性变暖趋势整体上没有全球和北半球显著。

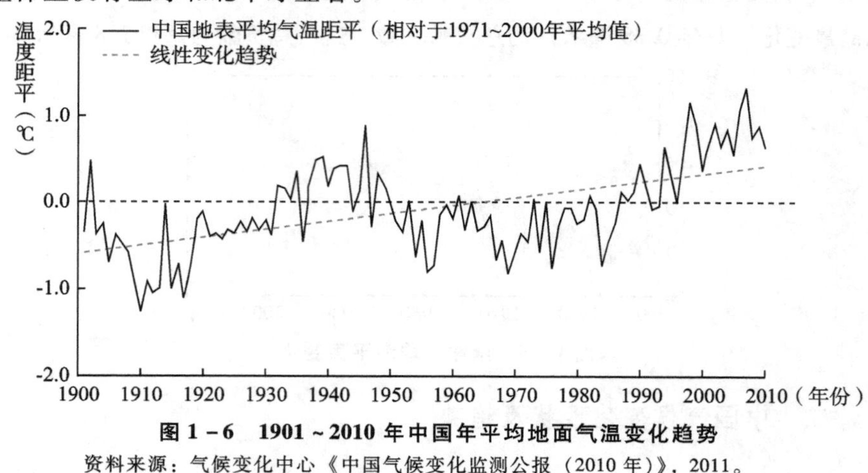

图1－6　1901～2010年中国年平均地面气温变化趋势

资料来源：气候变化中心《中国气候变化监测公报（2010年）》，2011。

① 关于中国气候变化的内容主要来自中国气象局气候变化中心发布的历年《中国气候变化监测公报》。

中国近100年的增暖在东北、华北、西北等北方地区较为明显，东南沿海地带和青藏高原地区也比较明显，而华南和西南地区的增暖较弱。如果取与IPCC AR4报告一致的时间段（1906～2005年），则我国东北地区、新疆和台湾地区有更高的增温速率，而西南、华南、华中地区及青藏高原东部则呈不同程度的下降趋势。

最近60余年来，资料覆盖面大大提高。利用这些资料得到的结果表明，最近50余年来中国的变暖趋势非常明显，1951～2007年全国年平均气温上升近1.40℃，增温速率高达每10年0.25℃，说明最近几十年地面气温呈加速上升趋势。

1951～2008年中国年平均气温变化速率的空间分布表明，全国大部分地区均呈增温趋势，其中增温最显著的区域主要在北方。华北北部、内蒙古中部和东部、东北北部、新疆北部以及青海东北部和甘肃中部等地增温尤为显著，增温速率达到每10年0.40℃～0.60℃。在长江沿线及其以南区域，大部分地区也有不同程度的变暖。增温最小的区域主要集中在中国的西南部包括云南东部、贵州大部、四川东部和重庆等地区。这一区域在21世纪初期以前主要表现为降温趋势，目前仍有若干零星的降温区域存在。

近100年和近50多年全国平均温度变化的季节特征也十分明显。自从20世纪初以来，全国冬、春、秋平均温度上升速率分别为每10年0.19℃、0.16℃和0.06℃，而夏季平均温度变化速率只有每10年0.01℃。从近百年两次增暖的季节特征看，20世纪40年代和90年代虽然都是温度偏高期，但前者的最大距平值出现在夏季，且各季节的增温差相对较小；而后者的最大距平值出现在冬季，且各季节的增温差相对较大。

但是，在近100年增暖、特别是近50年的快速增暖中，还存在一定程度的人类活动因素影响，主要是台站附近城市化造成的系统增温偏差。已经证实，自从20世纪50年代以来，中国城市化的快速发展对多数气象站的地面气温观测资料序列产生了明显影响。考虑城市化对全国平均增温趋势的正影响，中国近50年的实际变暖程度应明显小于上面给出的数字，近100年的增暖趋势也应有所缓和。

最新的研究表明，1961～2004年国家基准气候站和基本气象站记录的全国年平均气温增加趋势中，城市化引起的增温速率为每10年0.06℃～

0.09℃，有些地区高达每10年0.10℃，城市化增温贡献率全国年平均达到27%，各季城市化增温贡献率达18%～38%。因此，城市化及其城市热岛效应加强因素已经对原有国家级气象台站的地面气温观测记录产生了明显的影响。

2. 降水量变化

图1－7给出了1880～2007年中国东部年降水量变化曲线。可以看出，中国东部的降水量没有如温度一样的长期趋势性变化，但是年代际变化比较明显。功率谱分析表明26.7年的周期有一定的显著性，这说明至少目前还无法判断随着全球气候变暖中国东部的降水量是增加了还是减少了。四季降水量也以年代际变化为主，夏、秋两季的变化较大且与全年的变化较为一致，冬、春两季的降水量变化幅度较小。从年降水量来看，19世纪80年代、20世纪初以及20世纪30年代、50年代、70年代和90年代降水较多。20世纪八九十年代降水增加，但最近10年来降水趋于减少。

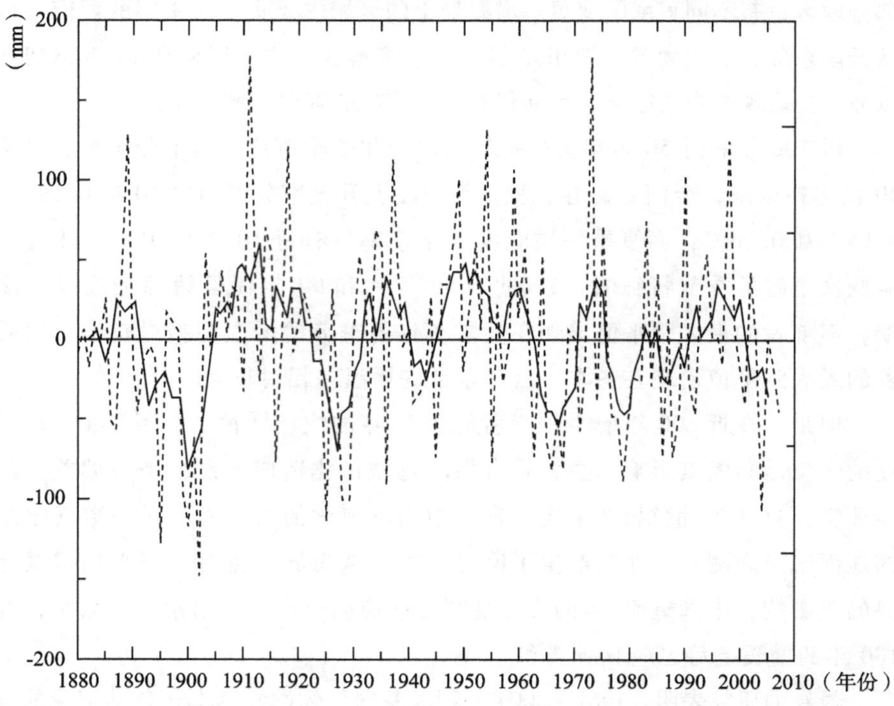

图1－7　中国东部71站1880～2007年四季降水量

注：对1971～2000年数据平均；黑线是5年滑动平均值。

（二）极端气候变化

中国各主要类型极端气候事件频率和强度变化十分复杂，不同区域不同类型极端气候变化表现出明显差异。

在全国范围内，明显的变化发生在与气温相关的极端气候事件上；在次级区域尺度上，各种与降水相关的极端气候事件频率和强度也出现一定变化（见表 1－1）。在近半个世纪里，影响中国的寒潮和低温事件频率和强度有下降趋势，北方地区冬半年寒潮事件发生频次明显减少，东北地区夏季低温冷害事件发生频率趋于下降；异常冷夜和冷昼天数、霜冻日数显著减少、影响减弱，偏冷的气候极值减轻；与异常偏暖相关的暖夜、暖昼日数明显增加，但全国范围内极端高温事件发生频率没有明显提高，西北、华北和东北南部等地区有一定增加，长江流域和东南沿海地区 20 世纪 90 年代后趋于增加。20 世纪 50 年代以来全国主要类型极端气候事件变化研究结论及其可信性见表 1－1。

表 1－1　20 世纪 50 年代以来全国主要类型极端气候事件变化研究结论及其可信性

极端事件	研究时段	观测的变化趋势	可信性
暴雨或极端强降水	1951～2008 年	全国趋势不显著，但东南和西北增多，华北和东北减少。暴雨或极端强降水事件强度在多数地区增加	高
暴雨极值	1951～2008 年	1 日内和 3 日内暴雨最大降水量有一定程度增加，南方较明显	高
干旱面积、强度	1951～2008 年	气象干旱指数（CI）和干旱面积比率在全国范围内趋于提高，华北、东北南部增加明显，南方和西部减少	高
寒潮、低温频次	1951～2008 年	全国大范围减少、减弱，北方地区尤其明显，进入 21 世纪以来有所增多，但长期下降趋势没有改变	很高
高温事件频次	1951～2008 年	全国趋势不显著，但华北地区增多，长江中下游地区年代际波动特征较强，20 世纪 90 年代后趋多	高
热带气旋、台风	1954～2008 年	登陆中国的台风数量减少，每年台风造成的降水量和影响范围也减少	高
沙尘暴	1954～2008 年	北方地区发生频率明显下降，1998 年以后有微弱提高，但与 20 世纪 80 年代以前相比仍显著偏低	很高

续表

极端事件	研究时段	观测的变化趋势	可信性
雷暴	1961～2008年	东部地区现有研究区域发生频率明显下降	很高

注：对评估结论可信度的描述采用IPCC第四次评估报告第二工作组的规定。很高：至少有90%概率是正确的；高：约有80%概率是正确的；中等：约有50%概率是正确的；低：约有20%概率是正确的；很低：正确的概率小于10%。

在东南地区、长江中下游地区和西部大部分地区，暴雨或极端强降水事件有发生频率提高、强度增大趋势；但在华北地区和东北中南部、西南部分地区，暴雨或极端强降水事件有减少、减弱趋势，而干旱面积和强度则有增大及增强趋势。从全国平均来看，中国24小时最大降水量没有出现明显趋势性变化，但1956～1978年表现为趋势性下降，此后总体上表现为趋势性上升（见图1－8）。全国连续3日最大降水量变化趋势与24小时最大降水量变化趋势大体一致。

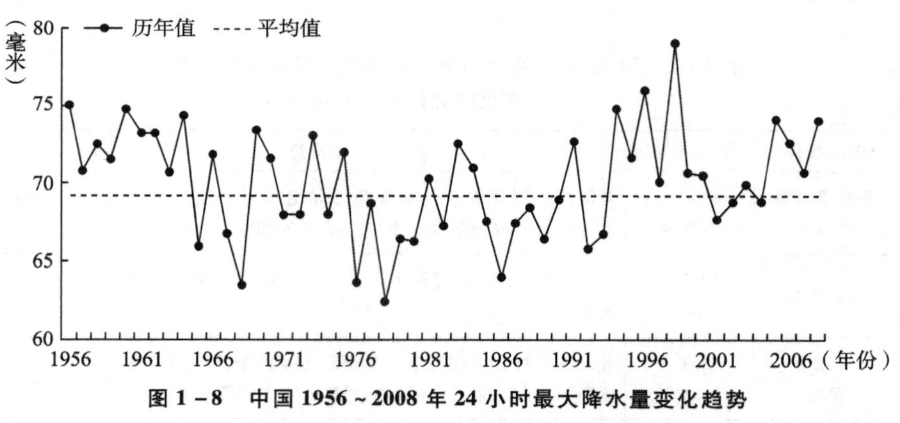

图1－8　中国1956～2008年24小时最大降水量变化趋势

中国北方的华北、东北西部等地区气象干旱事件频率和干旱面积百分率均有较明显的增加趋向；南方气象干旱事件频率和干旱面积百分率从总体上看趋势变化不明显；西部大部分地区气象干旱面积百分率呈现下降趋势。因此，近半个多世纪与降水相关的极端气候变化对人口密集的中国东部季风区整体来说，具有很大的负面影响。

观测记录显示最近50年登陆中国的热带气旋和台风数量有所减少，其所造成的降水总量也有明显减少趋势。进入21世纪以后，登陆的几个强台风并没有改变长期趋势变化方向。另外，中国北方的沙尘暴事件发生频率从总体上看有明显的下降趋势，在世纪之交的几年有所回升，但仍远低于20世纪80年代以前的水平。

因此，根据目前的研究结果，中国主要极端气候事件发生频率有升有降，极端气温出现了比较协调一致的变化，异常偏冷事件明显减少减弱，而异常偏暖事件有所增多增强。中国极端降水特别是极端强降水事件发生频率变化具有明显的区域差异和季节差异，但极端强降水事件强度似乎有普遍的增加趋势。极端强降水事件发生频率变化趋势与总降水量的变化趋势大体一致。登陆和影响中国东南地区的热带气旋发生频次趋于减少，北方地区的沙尘暴事件和东部的雷暴事件发生频率也明显趋于下降。综合起来，在全球气候明显变暖的半个多世纪，中国主要类型极端气候变化非常复杂，但没有表现出总体增多增强的趋势性变化。

参考资料

已经在大气和海洋的变暖、全球水循环的变化、积雪和冰的减少、全球平均海平面的上升以及一些极端气候事件的变化中检测到人为影响。自《第四次评估报告》发布以来，有关人为影响的证据有所增加。人为影响极有可能是造成观测到的20世纪中叶以来气候变暖的主要原因。

1951～2010年，温室气体造成的全球平均地表增温可能在0.5°C至1.3°C之间，包括气溶胶降温效应在内的其他人为强迫的贡献可能在－0.6°C至0.1°C之间。自然强迫的贡献可能在－0.1°C至0.1°C之间，自然内部变率的贡献可能在－0.1°C至0.1°C之间。综合起来，所评估的这些贡献与这个时期所观测到的约0.6°C到0.7°C的变暖相一致。

在除南极以外的每个大陆地区，人为强迫可能对20世纪中叶以来的地表温度升高做出了重要贡献，同时也对观测到的20世纪70年代以来全球海洋上层（0～700米）热含量增加做出了重要贡献。

自1750年以来，由于人类活动，大气中二氧化碳（CO_2）、甲烷（CH_4）和氧化亚氮（N_2O）等温室气体的浓度均已增加。2011年，上述温室气体浓度依次为391ppm、1803ppb和324ppb，分别约超过工业化前水平40%、150%和20%。当前CO_2、CH_4和N_2O的浓度大大超过了冰芯记录的过去80万年以来的最高浓度。具有很高信度的是，20世纪CO_2、CH_4和N_2O浓度增加的平均速率是过去2.2万年来前所未有的。

2002～2011年，因化石燃料燃烧和水泥生产造成的CO_2年平均排放量为每年8.3Gt C_{12}，2011年是9.5 Gt C，比1990年水平高出54%。2002～2011年，因人为土地利用变化产生的CO_2年净排放量平均为每年0.9Gt C。

1750～2011年，因化石燃料燃烧和水泥生产释放到大气中的CO_2排放量为375Gt C，因毁林和其他土地利用变化估计已释放了180 Gt C。这使得人为CO_2排放累积量为555Gt C。

在这些人为CO_2排放累积量中，已有240Gt C累积在大气中，有155Gt C被海洋吸收，而自然陆地生态系统累积了160Gt C。海洋酸化可用pH值的下降来度量。自工业化时代初期以来，海表水的pH值已经下降了0.1，相当于氢离子浓度增加了26%。

资料来源：2013年IPCC第五次报告。

三　气候变化的经济社会影响

（一）对国际和平和安全的影响

气候变化使国际安全形势更加复杂化，国际斗争更加激烈，已经成为全球性非传统安全问题。气候变化通过影响粮食、水资源、能源等战略资源的供应与再分配，引发社会动荡、边界冲突，扰乱现有国际秩序和地缘政治格局。在容易遭受全球气候变暖影响的地区，由于粮食产量下降，人类疾病增加，可用水资源日益减少，大量人口为寻找新资源而迁移，经济和环境条件进一步恶化，可能成为滋生内部冲突、极端主义、独裁主义和种族主义的温床。全球气候变暖可能造成更为严重和持续的自然和社会灾难，导致社会需求超出政府掌控能力，引发政治不稳定。海平面上升可能使一些海岛国家和地区，以及低地国家出现大量难民，给这些国家自身及其邻国造成巨大压力。

（二）对中国经济社会可持续发展的影响[①]

气候变化在农牧业方面的影响表现为物候期提前。未来气候变化还将

① 《关注气候变化对经济社会发展的影响》，http://www.china.com.cn/xxsb/txt/2007－08/20/content_8716122.htm。

导致我国农业生产的不稳定性增加；农业生产布局和结构将出现变动，种植制度和作物品种将发生改变；农业生产条件发生变化，农业成本和投资需求将大幅度增加；潜在荒漠化趋势增大，草原面积减少；某些家畜疾病的发病率可能提高等。

气候变化对中国森林和其他生态系统产生了一定影响。例如，近 50 年，中国西北冰川面积明显减小，冻土厚度减薄。未来气候变化将造成森林类型的分布向北、向高海拔地区移动；森林生产力和产量有不同程度的提高、增加；森林火灾及病虫害发生的频率和强度可能提高、增强；内陆湖泊和湿地加速萎缩；冰川与冻土面积将加速减少；物种多样性受到威胁。

气候变化引起了中国水资源分布的变化。近 40 年，中国海河、淮河、黄河、松花江、长江、珠江六大江河的实测径流量多呈下降趋势，北方干旱、南方洪涝等极端水文事件频繁发生。未来 50 ~ 100 年，气候变化将可能增加我国洪涝和干旱灾害发生的概率；中国北方地区水资源供需矛盾可能加剧。

气候变化对中国海岸带环境和生态系统产生了一定的影响。近 50 年，中国沿海海平面上升有加速趋势，并造成海岸侵蚀和海水入侵，使珊瑚礁生态系统发生退化。未来气候变化仍将造成中国沿岸海平面持续上升；发生台风和风暴潮等自然灾害的概率增大，海岸侵蚀及致灾程度加重；滨海湿地、红树林和珊瑚礁等典型生态系统损害程度也将加大。

此外，气候变化可能引起热浪频率和强度增加，某些传染性疾病的发生和传播机会增大，心血管病、疟疾、登革热和中暑等疾病发生的程度和范围增加，危害人类健康；气候变化所伴随的极端气候事件及其引发的气象灾害的增多，对大中型工程项目建设的影响加大；全球变暖也将加剧夏季大中城市空调制冷电力消费的增长趋势，对保障电力供应带来更大的压力。

第二节　适应气候变化

一　适应气候变化的进展

IPCC 在 2001 年指出，适应性是指系统的活动、过程或结构本身适应气候变化，包括气候变率和极端气候事件等，减轻潜在损失，利用机会或对付气候变化后果的能力；并在2007年发布的最新评估报告中对适应的定义再次进行了说明。所谓适应是指，为降低自然系统和人类系统对实际的或预计的气候变化影响的脆弱性而提出的倡议和采取的措施。学者们对于气候变化适应性基本上采用IPCC的定义。

（一）国际适应气候变化进展

全球气候变化是人类共同面临的巨大挑战。应对气候变化，不仅要减少温室气体排放，也要采取积极主动的适应行动，通过加强管理和调整人类活动，充分利用有利因素，减轻气候变化对自然生态系统和社会经济系统的不利影响。适应的长期目标是构建气候智能型经济和建成气候适应型社会，这也是全球可持续发展的一个重要内容。在适应气候变化方面，世界各国在资金、技术和知识领域都存在巨大差距。《联合国气候变化框架公约》《气候公约》的成员国政府为各种适应项目制定了一系列资助计划，包括通过全球环境基金的信托基金和三项特别基金——最不发达国家基金、特别气候变化基金及《京都议定书》下的适应基金申请资助。

欧盟出台《适应气候变化发展白皮书》，通过建立起气候变化对欧盟影响及后果的知识基础、将“适应”战略融入欧盟主要的政策领域、综合运用各种政策工具解决资金问题、开展国际适应合作来实施适应战略。2008年12月17日，德国政府通过《德国适应气候变化战略》，分列出农业等13个领域采取适应气候变化行动可选择的方案，构建了德国适应气候变化影响的行动框架。澳大利亚政府通过为地方政府提供资金或资助某些项目间接帮助地方政府承担气候变化的风险，并采取措施应对气候变化可能带来的局部影响。

（二）中国适应气候变化进展

我国是发展中国家，人口众多、气候条件复杂、生态环境整体脆弱，正处于工业化、信息化、城镇化和农业现代化快速发展的历史阶段，气候变化已对粮食安全、水安全、生态安全、能源安全、城镇运行安全以及人民生命财产安全构成严重威胁，适应气候变化任务十分繁重和艰巨。

为应对气候变化，中国政府相继出台了适应气候变化相关政策法规。1994年颁布的《中国二十一世纪议程》首次提出适应气候变化的概念，

2007 年制定实施的《中国应对气候变化国家方案》系统阐述了各项适应任务，2010 年发布的《中华人民共和国国民经济和社会发展第十二个五年规划纲要》明确要求“在生产力布局、基础设施、重大项目规划设计和建设中，充分考虑气候变化因素。提高农业、林业、水资源等重点领域和沿海、生态脆弱地区适应气候变化水平。要增强适应气候变化能力，制定国家适应气候变化战略”。为积极应对全球气候变化，统筹开展全国适应气候变化工作，国家发展改革委、财政部、住房城乡建设部、交通运输部、水利部、农业部、林业局、气象局、海洋局联合制定了《国家适应气候变化战略》。农业、林业、水资源、海洋、卫生、住房和城乡建设等领域也制定实施了一系列与适应气候变化相关的重大政策文件和法律法规。为落实《国家适应气候变化战略》的要求，国家发改委、住建部会同有关部门共同制定了《城市适应气候变化行动方案》（以下简称《方案》）。《方案》对城市规划提出了新的要求，明确在城市相关规划中充分考虑气候变化因素。

二　适应气候变化的措施和经验

纵观历史，人类和社会一直都在适应和应对气候、气候变率和极端事件，且均取得了不同程度的成功。人类对观测到的和预估的气候变化影响的适应性响应从更广泛意义来看也可减轻风险，实现发展目标。目前，大多数对适应工作的评估一直局限于对影响、脆弱性和适应规划的评估，而几乎没有对实施过程或对适应行动的效果进行评估。跨区域的公共和私人部门以及社区都在积累适应经验。各级政府也开始制定适应规划和政策，并把气候变化的因素考虑融入更广泛的发展规划中。以下是各区域的一些适应范例。

- 非洲的大多数中央政府正在启动适应管理系统。例如，灾害风险管理、对技术和基础设施的调整、基于生态系统的方法、基本公共卫生措施以及生计多样化等举措正在减少脆弱性，但是目前的各项工作还倾向于各自为政。

- 欧洲各级政府均已制定了适应政策，一些适应规划已融入海岸带和水管理、环境保护和土地规划以及灾害风险管理。

• 亚洲一些领域的适应工作得到了促进，主要通过将气候适应行动纳入次国家发展规划、早期预警系统、水资源综合管理、农林业和海岸红树林恢复。

• 澳洲针对海平面上升的适应规划以及在澳大利亚南部针对可用水量减少的适应规划已被广泛采用。虽然实施仍很零星，但针对海平面上升的规划在过去 20 年中进展迅速，并展示了多元的方法。

• 北美各国政府正致力于逐步加强适应评估和规划，尤其是在市政层面。一些主动适应措施正在实施之中，目的是保护能源和公共基础设施领域的更长期投资。

• 中南美洲正在开展基于生态系统的适应工作，包括设立保护区、达成保护协议和对自然区进行社区管理。某些地区在农业领域采用提高农作物品种的恢复力、气候预测和水资源综合管理等措施。

北极地区的一些社区在将传统知识与科学知识结合的基础上开始部署适应性联合管理战略和交通基础设施。

• 各小岛屿之间存在多样化的自然和人类属性，那里开展的基于社区的适应措施表明在与其他发展行动相结合时显示出更大的效益。

• 为了促进对气候变化的适应已启动了海洋方面的国际合作和海洋空间规划，但受到了空间和管制方面的挑战。

第三节　减缓气候变化

一　减缓气候变化的进展

（一）国际减缓气候变化进展

为减缓气候变化，国际社会统一行动起来，制定了一系列减缓气候变化的公约和文件。1992 年 5 月 22 日，联合国政府间谈判委员会就气候变化问题达成公约——《联合国气候变化框架公约》，这是世界上第一个为全面控制二氧化碳等温室气体排放以应对气候变化的国际公约，也是国际社会在对付气候变化问题上进行国际合作的一个基本框架。《京都议定书》是《联合国气候变化框架公约》（以下简称《公约》）的补充条款。《京都议定书》与《公约》的最主要区别是，《公约》鼓励发达国家减排，而《京都议定书》强制要求发达国家减排，具有法律约束力。具有法律约束力的《京都议定书》首次为发达国家设立强制减排目标，也是人类历史上首个具有法律约束力的减排文件。根据《京都议定书》，附件一的37个缔约国同意：在2008~2012年的承诺期期间使排放在1990年的基础上降低约5%；通过国内行动和利用国际市场机制实现这一目标。为了使附件一国家降低实现减排目标的成本，《京都议定书》引入了3个创新机制：清洁发展机制，该机制为非附件一国家减少排放或通过造林或再造林提高碳汇的可持续项目提供资金；联合执行机制，为转型经济国家资助项目；排放交易机制，允许附件一国家之间就信用和排放津贴进行交易。

2009年哥本哈根世界气候大会，来自192个国家的谈判代表召开峰会，商讨《京都议定书》一期承诺到期后的后续方案，即2012年至2020年的全球减排协议。2015年《巴黎协定》明确了全球各国在碳排放上共同的“硬指标”。按照协定，各方将加强对气候变化威胁的全球应对，把全球平均气温较工业化前水平升高控制在2摄氏度之内，并为把升温控制在1.5摄氏度之内努力。

（二）中国减缓气候变化进展[①]

作为一个负责任的大国，中国为减缓气候变化采取了一系列措施：成立了国家气候变化对策协调小组，制定了有利于减缓气候变化的《节约能源法》《可再生能源法》等，实施了植树造林等一系列有利于减缓温室气体排放的政策和行动。遏制高耗能、高排放行业过快增长。2006年6月，中国政府调高了部分商品出口退税，其中锡、锌、煤炭部分资源产品取消出口退税，限制“两高一资”（高耗能、高排放、资源型）产品出口。淘汰落后产能，提高环保准入标准。2007年6月，国务院印发《节能减排综合性工作方案》，首次明确“十一五”期间淘汰落后产能的分地区、分年度计划，涉及包括电力、钢铁、水泥、玻璃等在内的13个行业。节约能源，提高能源利用效率。2006年3月发布第十一个五年规划纲要（2006~

① 中国在减缓和适应气候变化方面的政策和行动主要参考国家发改委发布的一系列《中国应对气候变化的政策与行动》。

2010年）把建设资源节约型、环境友好型社会作为一项重大的战略任务，提出到2010年单位GDP能耗比2005年降低20%左右，并作为重要的约束性指标。发展循环经济，减少温室气体排放。2003年以来，中国政府先后颁布《清洁生产促进法》《固体废物污染环境防治法》《循环经济促进法》《城市生活垃圾管理办法》等法律法规，并于2005年发布《关于加快发展循环经济的若干意见》，提出发展循环经济的总体思路、近期目标、基本途径和政策措施，并发布循环经济评价指标体系。推动植树造林，增强碳汇能力。自20世纪80年代以来，中国政府通过持续不断地加大投资，平均每年植树造林400万公顷。同时，国家还积极动员适龄公民参加全民义务植树。近年来，通过集体林权制度改革等措施，调动了广大农民参与植树造林、保护森林的积极性。

中国积极推进减缓气候变化的政策和行动，通过调整经济结构、转变经济发展方式，大力倡导节约资源能源、提高资源能源利用效率、优化能源结构、植树造林增加碳汇等，取得了明显效果。2009~2013年，中国经济保持了7.7%以上的增速，单位GDP能耗分别下降了2.2%、4.01%、2.01%、3.6%和3.7%。中国选择的加快转变经济发展方式、积极推动绿色发展的道路，为全球减缓温室气体排放做出了巨大贡献。世界银行公布的数据显示，1990~2010年，中国通过节能提高能效，累计节能量占全球总量的58%。中国在2011年底公布的“十二五”控制温室气体排放工作方案中承诺，到2015年，中国单位GDP二氧化碳排放比2010年下降17%，形成3亿吨标准煤的节能能力，单位GDP能耗比2010年下降16%。事实上，中国已经提前实现了部分承诺。截至2013年，中国碳排放强度已下降28.56%，相当于减少了25亿吨二氧化碳排放。

“十二五”时期伊始，为有效应对全球气候变化，中国政府发布了一系列政策文件促进建立碳排放交易市场和控制温室气体排放，旨在以碳排放权交易机制为手段控制温室气体排放，推动低碳经济发展，自此，碳排放权交易开始进入大众视野。中国于2011年底开始启动“两省五市”七个碳交易试点，旨在为建设全国碳交易市场提供经验借鉴。

“十三五”规划纲要明确提出，主动控制碳排放，落实减排承诺，在有效控制温室气体排放方面，“十三五”规划纲要指出有效控制电力、钢铁、建材、化工等重点行业碳排放，推进工业、能源、建筑、交通等重点领域低碳发展。支持优化开发区域率先实现碳排放达到峰值。深化各类低碳试点，实施近零碳排放区示范工程。推动建设全国统一的碳排放交易市场，实行重点单位碳排放报告、核查、核证和配额管理制度。健全统计核算、评价考核和责任追究制度，完善碳排放标准体系。加大低碳技术和产品推广应用力度。

二 减缓气候变化的措施和经验

发展再生能源技术和清洁能源。在目前世界经济发展不断提速、全球能源需求持续增长的背景下，应优先考虑节能，其次再考虑发展清洁能源。而在节能方面，开发和应用先进技术是减少排放的最有效手段，它包括大规模使用太阳能、风能、生物质能、水力发电等可再生能源技术，同时发展先进清洁煤技术、燃料电池技术、先进核电技术、先进天然气发电技术、非常规能源利用技术、合成燃料利用技术、脱碳和封碳技术等。

固碳增汇。固碳增汇就是利用生物生产过程把大气中的 CO_2 转化为有机物而留在生态系统中，从而减少大气中的 CO_2 数量。基本途径有以下三条：一是增加地表绿色植物的覆盖度和生产力。通过植树造林，加强森林管护，通过提高生态系统的生产力来固定 CO_2，将大量的碳封存在林地和绿地中。只要是适合绿色植物生长的地方，均可通过此途径来增加碳汇。二是通过增加土壤有机质含量来提高土壤对 CO_2 的封存量。一般40cm 土层每增加 1% 的有机质就可以储存大约 1.5 吨的碳。增加土壤有机质可以通过对森林土壤、农田土壤进行人工培育而实现，其中最有效的方法就是增加有机物的返还率和施用有机肥。三是通过生态农业和循环农业实现农业生产废弃物的资源化利用。减少农业生产中废弃物的排放，实现生物质能的多级利用和营养物全球节能环保网质的循环利用，把多余的碳固定在农业生态系统中。

综合利用碳排放权交易和碳税两种机制。一方面，大力发展碳排放权交易市场，充分调动市场的积极性、灵活性，促进企业自觉减排、节能。目前，世界各国纷纷建立碳排放权交易市场，我国也在积极开展碳排放权交易的试点。碳排放权交易市场的建设有利于激励企业优化产业结构。另一方面，由于碳税的征收会增加企业的生产成本，因此为了将影响降低到最小，企业会想方设法转变生产方式，征收碳税有利于产业结构的优化调整。对于由于征收碳税而增加的财政收入，政府可以将其用于研发节能减排的技术和增加环境保护的投入上。

参考资料

适应和减缓是人类应对气候变化的两大对策，减缓是指二氧化碳等温室气体的减排与增汇，是解决气候变化问题的根本出路。适应是指“通过调整自然和人类系统以应对实际发生或预估的气候变化或影响”（IPCC），是针对气候变化影响趋利避害的基本对策。由于气候变化的巨大惯性，即使人类能够在不久的将来把全球温室气体浓度降低到工业革命以前的水平，全球气候变化及其影响仍将延续一二百年，人类必须采取适应措施，在气候变化的条件下保持社会经济的可持续发展。

减缓与适应二者相辅相成，缺一不可。但对于广大发展中国家来说，应优先考虑适应。发展中国家由于现有温室气体排放水平很低，又处于工业化和城市化的历史发展阶段，对能源的需求迅速增长，减排是长期、艰巨的任务，而气候变化对发展中国家的不利影响更为突出，适应更具有现实性和紧迫性。

资料来源：http://www.weather.com.cn/climate/2014/03/qhbhyw/2069721_2.shtml。

内容提要

（1）全球气候变暖很可能主要是由人类活动向大气中排放二氧化碳等温室气体产生的增温效应引起的。自 20 世纪 50 年代以来，观测到的许多变化在几十年乃至上千年时间里都是前所未有的。大气和海洋已变暖，积雪和冰量已减少，海平面已上升，温室气体浓度已增加。在应对气候变化方面，适应与减缓同等重要。这需要国际社会统一行动起来，共同应对。

（2）应对气候变化，不仅要减少温室气体排放，也要采取积极主动的适应行动，通过加强管理和调整人类活动，充分利用有利因素，减轻气候变化对自然生态系统和社会经济系统的不利影响。适应的长期目标是构建气候智能型经济和建成气候适应型社会，这也是全球可持续发展的一个重要内容。各级政府也开始制定适应规划和政策，并把气候变化的因素考虑融入更广泛的发展规划中。

（3）为减缓气候变化，国际社会统一行动起来，制定了一系列减缓气候变化的公约和文件。中国积极推进减缓气候变化的政策和行动，通过调整经济结构、转变经济发展方式，大力倡导节约资源能源、提高资源能源利用效率、优化能源结构、植树造林增加碳汇等，取得了明显效果。

思考题

1. 全球气候变化有哪些表现？
2. 什么是适应气候变化？
3. 什么是减缓气候变化？
4. 如何理解在应对气候变化方面，适应与减缓同等重要？

参考文献

[1] 王伟光等主编《应对气候变化报告（2013）》，社会科学文献出版社，2013。

[2] 傅强、李涛：《我国建立碳排放权交易市场的国际借鉴及路径选择》，《中国科技论坛》2010年第9期。

[3] 郑大玮：《适应气候变化的意义、机制与技术途径》，《北方经济》2016年第3期。

[4] 李俊峰：《减缓气候变化：原则、目标、行动及对策》，中国计划出版社，2011。

[5] IPCC，《第五次评估报告第一工作组报告摘要》，《中国气象报》2013年10月28日。

[6] 任国玉、封国林、严中伟：《中国极端气候变化观测研究回顾与展望》，《气候与环境研究》2010年第7期。

[7]《气候变化国家评估报告》编写委员会：《第二次气候变化国家评估报告》，科学出版社，2011。

[8]《气候变化国家评估报告》编写委员会：《第三次气候变化国家评估报告》，科学出版社，2015。

[9] 陈国裕：《关注气候变化对经济社会发展的影响》，《学习时报》2007年8月

20 日。

[10] 邹尚伟、刘颖：《中国气候状况及应对气候变化方案和措施》，《环境科学与管理》2008 年第 6 期。

[11]《国务院关于印发中国应对气候变化国家方案的通知》，中国政府网，2007 年 6 月 3 日。

[12] 解振华：《中国应对气候变化的政策与行动》，社会科学文献出版社，2010。

[13] 解振华：《中国应对气候变化的政策与行动（2011 年度报告）》，社会科学文献出版社，2012。

[14] 解振华：《中国应对气候变化的政策与行动（2012 年度报告）》，社会科学文献出版社，2013。

[15] 解振华：《中国应对气候变化的政策与行动（2013 年度报告）》，中国环境出版社，2014。

[16] 解振华：《中国应对气候变化的政策与行动（2014 年度报告）》，中国环境出版社，2015。

[17] 郑大玮：《适应与减缓并重，构建气候适应型社会》，《中国改革报》2014 年 2 月 27 日。

[18] 姜彤、李修仓、巢清尘、袁佳双、林而达：《〈气候变化 2014：影响、适应和脆弱性〉的主要结论和新认知》，《气候变化研究进展》2014 年第 5 期。

第二章
碳排放权交易的经济学基础

政府间气候变化专门委员会（IPCC）在其最新发布的第五次全球气候评估报告中指出，气候系统的暖化是毋庸置疑的。该报告将全球变暖是由人类造成的可能性，由以前报告的90%提高到95%。人类活动导致的温室气体排放增加很大程度上是由经济利益驱动的，因此《京都议定书》强调采用碳排放权交易作为人类控制温室气体排放的主要政策手段，所以必须从经济学角度审视人类的排放行为。

第一节　外部性理论

一　外部性的概念和类型

（一）外部性的概念

外部性的概念是由剑桥大学的马歇尔和庇古在20世纪初提出的。简单地讲，外部性是对旁观者福利产生的无补偿影响。具体而言，外部性指某一经济主体的经济行为对社会上其他人的福利造成了影响，但却并没有为此而承担后果。自外部性的概念提出后，越来越多的经济学家，从不同的角度对外部性在污染控制政策设计方面的贡献进行了深入的探讨。假设两家企业都位于一条河边。第一家企业生产钢铁，第二家企业靠近其下游，经营水上娱乐项目及度假酒店。尽管使用方式不同，但两家企业共同依赖于同一条河流。钢铁企业把废水直接排向河流，而酒店在河流上开展水上娱乐项目以吸引游客。如果这两种服务的所有者不同，那么就不可能实现对水资源的有效利用，因为钢铁企业没有承担废水物排入河流所导致的酒店的营业损失。

（二）外部性的类型

1. 正外部性和负外部性

根据外部性所带来的影响是增加了社会成本还是增加了社会收益，可以将其分为正外部性和负外部性。

正外部性指经济主体从其活动中得到的收益（即“私人收益”）小于该活动所带来的全部收益（即“社会收益”，包括这个人和其他所有人所得到的收益）。科技创新是正外部性的典型案例。例如，光纤可以被广泛应用于通信领域，大幅度降低信息传播的成本，提高信息传播的可靠性，是信息革命的基础发明，让全人类受益。尽管科研人员投入了大量的人力、物力和财力，但是与科技创新的社会收益相比，科研人员的私人收益是微不足道的，因此科技产出存在严重的供给不足问题。

负外部性指经济主体为其活动所付出的成本（即“私人成本”）小于该活动所造成的全部成本（即“社会成本”，包括该人和其他所有人所付出的成本）。1968 年英国的加勒特·哈丁教授在其发表于《科学》杂志的《公地的悲剧》一文中，首先提出“公地悲剧”理论模型。根据哈丁的描述：一群牧民在一片公共草地上放牧。为了增加个人收益，某个牧民会增加羊的数量，因为收益由个人所得，而成本由全体牧民共同承担。所有的牧民都想增加个人的收益，没有人存在减少羊的数量的激励。如此发展下去，公共草地因无法承载过多的羊群而退化，最终导致所有牧民因无法养羊而破产。每个牧羊人明知公地会退化还是不断地过度放牧，悲剧就这样发生了。环境污染和生产过程中有害气体的排放属于负外部性的典型代表。某化工厂排放的污染废水影响了附近居民的健康，也没有对居民进行补偿，这就产生了负外部性。

2. 生产外部性与消费外部性

从外部性产生的主体来划分，可以把外部性分为生产外部性和消费外部性。生产外部性就是在生产领域及生产活动中产生的外部性问题。消费外部性就是在消费领域及消费活动中产生的外部性。[①] 生产外部性和消费

① Garrett Hardin, “The Tragedy of the Commons”, *Science* (162) 1968, pp. 1243 – 1248.

外部性也可以再被细分为生产正外部性、生产负外部性、消费负外部性和消费正外部性。[①] 例如，工厂生产排除的污水和废气属于生产外部性，对他人有害，是生产的负外部性；如果工厂为了生产而修筑道路，供当地居民免费使用，就是生产的正外部性。接受高等教育是一种消费行为，但是对社会是有益的，属于消费的正外部性。在公共场合抽烟，对社会是有害的，属于消费的负外部性。

二　局域外部性

根据外部性影响的范围，可以把外部性分为区域外部性和全球外部性。区域外部性是指一个生产者或消费者的行为对第三方福利的影响只限于某一个局部地理区域。例如，河水的污染，影响最大的是河两岸的居民，对于其他地方的居民影响甚微。当然这里的局部地理区域可以是一个村庄、乡镇、城市、省份或者国家。

就环境问题而言，通过对区域外部作用的考察，可以将区域的外部作用归纳为 2 种主要形式：环境影响——大气污染物和河流污染；生态服务——生物多样性维持、碳汇及吸纳其他温室气体、防风固沙、调洪蓄水、涵养水源、生物迁徙等。借助运动载体使得人类活动向大气排放的各种颗粒物、向河流排放的各种污染物质和产生的泥沙等在区域之间运动。如果产权在地理区域上是统一的，如果无运动载体，那么区域外部性也就不会产生，可见，产权在地理区域上的分割和载体的地理运动是造成区域外部性的客观事实。

既然产权区域分割和地理运动是区域外部性产生的关键所在，而载体的地理运动本身是一个客观规律，无从改变，那么要实现区域外部性的内化，需要从产权区域角度着手。从成本—收益角度来说，区域外部性内化就是实现区域边际私人成本与边际社会成本、区域边际私人净收益与边际社会净收益相等。区域外部性的主要形式见表 2－1。

---

① 沈满洪、何灵巧：《外部性的分类及外部性理论的演化》，《浙江大学学报》（人文社会科学版）2002 年第 1 期。

表 2－1　区域外部性的主要形式

影响因素	地理媒介	类型	收益关系	区域效应
环境影响	大气、水等自然地理媒介	正的外部性或负的外部性	正的外部性会使主体区域损失经济收益，受体区域获得环境收益；而负的外部性会使主体区域获得经济收益，受体区域则得到经济收益	总是存在着区域间环境收益和经济的矛盾
生态服务	大气、水等自然地理媒介	正的外部性	主体区域损失经济收益，而受体区域则获得生态收益	区域间经济收益和生态收益的矛盾

三　全球外部性

全球外部性是指一个生产者或消费者的行为对第三方福利的影响只限于某一个局部地理区域。宽泛地说，凡是个人或厂商对全球带来一定的益处（或是造成一定的损害），但没有因此获得报酬（或为此支付赔偿）的情形都是全球外部性。然而，严格意义上的全球外部性应该是全球范围内的每个人都受到影响的情形，比如气候变化、地球臭氧层遭受破坏、生物多样性遭受破坏等。全球负外部性是全球化时代国际社会共同面临的最棘手的全球性问题。随着经济全球化进程的不断推进，全球在生产、消费、贸易、投资、金融、技术开发和转移等各领域更加紧密地联系在一起，也使得各个国家相互依赖的程度比以往任何时候更高。全球化在带来发展机遇的同时，也带来了严峻的挑战，包括资源枯竭、环境污染、气候变化、人口与贫困、流行病毒肆虐、经济危机以及恐怖主义等。

全球外部性与一般外部性一样，可以根据不同的标准进行分类，可分为全球正外部性和全球负外部性两大类。全球和平与安全体系、流行疾病防御体系、臭氧层保护、知识和信息、公平和正义的国际制度、有效率的国际市场体系等都具有很强的全球正外部性，而温室气体排放则是典型的全球负外部性。[①] 例如，厂商为降低生产成本，放任温室气体的排放，最

① Jonathan Gruber, *Public Finance and Public Policy* (*1st Edition*), New York: Worth Publishers, 2005, p. 147.

终造成全球气候变暖，引发全球性灾害，然而厂商并不为此支付赔偿。事实上，全球性负外部问题涉及的面很广，有自然、政治、经济、卫生健康、国家安全等方面；产生的原因与历史遗留、利益冲突、经济和社会发展不平衡等也有关。但其共性是个体对公共利益的冷漠，或者说个体理性与集体理性之间的冲突。绝大部分全球性问题也是全球负外部性，如全球金融危机、全球流行性疾病蔓延、全球资源过度开发和全球气候变化等。①

四　碳排放的外部性

在人类的生产和生活中，由于化石燃料的使用和土地利用方式的改变，向大气中排放了二氧化碳。当二氧化碳在大气中的浓度不断上升，超过了地球的吸收能力后，“温室效应”的平衡便被打破，气候变暖现象随即出现。这一过程是一种典型的外部性效应，但又与一般意义上的外部性有所不同，如水污染或汽车尾气污染。其一，二氧化碳气体可以在大气中长久地存在，而大气的流动覆盖整个地球；其二，过去累积的二氧化碳也会持续造成“温室效应”。因此，与一般的外部性问题相比，二氧化碳过度排放在时间和空间两个维度上都产生了外部性，其外部性是全球性的，因而更应受到人们的重视和展开积极的应对。

然而，人们在过去很长一段时间中对于这一外部性采取的治理措施仅仅是“倡导”和“呼吁”——通过各种研究资料和公开宣讲来提升人们的“低碳”意识，以及通过召开一系列国际性会议在各国领导人间形成“低碳”共识。即便已在1997年通过的《京都议定书》中制定了具有约束性的控排目标，但从全球持续增长和不断累积的二氧化碳浓度来看，这些做法的有效性显然是有限的。其原因可以解释为：平衡的大气环境（低于大气环境对二氧化碳排放的最高容量），以及人类为控制二氧化碳排放而采取的应对行动（如使用替代能源、改变生活方式、植树造林等）具有经济学中的“公共物品”属性，前者将会被人们所滥用，从而造成“公地悲剧”，而后者则会使人们产生不劳而获的动机，出现“搭便车”的行为。二氧化碳的排放行为破坏的是全球的大气资源，大气层是全球最大的公共

① 叶卫华：《全球负外部性的治理：大国合作》，江西财经大学博士学位论文，2010。

资源，大气因为其流动性，没有明确的产权主体，所以全球暖化是大气层陷入“公地悲剧”的结果。排放源并没有把产生的温室气体进行有效的内部化，而是排放到了没有明确产权主体的大气层中。目前，各国政府充当了大气层权利人的角色，政府应当把排放源的二氧化碳尽量内部化到排放源中，让排放源承担碳排放的治理成本，贯彻“谁排放谁治理”的原则。

第二节　产权理论

一　产权的概念和类型

（一）产权的概念

“产权”是一个外来词，是财产所有权或财产权利的简称，是指以财产所有权为基础的，由所有制实现形式所决定的，受国家法律保护的，反映不同利益主体对某一财产的占有、支配和收益的权利、义务和责任。在市场经济中，产权具有如下的基本特征。

产权具有明确性。产权体现的是资产归谁所有及归谁支配、运营这样一组经济的法律关系，因此，产权主体明晰，资产归属明确是产权的基本特征之一。它又包含两方面内容：一是明确所有者主体，即资产归谁所有、归谁使用等；二是明确所有者客体，即归某个所有者占有、使用和支配的是哪些资产和哪些权利。

产权具有独立性。即产权关系一经确立，产权主体就可以在合法的范围内自主地行使对资产的各项权利，谋求资产收益最大化，而不受同一财产上其他财产主体的随意干扰。

产权具有转让性。产权是市场经济高度发展的产物，它体现为资产交易市场中的动态性财产关系，还规定了交易过程中的资产权利界区。产权的转让又有两种形式：一种是包括所有权各项权能在内的整个所有权体系的转让；一种是保留股权而将所有权的占有、使用、收益与处分权转让，形成法人资产权。

产权具有收益性。它是指产权所有者凭自己对财产的所有、使用而获取收益的权利，是产权所有者谋取自身利益，实现资产增值的主要手段。

失去了收益性，所有权就没有任何经济意义，因此马克思主义经济学通常把产权的收益性称为所有权在经济上得以实现的形式。

产权具有责任性。即产权的所有者不仅有对资产获取收益的权利，同时也要对其占有、使用的资产承担风险和责任。它又包括两种责任：一种是资产所有者的责任，即资产所有者通过自己拥有的资产权利对资产经营者的影响力，造成决策失误所承担的责任；一种是资产经营者对因经营不善而造成的财产损失，所应承担的责任。

产权具有法律性。产权关系是法律确认的各种经济利益主体之间因对财产的占有、使用、收益和处分而发生的权利、义务关系，这是一定历史时期的所有制形式在法律上的表现。产权强调财产交易过程中必须遵循法则和规范，因此，产权的确定必须以国家法律为前提，同样，产权主体行使其职能、产权客体发挥作用，都必须在国家有关法律的监督和保护下进行。

（二）产权的类型

我们可以从不同的角度对产权进行分类，分类标准不同，产权的类型也就不同。例如，我们可以从产权的排他性程度来划分，也可以从产权的特征来划分，还可以从产权的主体和客体来划分等。根据产权的归属主体不同，可以将产权分为私有产权和共有产权。正如张五常所说："产权结构可以采取各种不同的形式，私人产权是一个极端，共有产权是另一个极端。"①

1. 私有财产

产权是一个社会所强制实施的选择一种经济品的使用的权利。私有产权则是将这种权利分配给一个特定的人，它可以同附着在其他物品上的类似权利相交换。私有产权的强度由实施它的可能性与成本来衡量，这些又依赖于政府、非正规的社会行动以及通行的伦理和道德规范。在假定完全是私有产权的情况下，我对我的资源所采取的行动，不会对其他任何人的私产的物质属性产生影响。

2. 共有产权

共有产权是指将权利分配给共同体的所有成员，即共同体的每一个成员都有权分享同样的权利，但排除了共同体之外的其他成员对共同体内的

① 张五常：《经济解释》，商务印书馆，2000，第 493 页。

任何成员行使这些权利的干扰。与私有产权相比，共有产权最重要的特点在于共有产权在个人之间是完全不可分割的，即完全重合的。因此，即使每个人都可以使用某一资源来为自己服务，但每个人都没有权声明这个资源是属于自己的财产。由于共同产权在共同体内部不具有排他性，因此，这种产权常常给资源利用带来外部效应。例如，水草丰美的草场是共有的，但每个牧民过度放牧，就会造成“公地悲剧”。

3. 绝对产权和相对产权

绝对产权是针对所有其他人的，包括有形物品（如土地财产等）和无形物品（版权、知识产权等），它是指对所有物具有个人独占的权利，它保证所有者可以实施于其他所有人身上的权利。绝对产权界定了非所有者必须遵守或不遵守的成本的行为规范。相对产权是指赋予所有者“能够施加于一个或多个特定人身上的权利”，相对产权可能产生于自由达成的合约或者法庭上的判决（侵权行为的情形）。也就是说，相对产权包括合约性产权，如信用债务关系和销售关系，以及法律上的强制义务。

二　产权界定与产权交易

（一）产权界定

产权包括狭义所有权、占有权、支配权、使用权，即人们通称的“四权”。它们是指产权主体对客体拥有的不同权能和责任，以及由它们形成的利益关系。这四种权利可分可合，共同构成产权的基本内容。其具体含义如下。

1. 狭义所有权

狭义所有权是指产权主体把客体当作自己的专有物，排斥别人随意加以剥夺的权利。这种关系得到了社会或者法律的认可，使它的担当者成为相关客体的合法主人。具体来讲，这一权利包括以下几层含义：第一，它表明产权主体对客体的归属、领有关系，排斥他人违背其意志和利益侵犯其所有物（有形财产或无形财产）；第二，所有者对他的所有物可以设置法律许可的其他权利，如决定他的所有物的其他权能是否让渡、让渡给谁、让渡方式、让渡条件、让渡期限等；第三，利用所有者的权能获取一定的经济利益。

2. 占有权

占有权指主体实际地或直接地掌握、控制或管理客体，并对它施加实际的、物质的影响的职能，即事实上的管理权。马克思说过："实际的占有，从一开始就不是发生在对这些条件的想象的关系中，而是发生在对这些条件的能动的、现实的关系中，也就是实际上把这些条件变为自己的主题活动的条件。"①

3. 支配权

支配权有两层含义：第一，是指所有权主体在事实上或者法律上决定如何安排、处理客体的权能，如拥有房屋支配权的所有者可以把房屋出售、赠予、抵押给别人，也可以自己使用或闲置；第二，是指主体安排或决定客体使用的方向的权能，如拥有支配权的农场主，可以决定土地是用来耕种或挖塘养鱼，或用作牧场、停车场，可以决定土地的休耕、轮耕或者连作，怎么耕种、种植什么等。

4. 使用权

使用权是指产权主体使用财产的权利。对财产的使用可以大致分为三种情况：第一，使用而不改变原有的形态和性质，如人们利用机器进行生产时，机器的物质形态和性质不变；第二，部分改变其形态，但根本性质不变，如人们把布做成各种各样的服装；第三，完全改变，甚至使其原有的形态完全消失，转换成其他的形式存在，如人们消费的食物等。应该强调的是，在使用他人的财产时，不得将其出租、出售或者改变其质量。

这四种权利可以合并起来，就是说一个主体可以同时拥有这四种权利，也可以分开来，只拥有其中的一种或几种。在这四种权利中，最重要的是处置权，只有你能够随意处置这种东西，才能真正说明这种东西是你的。只在法律意义上拥有所有权，或者可以使用它，或者可以获得它带来的收益，都不能表明这个东西真正归你所有。可见，所谓产权，就是包含了以上四种权利的一个权利束。

（二）产权交易

产权交易，是指资产所有者将其资产所有权和经营权全部或者部分有

① 马克思、恩格斯：《马克思恩格斯全集（第46卷）》（上册），人民出版社，1979，第493页。

偿转让的一种经济活动。转让企业产权的交易主体，应是被交易企业的所有者或所有者代表。产权交易是以企业的产权，包括所有权和经营权这一特定的企业财产权利和经营权利为标的物而进行的一种交易行为。产权交易一般是有偿的，转让方要收回企业产权的资产价值。产权交易行为最终导致被交易企业产权结构的改变。

产权交易的特征是产权交易区别于其他交易的本质属性所在，产权交易是以产权交易和资源配置为交易目的，以并购、出售、经营管理权变更为主要交易模式，产权交易的价格和买主由市场决定，交易行为必须在市场进行。目前可以采取的方法有协议转让，竞价转让（拍卖、招投标等），无偿划转及其他方式。

三　碳排放权

碳排放权的本质是对环境容量的限量使用权，是指权利主体为生存和发展需要，由自然或者法律所赋予的向大气排放温室气体的权利，这种权利实质上是权利主体获取的一定数量的气候环境资源使用权。许多国家的国内法律都规定了要限制二氧化碳的排放，那么碳排放量就成为一种稀缺性资源，人们获得它必定要得到某种许可，这种情况下碳排放权便应运而生了。全球气候变暖带来的环境灾害正在明显增加，以二氧化碳为主的温室气体是造成暖冬的“罪魁祸首”，减排成了摆在人们眼前的迫切问题。为了平衡各国利益，鼓励减少二氧化碳排放，2005 年生效的《京都议定书》为世界提供了一个“减排机制”：给每个发达国家确定一个“排放额度”，允许那些额度不够用的国家向额度富裕或者没有限制的国家购买“排放指标”。自此，人们可以像买卖股票一样，在交易所里进行二氧化碳排放权的交易。碳排放权具有自身特有的权利属性。首先，它一方面具有经济属性，可以作为碳排放权在市场上进行交易和流通，另一方面又具有生态属性，可以起到改善环境的作用。其次，碳排放权的客体是排放二氧化碳气体所占据的大气空间容量，具有不可支配性。另外一点，排放权主体具有可选择性。因为生活在地球上的几乎所有个体和单位都在不同程度地排放着含碳气体，那么碳排放权交易市场不必要也不可能涵盖所有的碳排放主体。

碳排放权有两层含义，一是碳排放权主体使用所取得的碳排放权；二是碳排放权主体根据自身需要把取得的碳容量资源在市场上进行交易，从而获得经济利益。碳排放权构成要件中的主体包括个人、企业和组织，甚至国家在一定条件下也可成为碳排放权主体。只要是符合法律规定的民事主体，都有资格根据自身需要从行政部门获得或在市场上进行交易。而客体则应为碳排放主体依法从行政管理部门许可取得的环境容量。内容是碳排放权主体可对环境享有一定污染权，这是生存所必需的，也可根据自己需要依法与其他主体进行碳排放权交易。碳排放权是具有价值的资产，可被作为商品在市场上进行交换，减排困难的企业可以向减排容易的企业购买碳排放权，后者替前者完成减排任务，同时也获得收益。

碳排放权具有以下属性。第一，碳排放权是一种使用权。大气空间是全人类的共同财产，其所有权为每个人所共同拥有，碳排放权享有者所拥有的只是其使用权，且只能在一定范围内合理使用。第二，碳排放权是以满足个人需要为目的的私权利，具有私权利所具备的一般属性。也就是说，在大气生态系统所能承受的范围内，每个个体都拥有向大气排放一定含碳气体的权利，这是一种自然权利，任何人都不能剥夺。第三，碳排放权具有可交易性。由于不同的碳排放主体对自身的碳排放权使用情况不同，同时大气又是一个有机统一的系统，某个个体超出正常程度使用大气容量，就会“城门失火，殃及池鱼”，导致整个大气系统遭受破坏。这时，碳排放权就成为一种稀缺产品，具有了财产属性，可以通过市场在不同主体之间进行交易，以使大气空间容量使用维持在一个合理范围之内。

第三节 碳排放权交易

限制碳排放的手段归纳起来主要有三类：碳排放权交易、碳税以及行政手段。碳税、碳排放权交易属于经济手段，与传统的行政手段相比，运用经济手段控制碳排放可以降低社会总成本，同时经济手段能使公司在决定如何满足碳排放目标上拥有较大的自主权，会激励公司不断采用新的减排技术来控制污染，并实现成本最小化，因此经济学家建议采用碳排放权交易或者碳税实现减排。

以二氧化碳为主的温室气体排放导致的温室效应是目前最大的环境问

题。在碳排放活动中，排放源复杂多样，既有经济活动中的生产者，也有能源的购买者，甚至还有畜牧业、农业等排放源。人类和社会组织向大气中排放二氧化碳是难以禁止的，关键是抑制或减少排放，以抑制或减缓全球气候变暖的危害。各国政府为实现本国在《京都议定书》中的减排承诺，在对本国企业实行二氧化碳排放额度控制的同时允许其进行交易，如果一个公司通过研发和投资节能减排技术，使其排放的二氧化碳少于获得的配额，就可以通过碳市场出售剩余的配额，得到利润回报；如果一个公司未投资节能减排技术，使其排放量超出获得的配额，则必须购买额外的排放配额用来履约，这样才可以避免政府的罚款和制裁，从而实现国家对二氧化碳排放的总量控制。

大气是全球最大的公共资源，大气具有流动性特征，界定其产权成本太高，目前还没有界定大气产权的成熟方法，大气也没有明确的产权主体。联合国政府间气候变化委员会（IPCC）是由成员国政府形成的组织，该组织充当了治理全球气候变暖的主角。在全球气候变暖没有提上议事日程之前，经济主体的二氧化碳等温室气体的排放权没有得到限制，企业或组织肆意排放。1992 年联合国环境与发展大会通过了《联合国气候变化框架公约》，1997 年签订了《京都议定书》，并确定建立国际排放贸易（International Emissions Trading, IET）、联合履行（Joint Implementation, JI）和清洁发展机制（Clean Development Mechanism, CDM）3 种机制来高效率、低成本地实现各缔约国减排目标的新路径，由此将减排纳入了市场机制，为各国碳排放权交易市场的建立提供了运行基础。国际排放贸易（IET）允许附件 I 国家（主要是发达国家）之间相互转让它们的部分排放配额单位。联合履行（JI）主要用于发达国家和东欧转型国家的合作减排，允许附件 I 国家从其在其他工业化国家的投资项目产生的减排量中获取减排信用。清洁发展机制（CDM）主要是指发达国家通过向发展中国家的减排项目提供资金和技术获得项目所实现的“核证减排量”（Certificated Emission Reduction, CER），用于完成其在《京都议定书》第三条下的承诺。由于《京都议定书》中规定发达国家与发展中国家有着共同但又有区别的减排责任，即发达国家现阶段有减排责任，而发展中国家暂时没有，因此碳排放权出现了流动的可能。由于发达国家的能源利用效率高，新的能源技术被大量采用，本国进一步减排的成本高、难度大；而发展中国家能源效率低，减排空间大，成本也低。这导致了同一减排单位在不同国家之间存在着不同的成本，形成了价差，因此碳排放权交易市场自2005年《京都议定书》生效后，曾出现了爆炸式的增长。

综上，可以把碳排放权交易定义为以国际公约和法律为依据，以市场机制为手段，以温室气体排放权为交易对象的制度安排。碳排放权交易的核心是：通过设定排放总量目标，确立排放权的稀缺性，通过无偿（配给）或者有偿（拍卖）的方式分配排放权配额（一级市场），依托有效的检测体系、核证体系，实现供需信息的公开化，依托公平可靠的交易平台、灵活高效的交易机制（二级市场）实现碳排放权的商品化，通过金融机构的参与为市场提供充足的流动性，发挥市场配置资源的效率优势，降低减排成本。碳排放权交易制度建立在总量控制的基础之上，通过充分发挥市场机制的作用来控制温室气体的排放，在减少温室气体排放的同时能够有效降低减排成本。碳排放权交易是指为了有效利用有限的大气环境容量资源、逐步减少二氧化碳等温室气体的排放、减缓温室效应，充分发挥市场机制的基础性作用，允许企业、基金组织、个人等主体依照法律规定的程序和要求买卖碳排放权的行为。

全球现有的碳市场主要有两种交易模式：强制减排模式和自愿减排模式。强制减排模式是国家层面给企业规定了减排额度，超过或低于减排额度都可以到碳市场上买卖余缺额度，否则要接受处罚。欧盟交易体系是全球最大的碳市场，也是典型的强制减排体系。而自愿减排模式是以自愿减排的企业或团体为会员，他们自愿加入减排体系，按照自愿市场确定的额度减排，比如芝加哥气候交易所等。

碳交易的好处是有减排义务的经济组织的减排具有灵活性。这些经济组织可以进行减排成本的核算和比较，比如进行内部减排成本和减排配额的购买成本的比较。企业可以灵活地采用各种减排方法，比如改进技术、优化管理、使用新能源等。政府确定了碳市场的交易规则，确定了排放组织的排放配额和排放标准体系，对排放组织的实际排放额进行盘查和检测，督促排放组织履行其排放义务。当然，碳市场也存在推行成本，政府要确立不同排放源的排放标准，取得众多企业真实的排放数据，督促排放组织遵守碳市场的交易规则，及时落实其排放额等。碳市场上存在众多交易主体，他们的生产技术、减排意愿等千差万别，这些都为碳市场的推行带来了难度。按照《京都议定书》的减排路径，建立全球的碳市场是可行的办法。但是国家层面的利益诉求很难一致，加之政治格局纷争，各个国家对《京都议定书》的执行也存在很大的差异①。

参考资料　碳排放权交易40年

越来越多的有识之士已经认识到，国外发展碳交易市场的基本理念和经验，对于仍处在碳交易试点阶段的中国而言，具有举足轻重的指导意义。20世纪，美国一度是世界上二氧化硫排放量最大的国家，深受二氧化硫的困扰和危害。美国环保署资料显示，1960年，美国二氧化硫排放量超过了3000万吨，达到了排放的最大峰值，此后不断有环保团体、专家学者站出来呼吁，认为“控制二氧化硫排放，是美国今后50年最大的环境任务”。

1990年，美国《清洁空气法修正案》出台，正式确定了发电厂二氧化硫排放的许可证发放和跨区域的排放权交易制度。在美国环境保护局的年鉴中，《民生周刊》记者发现，1990~2007年，通过二氧化硫排放权交易，美国二氧化硫排放减少43%，比预订计划提早3年，成本也只有预算的1/4。据当时一位美国经济专家的评价，“美国二氧化硫排放权交易不仅减少了污染，同时对当地企业的发展并没有产生消极的影响，是世界上最成功的减排尝试。”

如果说碳交易的起源在美国，那么欧盟理所当然是碳交易的发扬、兴盛之地。换句话说，欧盟碳排放权交易（ETS）的整个发展历程，是世界碳交易的发展缩影。作为《京都议定书》的主要推行者，1996年8月欧盟部分成员国签署了一个费用分摊协议，承诺在欧盟范围内开展碳排放交易。同月，欧盟委员会发布报告《气候变化：后京都欧盟议定书的欧盟策略》，提出在2005年前建立欧盟内部交易体系。此后，碳交易在欧盟30多个国家火速铺开，涉及发电、炼油、钢铁、水泥、玻璃、陶瓷等一万家企业。世界银行的资料显示，截至2011年，欧盟碳排放交易量高达1480亿美元，占全球的48%。如今，欧盟已经成为世界上碳交易发展最快、规模最大的市场，为世

① 杨永杰：《碳排放的外部性理论和内部化路径》，《生产力研究》2013年第12期。

界节能减排做出巨大的经济贡献。除此之外，美国大多数州、地区已经通过或正在通过限制温室气体排放的法案，如“加利福尼亚气候变暖解决法案（第32号法案）”已经在2012年开始执行。

越来越多的有识之士已经认识到，国外发展碳交易市场的基本理念和经验，对于仍处在碳交易试点阶段的中国而言，具有举足轻重的指导意义。这些年，不断有介绍国外碳交易经验的书籍、文章、研究资料被发表，在某种程度上说明中国碳交易市场与世界碳市的密不可分、息息相关。

资料来源：《碳排放权交易40年》，《民生周刊》2013年第14、15期合刊，有删节。

第四节　碳税

一般来说，碳税指的是针对二氧化碳排放所征收的税，它是以减少二氧化碳排放为目的，对化石燃料（如煤炭、天然气、成品油等）按照其碳含量或碳排放量征收的一种税，最初是于20世纪90年代在一些北欧国家首先出现的。到目前为止已有10多个国家引入碳税，主要有奥地利、捷克、丹麦、爱沙尼亚、芬兰、德国、意大利、荷兰、挪威、瑞典、瑞士和英国等国家。此外，日本和新西兰等其他一些国家也在考虑征收碳税。丹麦早在20世纪70年代就开始对能源消费征税。1992年，丹麦成为第一个对家庭和企业同时征收碳税的国家。

因为二氧化碳的排放造成气候变化在实质上属于福利经济学中的外部不经济性问题，美国经济学家庇古提出，应由国家通过税收以及补贴等办法消除边际的私人、社会成本相背离的状态，从而弥补两者的差距，因此碳税就是一种庇古税。从碳税与其他资源税的关系上看，碳税属于包括消费税、资源税、硫税、氮税、废水税在内的整个环境税税收体系中的成员之一；从征收范围看，碳税有关化石燃料的征收范围要大于资源税和消费税；从计量基础来看，资源税和消费税在计税时不考虑化石燃料的含碳量。

案例分析　航空“碳税”

在德班举行的联合国气候变化峰会上，欧盟气候谈判代表梅茨格重申，将航空业纳入碳排放交易体系的决定“不可更改”。这意味着，自2012年1月1日起，所有降落在欧盟机场的航班，其碳排放量都将受限。

航空“碳税”是指对航空燃油燃烧排放二氧化碳所征收的税。它以环境保护为目的，希望通过削减二氧化碳排放来减缓全球变暖。航空“碳税”通过依据航空燃油碳含量的比例征税来实现减少燃料消耗和二氧化碳排放。

谈到航空“碳税”这个名词，就不得不从欧盟的“碳管制”说起。欧盟于2005年1月1日正式启动碳排放交易机制，按照“限制和交易”的设计，通过每年给企业发放有限的碳排放配额，迫使它们节能减排，对于超过配额的排放，企业只能从碳排放交易市场上购买，如果配额没有用掉，则可以出售。

刚开始，欧盟的“碳管制”机制仅针对能源、钢铁等工业部门，于2006年底，欧盟委员会出台立法建议，提出把航空业也纳入“碳管制”机制。欧盟委员会称，航空业虽不是温室气体排放“大户”，但基于民航业的快速发展，其排放量增速惊人，因此有必要加以约束。

2008年，欧盟立法生效，规定从2012年1月1日起把航空业纳入碳排放交易机制。2011年3月，欧盟委员会公布了首个航空业年度碳排放限额，即2012年不超过2.13亿吨，2013年起不超过2.09亿吨。

近年来，欧盟实施统一碳税以弥补2005年1月实施的碳排放贸易体系的不足，从而征收航空“碳税”。

目前，在可再生能源领域，国际上已有好几个实施技术转让的项目采用新型能源，减少碳排放，鉴于新能源概念飞机的不断研发，生物燃料的不断应用，航空“碳税”在提高运营成本的同时，也促使航空业朝绿色航空迈进。

资料来源：http://sky.news.sina.com.cn/2011-12-05/12558406.html。

在不同国家和地区、不同的经济社会发展阶段，碳税的实施效果有较大差异。但从长期来看，碳税是一个有效的环境经济政策工具，能有效地

减少 CO_2排放。降低能源消耗、改变能源消费结构，短期内抑制经济增长，中长期将有利于经济的健康发展。人们对碳税的争议主要在碳税的减排效果和碳税的使用等方面。碳税征收的目的主要是对化石能源征税，提高化石能源的价格，从而减少化石能源的使用，提高价格较低的风能、太阳能等新能源的竞争力。各国碳税的使用主要是用于对新能源产业的补贴，用于治理环境的项目和工程，用于补贴低收入家庭因碳税而增加的开支，也用于其他政府开支等。碳税的弊端主要是提高了能源的价格，推高了物价；政府的碳税开支如果没有效果，则达不到减少温室气体排放的目标，实现不了开征碳税的目的；碳税的税负比较高，因此要求政府的税收征管是完善的，否则会造成纳税企业和偷税漏税者的税负不均。①

因此，碳税和碳排放权交易是目前全球减排中推行的两种市场减排工具。前者向化石燃料使用方征税，比如英国、德国以及北欧等国均采用这种工具。后者是设定总量后、将排放权分给企业，并形成碳排放权市场以激励减排。碳税与碳排放权交易相比具有以下几个方面的特点。

第一，碳排放权交易体系下产生的碳排放权价格波动性大。这是由于碳交易将碳排放额作为商品，其价格主要受政策、初始排放限额分配方案、经济增长率、企业业务增长率、技术状况、天气状况、能源价格、项目数量和规模等众多影响市场供需的力量决定，它会随市场供需的变化而呈现频繁波动。由于碳税的税率在一定时期内是确定的，因而提供了一个清晰的价格信号，这带来了碳价格上的稳定性。

第二，碳交易利用市场机制解决气候问题，促使个体主动实施减排，激励性强。碳减排不再只是产生成本，它还创造了获取利益的机会，碳交易的参与者可以通过碳减排，节省碳排放限额，然后在碳市场上将其出售获利，这极大地刺激了参与者的减排热情。而相对于此，碳税的减排激励性则显得较弱。因为税收是一种政府强制性措施，所以碳税推动的减排行为都是被动减排，这样不利于提高企业和个人的减排积极性。不过，另一方面，碳税能够给政府带来可供减排技术研发的资金，通过技术进步来促

① 张晓盈、钟锦文：《碳税的内涵、效应与中国碳税总体框架研究》，《复旦学报》（社会科学版）2011 年第 7 期。

进减排。

第三，碳交易体系的顺利运作离不开有效的监督、约束和评估机制，然而这些机制的不健全严重损害了碳交易体系的碳减排效果。碳交易能够有效实施的条件是碳排放权的明确，而产权的明确需要相关制度和机构的完善。只有这些制度和机构能够监督和保护这些碳排放权，碳交易才能顺利有效进行。此外，数据可靠性也是一个问题，有效监督离不开对各个个体实际排放量的准确掌握，但是由于信息不对称，排放数据难以保证其可靠性，所以碳排放量的准确监测是一件很困难的事。而碳税的实施过程透明度高，便于监管者管理，也便于公众了解、参与以及监督。高透明度源于明确的税率使碳税的成本易于识别和计算，以及简便的征税程序使碳税实施过程易于监测和管理。

第四，碳交易措施有利于降低不同地区的总减排成本。碳交易在使减排所造成收益保持不变的前提下，使碳减排发生在碳减排成本最低的地方，符合经济效率的原则，这也是碳交易措施的最大优点。但是，碳交易体系本身的运作成本却很高，抵消了碳减排成本降低带来的好处。相对而言，各国都有税收制度，而且都运行了相当长的时间，相关的法律法规、机构设施及工作人员都比较完备，碳税的实施无非是在现有的税种基础上多加一种税种，这降低了碳税实施的成本，而且可以迅速开征，减少构建新体系花费的时间。

第五，碳交易的体系设计比较僵化，对未来的适应性较差，其减排效果易受未来不确定性的影响。相对而言，政府可以根据经济发展的形势，及时调整碳税征收范围和税率，具有较高的灵活性和适应性。

碳排放权交易与碳税优劣势比较见表 2－2。

表 2－2　碳排放权交易与碳税优劣势比较

项目	优势	劣势
碳排放权交易	碳减排量确定； 减排激励性强； 催生碳金融，引导大量资金参与减排； 通过交易使全球不同地区减排成本降低	碳价格波动频繁； 约束监督机制不健全； 体系正常运转、成本高； 对未来变化适应性较差

续表

项目	优势	劣势
碳税	碳价格保持稳定； 可为政府提供低碳研发资金； 透明度高，便于监督； 实施方便快捷； 灵活性、适应性强	碳减排量不确定； 减排激励性弱

在上面的比较中，我们可以看到碳排放权交易与碳税各有优势，很难得出孰优孰劣的简单结论。就发达国家的经验来看，既有碳排放权交易又有碳税，这两种政策工具被搭配使用，一般而言，将规模大且能耗高的大型企业纳入碳排放权交易范围，而对于中小企业和家庭用户，则采用碳税手段实现碳减排。由于碳排放权交易的碳减排激励性更强，能够确保碳减排目标的达成，而且可以跨区域和跨时空交易，因此被欧盟、美国、澳大利亚、加拿大、新西兰和日本等发达资本主义国家所广泛采用，在世界范围内建立起一个强大的碳排放权交易市场。

内容提要

（1）局域外部性是指一个经济主体在活动中对旁观者的福利产生了一种有利影响或不利影响，但是这样的影响只对某一个局部或地域有影响。例如，商品 X 的生产具有负的外部性，也就是说，X 的生产迫使第三方承担成本，但这些第三方只局限于生产地附近的居民。全球外部性应该是这种外部影响对全球范围内的每个人都有影响的情形，如气候变化、地球臭氧层遭受破坏、生物多样性遭受破坏等。当然，全球外部性也存在正外部性和负外部性。

（2）碳排放权的本质是对环境容量的限量使用权。碳排放权交易是把碳排放权作为一种稀缺的资源，可以用来买卖，运用市场机制的作用实现节能减排。即如果企业排放的二氧化碳少于分配的配额，那么就可以以市场价出售剩余的配额，得到回报，而那些排放量超出配额的企业，则需购买额外的排放配额，从而实现国家对碳排放的总量控制。

（3）限制碳排放的手段归纳起来主要有三类：碳排放权交易、碳税以及行政手段。碳税、碳排放权交易属于经济手段，与传统的行政手段相比，运用经济手段控制碳排放可以降低社会总成本，同时经济手段能使公司在决定如何满足碳排放目标上拥有较大的自主权，会激励公司不断采用新的减排技术来控制污染，并实现成本最小化，因此经济学家建议采用碳排放权交易或者碳税实现减排。

思考题

1. 简述碳排放权交易的主要理论。
2. 怎样理解区域外部性和全球外部性？
3. 基于市场调节的减排政策主要包括哪两种方式？

参考文献

[1] Jonathan Gruber, *Public Finance and Public Policy* (*1st Edition*), New York: Worth Publishers, 2005.

[2] Stiglitz, "Global Public Goods and Global Public Finance: Does Global Governance Ensure that the Global Public Interest Is Served ", in Jean-Philippe Touffut, *Advancing Public Goods* (*The Cournot Centre for Economic Studies series*), Northampton , MA: Edward Elgar Publishing, 2006.

[3] 阿尔钦：《财产权利与制度变迁》，上海三联书店，1994。

[4] 阿尔钦：《产权经济学》，北京大学出版社，2003。

[5] 埃格特森：《新制度经济学》，商务印书馆，1996。

[6] 曹付强：《试论我国的碳排放权交易》，湖南师范大学硕士学位论文，2010。

[7] 德姆塞茨：《财产权利与制度变迁》，上海三联书店，1994。

[8] 董兰芳：《西安国有产权进场交易运作模式研究》，西北工业大学硕士学位论文，2005。

[9] 弗鲁博顿·切瑞特：《新制度经济学》，上海人民出版社，2006。

[10] 马克思、恩格斯：《马克思恩格斯全集（第46卷）》（上册）》，人民出版社，1979。

[11] 沈满洪、何灵：《巧外部性的分类及外部性理论的演化》，《浙江大学学报》（人文社会科学版）2002年第1期。

[12] 孙平军、赵峰、丁四保：《区域外部性的基础理论及其研究意义》，《地域研究与

开发》2013 年第 3 期。

[13] 孙长伟：《市场环境下考虑环保约束的电力调度阻塞管理》，华北电力大学（北京）硕士学位论文，2008。

[14] 汪中华：《我国民族地区生态建设与经济发展的耦合研究》，东北林业大学博士学位论文，2005。

[15] 王江、隋伟涛：《碳排放权交易问题的博弈研究》，《中国市场》2010 年第 14 期。

[16] 王晓霞、杨鹏、石磊等：《环境与自然资源经济学》，中国人民大学出版社，2011。

[17] 杨永杰：《碳排放的外部性理论和内部化路径》，《生产力研究》2013 年第 12 期。

[18] 伊藤敏子：《论低碳经济中财政政策对碳金融的支持与配合》，对外经济贸易大学博士学位论文，2012。

[19] 余春祥：《对绿色经济发展的若干理论探讨》，《经济问题探索》2003 年第 12 期。

[20] 于杨曜、潘高翔：《中国开展碳交易亟需解决的基本问题》，《东方法学》2009 年第 6 期。

[21] 张凌宁：《碳补偿助力欧洲航空业节能减排》，《WTO 经济导刊》2009 年第 5 期。

[22] 张文显：《法理学》，高等教育出版社，1999。

[23] 张五常：《经济解释》，商务印书馆，2000。

第三章
碳排放权交易的法律基础

任何交易行为都建立在交易对象的稀缺性之上，碳排放交易也不例外。碳排放权作为碳排放交易的对象，其稀缺性并非来源于其自然属性，而是由权力机构赋予的。碳排放交易的实质是一系列的“赋权”与“限权”的过程，无论是权利产生之初的界定、权利流转时的保障，还是权利行使后的回馈，无不倚赖健全公正的法律制度。“法律是治国之重器”，[①] 不可不细察之，故有此章。

第一节　二氧化碳属性的法律解读

中国已于2010年超越日本成为世界第二大经济体，同时也是全球最大的贸易出口国、工业化和城市化进程最快的国家。然而不可忽视的是，中国也是最大的二氧化碳排放国。[②] 工业革命之前，全球大气平均二氧化碳浓度仅为280ppm；工业革命以来，随着煤炭、石油等化石能源的大量使用，已使这一数据陡升至2008年的385ppm。Ronald Prinn 撰文指出，如果将其他温室气体按对气候的影响程度折算为二氧化碳，则大气中总的二氧化碳当量浓度已达478ppm。[③] 有大量的数据表明，温室效应及全球气候变

---

① 《中共中央关于全面推进依法治国若干重大问题的决定》，2014年10月23日。

② 2007年6月19日荷兰环境研究所报告，“China Now No. 1 in CO_2 Emissions; USA in Second Position”，http://www.pbl.nl/en/news/pressreleases/2007/。

③ Ronald Prinn, “400 ppm CO_2? Add Other GHGs, and It's Equivalent to 478 ppm”, Oceans at MIT News, http://oceans.mit.edu/featured-stories/5-questions-mits-ron-prinn-400-ppm-threshold.

暖是毋庸置疑的现实，而对于自然环境十分脆弱的中国来说，这一现实则代表了严峻的挑战。无论是有8亿人口居住的东部沿海地区，还是生活极度依赖喜马拉雅山和天山的融雪的西北地区，都因极端气候事件的频繁出现而备受损失。[①]

二氧化碳是或不是大气污染物，正如哈姆雷特的"to be, or not to be"一样，是简单的二分法问题，却往往会带来超乎想象的复杂争论。大多数学者及社会观点认为二氧化碳与传统污染物有很多不同之处，故而不应被视为污染物；另一些学者通过法律层面的比较分析及规范分析，认为应将温室气体归入法定污染物，以确定对其进行监管的法律依据，[②] 有的学者通过国际政治经济学分析认为二氧化碳应当被视作污染物，以与环境治理问题统筹考虑，争取把发达国家污染治理和温室气体减排"两步并一步走"。

本节分为三个部分，从实证与规范两方面进行分析，论证将二氧化碳列为法定大气污染物的可行性及必要性。第一部分从法学语境下的污染物定义出发，结合具有代表性的各国相关法条，进行实证分析；第二部分则聚焦于"二氧化碳是否应被作为法定大气污染物"的问题，通过对二氧化碳的减排手段中必需的各种行政行为及其法律基础的规范分析，论证将其纳入《大气污染防治法》范围的必要性；第三部分则是对反对理由的评析。

一　二氧化碳法律属性的实证分析

本部分的主要目的在于论述二氧化碳与法律定义中的"大气污染物"的契合之处，然而由于污染物本就是一个来自环境科学的概念，而大部分规制手段——如碳税和碳交易市场等——立足于经济学的研究基础，所以必须先要考虑环境科学及经济学语境下的污染物含义。

法律是调节社会关系的工具，法学语境下的污染物与环境科学或经济学语境下的污染物大体一致，但是同时也存在不少细微的不同。

---

① 尤默：《浅谈行政奖励在城市低碳交通中的作用》，《法制与经济》2012年第3期。

② 殷培红、王彬：《温室气体排放环境监管制度研究》，《环境与可持续发展》2012年第1期。

我国现行《大气污染防治法》中并无对“大气污染物”一词的具体定义，可说是一个重要的缺憾，而2008年修订的《水污染防治法》中则对“水污染物”进行了具体定义，分析其定义的核心内容，对于指导同一体系下的《大气污染防治法》的修订，显然具有极大的参考价值。其他国家或地区对于各类污染及污染物的相关法律定义也是他山之石，值得借鉴。

通过对我国、美国及欧盟等国家和地区的相关法律法规的分析，取其精华，在环境法中，污染物的定义应具有以下三个核心要素。

首先，环境污染物应当特指由于人类活动而产生的物质。法律是通过调整人的行为以调整社会关系的社会规范。[①] 与人类活动无关的自然产生的物质，虽然也可能产生种种影响，但不应被列入环境法律法规的规制内容之中。我国的《水污染防治法》对于“水污染”及“水污染物”的定义即缺乏此点，[②] 从而会造成实践上的不便。

其次，环境污染物在合理预期范围内可能直接或间接地对人类的健康、安全和福利，或人类对生态环境的利用产生不利影响。法律终究是为人服务的，如果缺少这一内容或不够明确，则污染物的界定会流于宽泛，反而会对法律实践产生不利的影响，美国《清洁空气法》中的定义[③]就是如此，从而引发了旷日持久的法律争论。而使用“可能”一词则是借鉴了欧盟指令中的相关措辞，[④] 环境污染的应对原则正在从事后治理逐渐转向事前预防，很多情况下如果要等到危害及因果关系明晰之时才对污染物进行认定，则已是亡羊补牢，或至少事倍功半。

最后，环境污染物应当导致环境的物理、化学、生物或放射性等方面的特性改变。在危害或因果关系尚未完全明晰之时，这是一个较为清晰且易于界定的判断标准，且可以避免由于事前预防的原则而造成的目标扩大化。

---

① 张文显主编：《法理学》（第3版），高等教育出版社、北京大学出版社，2007，第76～77页。

② 《水污染防治法》，第91条。

③ *Clean Air Act*, Sec. 302. (g).

④ *Directive* 2008/1/*EC of the European Parliament and of the Council of* 15 *January* 2008 *Concerning Integrated Pollution Prevention and Control*, Article 2, 2.

将上述三点结合起来并运用至大气环境之中，“大气污染物”是指由于人类活动而产生并介入大气环境之中，导致大气环境发生物理、化学、生物或放射性等方面的特性改变，在合理预期范围内可能直接或间接地对人类的健康、安全和福利，或人类对大气环境的利用产生不利影响的物质。毋庸置疑，由人类活动排放出的二氧化碳属于大气污染物。

参考资料

马萨诸塞州诉联邦环保局案（Massachusetts et al., Petitioners, v. Environmental Protection Agency et al.）中关于CO_2属性的争论

美国联邦最高法院九名大法官在马萨诸塞州诉联邦环保局案（以下简称马案）中5：4的表决结果体现了此案中激烈的争论，其中的核心问题是原告是否拥有起诉资格，但二氧化碳及其他温室气体是否属于《清洁空气法》（*Clean Air Act*）中的“大气污染物”，也是主要争论问题之一。

《清洁空气法》第202条（a）（1）款规定：当联邦环保局判断任何由机动车辆或机动车辆发动机排放的“大气污染物”会引起或有助于引起合理预期范围内的危害公众健康或福利的大气污染时，应对此种物质设定排放标准，其中“大气污染物”一词指任何大气污染媒介物或这些媒介物的组合，包括任何以排放或其他方式进入环境大气中的物理的、化学的、生物的或放射性的物质。

然而2003年8月，时任联邦环保局法律总顾问的R. E. Fabricant撰写备忘录，认为《清洁空气法》对于“大气污染物”的定义过于宽泛，任何物质在此定义下都可被认定为“大气污染物”；同年9月，联邦环保局做出行政决定，通过对国会立法意图进行解释，认为国会并无意图对导致气候变化的物质进行规制，故二氧化碳不属于《清洁空气法》中的“大气污染物”并拒绝为其设立标准。

其后，马萨诸塞州等原告向哥伦比亚地区联邦巡回上诉法院提起诉讼，要求被告联邦环保局撤销上述行政决定，依据《清洁空气法》中第202条（a）（1）款对新机动车辆排放的温室气体进行规制，2005年7月该法院驳回并拒绝原告诉讼请求，后于同年12月拒绝原告重审请求，2006年美国联邦最高法院颁布调案复审令（writ of certiorari），原告提起上诉。

2007年4月，美国联邦最高法院对马案做出了判决，由大法官Stevens发表的判决书中认为《清洁空气法》中对于“大气污染物”的定义是清楚明白的，二氧化碳等温室气体毫无疑问位列其中。并且，“虽然国会在起草第202条时也许并未虑及化石燃料燃烧导致全球暖化的可能性，但是他们明白，缺少灵活性的《清洁空气法》将很快被环境变迁和科学发展所淘汰。第202条（a）（1）款中的宽泛语言正反映了为预防这种淘汰而有意识赋予（该法案）以必要的弹性”。另有四名大法官支持此判决。

包括首席大法官Roberts在内的其余四名大法官反对此判决，Roberts和Scalia各提交了一份反对意见书。其中，Scalia在意见书中认为：《清洁空气法》中的“大气污染物”强调了必须是“大气污染媒介物或这些媒介物的组合”，该法中并无“大气污染”的定义，而环境保护局认为此种污染的范围仅限于地表空气的看法是正确的，二氧化碳的影响范围直至同温层的下端，所以不属于“大气污染物”。

资料来源：薛进军、尤默《二氧化碳是污染物》，载于《中国低碳经济发展报告（2015）》，社会科学文献出版社，2015。原文注释略去。

二　二氧化碳法律属性的规范分析

本部分要回答一个问题：“应不应该将二氧化碳纳入法定大气污染物?”亦即分析其必要性。这需要自下而上的思考，也就是从对二氧化碳的减排手段出发，分析这些手段的特点，得出其所需要的法律基础。

总体而言，二氧化碳减排手段从其理论基础上可以分为三大类：以科斯定理为基础的碳交易市场、以庇古税为基础的碳税，以及其他直接或间接规制手段；而从法学视角上可以分为行政行为与市场行为两类。市场行为是人类为寻求自我利益而自发产生的，并不需要严格的法律基础即可进行，法律在其中扮演的角色更多的是保驾护航者，即提供保障以避免市场失灵。而行政行为作为联系行政机关与相对人之间的纽带则需要严格的法律基础，亦为本部分分析的重点。

（一）行政法的三种主要理论

行政行为所需的法律基础来源于其理论基础。法律是调整社会关系的工具，正如刑法致力于调节个人与社会的关系，民法被用于调节个人[①]与个人的关系一样，行政法的目的则在于调节政府与个人、上级政府与下级政府之间的关系。作为以上三大部门法中最年轻的一分子，行政法的理论基础在很多细节上至今仍然众说纷纭、莫衷一是。其中最主要的三种理论分别是管理论、控权论和平衡论。

管理论，亦即以行政权力为本位，认为行政法是政府管理公民的法律规范，甚至更加宽泛地将其界定为“国家进行各方面管理的全部法规总称”。[②] 在此理论之下，政府权力较大，行政行为方式较为自由，重视效率。

控权论认为行政法“概括来说首先就是关于控制政府权力的法”,[③] 以公民权利为本位。稍具体而言，“行政法是控制国家行政活动的法律，它设置行政机构的权力，规范这些权力行使的原则，以及为那些受行政行为侵害者提供法律补救”。[④][⑤] 该理论注重控制政府权力，认为行政行为必须经过赋权，重视民主而在某种程度上忽视效率。

平衡论认为对相对方的权利义务产生直接影响的行政行为为“消极行政行为”，而对相对方的权利义务不产生直接影响的行政行为为“积极行政行为”。前者与法律的关系如同控权论中一般，“法无明文（允许）即不可为”；而后者与法律的关系与管理论中一致，即“法无明文（禁止）即可为”。这种观点同时符合平衡论的理论基础与大众的感性认知，即当政府（或上级政府）进行某种直接影响相对方权利和义务的行政行为时，作为相对方的个人（或下级政府）在此关系中，是处在不平衡的地位的。所

---

① 此处及以下的“个人”均广义地包括自然人、法人及其他组织等。

② 张尚鷟：《行政法基本知识讲话》，群众出版社，1986，第1页。

③ Wade, H. W. R. & Forsyth, C. F. *Administrative Law* (*Tenth Edition*), Oxford University Press, 2009, p. 4.

④ 〔美〕伯纳德·施瓦茨：《行政法》，徐炳译，群众出版社，1986，第1页。

⑤ 有趣的是，此处引用的译作与上文引用的张尚鷟教授著作均由群众出版社在同一年出版，而张教授在两年后又发文批驳控权论。参见：张尚鷟《关于行政法概念的一些问题》，《法律学习与研究》1988年第1期。这在某种程度上可窥见我国行政法理论演变的关键时点。

以在此情况之下，需要法律为行政行为做出明确的规定，以追求平衡。

于是在此我们可以得出一个结论：对于行政行为是否需要法律的明确支持才可作为，无论是支持控权论还是平衡论，关键都在于其是否会对相对方的权利义务产生直接影响。

（二）CO_2减排中的行政行为

广义上的二氧化碳减排包含了许多与二氧化碳并不直接相关的手段，比如节约能源、清洁能源的开发和使用、植树造林等，而本书的主题则限定在碳交易市场之中。本节为了探讨二氧化碳的法律属性，所选研究范围处于两者之间，即排除与二氧化碳并不直接相关的手段，但不限于碳交易市场。

各种相关减排手段中包含的对相对方权利义务会产生直接影响的行政行为见表3－1。

表3－1　碳减排中的具体行政行为

减排手段	具体行政行为	主要现有相关法律法规
清洁发展机制（CDM）	行政许可、行政处罚	《清洁发展机制项目运行管理办法》
强制碳交易市场	行政许可、行政征收、行政处罚	《碳排放权交易管理暂行办法》 试点省市地方政府制定的地方性规章及下属部门制定的其他规范性文件
自愿碳交易	行政许可、行政处罚	《温室气体自愿减排交易管理暂行办法》 强制碳交易市场试点省市发改委制定的其他规范性文件
碳税	行政征收	暂无
污染物排放标准	行政许可、行政征收、行政处罚	《环境保护法》 《大气污染防治法》 国家综合排放标准与国家行业排放标准不交叉执行
环境信息公开	行政命令、行政处罚	《环境保护法》 《清洁生产促进法》 《环境信息公开办法（试行）》
环境影响评价	行政许可、行政处罚	《环境保护法》 《环境影响评价法》 环保部系列部门规章
碳捕获与封存（CCS）	行政许可	暂无

行政行为包含抽象行政行为与具体行政行为，前者包括了相关行政立法等针对不特定对象且可以反复使用的行政行为，[①] 这在表 3 – 1 每种减排手段中都有所体现，如地方政府设定辖区内碳排放总量以及环境保护部[②]对各行业制定排污标准等相关行为。因此，表 3 – 1 将其略去，仅涉及具体行政行为。

表 3 – 1 最右列为目前我国规制各减排手段的主要相关法律法规，有明显的上位法的，仅列出上位法。

清洁发展机制是碳交易市场的重要组成部分之一，也是我国最先发展的交易机制。2004 年国家发改委、科技部、外交部联合发布《清洁发展机制项目运行管理暂行办法》[③]，2005 年京都议定书正式生效后，以上三部委与财政部联合发布《清洁发展机制项目运行管理办法》[④]，2011 年四部委对其进行了修订[⑤]。其中涉及对清洁发展机制项目审核批准的行政许可，以及对项目实施机构相关不正当行为的行政处罚。该办法的法律位阶为部门规章。

强制碳交易市场即 2013 年开始陆续启动的 7 省市试点碳市场，也是本书研究的重点。国家发改委于 2014 年发布《碳排放权交易管理暂行办法》[⑥]，强制市场中纳入的温室气体种类、行业范围、重点排放单位确定标准、国家配额分配方案等均在该暂行办法管理之下，由国家发改委确定。地方发改委在此基础之上确定各自市场的纳入企业范围及分配方案。该暂行办法的法律位阶为部门规章。

在强制碳交易市场中与行政相对人权利义务变动关系最密切的有两点，一是纳入强制市场的企业范围，一是配额分配方案。这两点又可以合而为一，即对企业的碳排放权进行给予、剥夺或转移。总体而言，其中包含了行政许可、行政征收、行政处罚等行为，这些行为的具体范围及其法理依据依赖于对碳排放权的研究，对于此，我们将在下节“碳排放权的法律权属”中展开，此处略过。

---

① 该分类及抽象行政行为的范围尚存在较大争议，因与本文无关故略去。
② 大量标准发布于环境保护局及环境保护总局时代。
③ 国家发展与改革委员会、科学技术部、外交部令 2004 年第 10 号。
④ 国家发展与改革委员会、科学技术部、外交部、财政部令 2005 年第 37 号。
⑤ 国家发展与改革委员会、科学技术部、外交部、财政部令 2011 年第 11 号。
⑥ 国家发展与改革委员会令 2014 年第 17 号。

自愿碳交易是在7省市试点强制碳交易市场之后，国家发改委进行的一项探索性工作。经备案的减排量被称为中国核证减排量（China Certified Emission Reductions，CCER），可进入市场交易，作为CDM项目及强制碳交易市场的补充。2012年形成的《温室气体自愿减排交易管理暂行办法》被以通知的形式发至国务院各部委、直属机构以及各省、自治区、直辖市发改委[①]。其中包括对自愿减排项目和减排量、交易机构和审定与核证机构审查备案的行政许可，以及交易机构和审定与核证机构违法违规时的行政处罚。该暂行办法的法律位阶为部门规章。强制碳交易市场试点7省市发改委分别为与CCER的接轨制定了其他规范性文件。

碳税在我国还处于研究阶段，相关法律暂无。根据税收法定原则，税收的各类要素都必须由法律明确规定。“税收的开征、停征以及减税、免税、退税、补税，依照法律的规定执行；法律授权国务院规定的，依照国务院制定的行政法规的规定执行。”[②] 我国现行的个人所得税、企业所得税、车船税由全国人大立法，而其余税种则在法律授权之下，由国务院制定行政法规进行规范。由此可见，如果要征收碳税，必须通过全国人大立法，或者授权国务院制定行政法规，因为《大气污染防治法》中并无关于税收的内容，所以仅仅将二氧化碳纳入其中调控是不足以提供征收碳税的法律依据的。

污染物排放标准是环境法中运用最广泛的减排手段，其中大气污染物由全国人大常委会通过并于2014年修订的《环境保护法》及2000年修订的《大气污染防治法》共同规制。国务院环境保护部及地方政府在此基础上制定国家或地方污染物排放标准[③]，前者为部门规章，后者为地方性规章。其中，排污许可证的获得属于行政许可[④]，排污费的征收属于行政征收，[⑤] 而相关处罚属于行政处罚[⑥]。

---

① 《国家发改委关于印发〈温室气体自愿减排交易管理暂行办法〉的通知》（发改气候〔2012〕1668号）。

② 《税收征收管理法》第3条。

③ 《环境保护法》第16条，《大气污染防治法》第7条。

④ 《环境保护法》第45条，《大气污染防治法》第15条。

⑤ 《环境保护法》第43条，《大气污染防治法》第14条。

⑥ 《环境保护法》第59、60条，《大气污染防治法》第48条。

环境信息公开包括政府信息公开和企业信息公开，此处指企业信息公开，即企业按规定公开自身污染物排放及环保设施建设等信息。除了《环境保护法》之外，全国人大常委会2002年通过《清洁生产促进法》并于2012年进行了修订，在此基础上环保总局颁布《环境信息公开办法（试行）》[①]，其中包括地方环保部门要求污染严重的企业进行信息公开的行政命令[②]，以及对应公开而不公开的企业的行政处罚[③]。污染物排放与转移登记制度（PRTR）亦属于环境信息公开的一种。

环境影响评价，是指对规划和建设项目实施后可能造成的环境影响进行分析、预测和评估，提出预防或者减轻不良环境影响的对策和措施，进行跟踪监测的方法与制度[④]。全国人大常委会2003年通过《环境影响评价法》，与《环境保护法》共同规制。环保部在此基础上制定了系列部门规章，其中包括项目实施方报批的行政许可[⑤]和违法时的行政处罚[⑥]。

碳捕获与封存技术仍在发展之中，澳大利亚、美国等国家在相关立法上走在了世界前列。中国现在仅有少量项目尝试，若广泛推广，则可能涉及捕获项目实施及封存地点审批等行政许可行为。由于现有法律中并无与之相关的部分，为此专门立法当属必需。

（三）法律基础分析

二氧化碳减排手段中主要包含了行政许可、行政征收、行政处罚、行政命令等具体行政行为，对相对方的权利义务产生直接影响。其中，行政许可与行政处罚由专门的法律——《行政许可法》与《行政处罚法》规制，而行政征收和行政命令则散见于各种法律法规之中。从行政法理论上说，这些具体行政行为都需要有法律层面的支撑。其中，《行政许可法》规定行政许可需由法律或行政法规设定[⑦]；《行政处罚法》规定法律可以设定各种行政处罚，行政法规可以设定除限制人身自由以外的行政处罚，地

---

① 国家环保总局令2007年第35号。
② 《环境保护法》第55条，《清洁生产促进法》第17条。
③ 《环境保护法》第62条，《清洁生产促进法》第36条。
④ 《环境影响评价法》第2条。
⑤ 《环境保护法》第19条。
⑥ 《环境保护法》第61条，《环境影响评价法》第31、33条。
⑦ 《行政许可法》第14条。

方性法规可以设定除限制人身自由及吊销企业营业执照以外的行政处罚，而部门规章及地方性规章只能在上述规范的范围内做出具体规定，其他规范性文件则不得设定行政处罚①。行政征收和行政命令由于并无专门法律规制，故而在无法律授权时，行政法规及以下位阶的文件均不得自行设置。

结合上文对二氧化碳各种减排手段中的行政行为及其法律基础的分析，目前这些手段在国内的立法状况可以分为三类。

1. 已经有法律提供法理基础的

环境信息公开、环境影响评价已有《环境保护法》《清洁生产促进法》《环境影响评价法》作为基础，要将二氧化碳纳入其中，只需由环保部制定部门规章即可。这一部分与二氧化碳是否为污染物没有关系。

2. 尚需专门制定法律或行政法规的

碳税和碳捕获与封存暂无专门法律，但是税收都可由《税收征收管理法》规制，而碳捕获与封存中包含的行政许可由《行政许可法》规制，国务院已获得两者的授权，可以通过行政法规的形式加以规定。即使将二氧化碳纳入《大气污染防治法》，若没有专门的法律或行政法规，这一部分也无法合法运行。

3. 可专门立法或纳入《大气污染防治法》的

污染物排放标准虽已有《环境保护法》规定，但直接与之相关的《大气污染防治法》中尚无对污染物的明确定义，其中环保部及地方政府被授权制定国家标准和地方标准②，但只有国务院可以制定排污费征收规则③，国务院及地方政府可以进行总量控制④，地方政府环境保护主管部门可以进行行政处罚⑤。二氧化碳可被纳入排放标准并辅以相关的排污费征收、总量控制、行政处罚等手段，或者进行专门立法，或者在《大气污染防治法》修订之后被纳入大气污染物之中。我国台湾地区的法律体系与大陆地区略有不同，其“环保署”于2012年将二氧化碳等温室气体纳入污染物

① 《行政处罚法》第9至14条。

② 《大气污染防治法》第7条。

③ 《大气污染防治法》第14条。

④ 《大气污染防治法》第15条。

⑤ 《大气污染防治法》第48条。

之中，仅仅为了与高雄市争夺收费权利，最后在“立法院”上引起无休止的争辩，可称闹剧。

另一部分就是清洁发展机制、强制碳交易市场以及自愿碳交易。由上文分析可以看出，这三者共同的特点是实践远远走在了法律前面，最高位阶的规范也只是由国家发改委制定颁布的部门规章。三者中至少包含了对碳配额总量进行设定的行政立法、各种审批的行政许可，以及各种违规时的行政处罚，而这些行为都不是部门规章有权创设的。所以在法律及行政法规层面为这几个部门规章及其中的行政行为提供基础是现今碳市场法制建设的当务之急。

进行专门立法当然是可行的途径之一，如制定《应对气候变化法》或《温室气体管理法》等直接对口法律。事实上，《应对气候变化法》的立法讨论已经多年，现已有初稿问世，然而距离最终定稿并由人大通过还有不短的距离。

还有一种可行的途径就是将二氧化碳纳入受《大气污染防治法》规制的大气污染物之中。历经多年争议讨论之后，现行的《大气污染防治法》于2015年8月修订通过，很多问题仍然没有得到解决。其中，仅仅在总则中提到过一次温室气体——“对……大气污染物和温室气体实施协同控制”①，而在其后所有的条文之中却都只涉及大气污染物②，不见温室气体的踪影。对于最重要的概念“大气污染物”，也仍未给出具体定义和解释。那么温室气体与大气污染物究竟是并列关系还是从属关系？如果并列，为何总则之后就再也不提？该法的立法目的到底是否包括控制温室气体？

此次修订也有重要突破，即将排污总量控制和排污许可由“两控区”③扩展到了全国。从另一个角度来说，如果该法能够对大气污染物进行明确定义，或者明确将温室气体纳入大气污染物之中，即可以为全国强制碳交易市场提供意义非凡的法律基础。

---

① 《大气污染防治法》第2条。

② “大气污染物”一词出现了74次。

③ 酸雨控制区和二氧化硫控制区。

第二节　碳排放权的法律权属

强制碳交易市场中的碳排放调节手段整体上可以分为两部分——“cap”和“trade”。前者主要是行政行为，即政府对辖区内碳排放总量、纳入市场的企业范围以及这些企业初始配额的设定，上节探讨了作为该部分法律基础的二氧化碳法律属性；后者主要是市场行为，即参与碳交易市场的企业或个人在前者基础之上根据各自的供给和需求，以收益最大化为目标而进行的自发交易行为，其交易标的实质上是碳排放权，载体则有强制碳交易市场中的配额、来源于清洁发展机制项目的 CER 以及来源于自愿碳交易的 CCER 等多种形式。本节将从碳排放权的属性出发，探讨其法律权属问题。

一　概述

“法律权属”在中国法学界还是个比较新潮的词，“权属”即为权利归属，碳排放权的法律权属即指碳排放权所有权（ownership）以及与所有权相关的一束权利（bundle of rights）的归属问题。市场行为的本质是权利的转移，而权利转移的前提是权利的明确界定，权利的明确界定则依赖于对其法理依据的分析。碳排放权究竟是一种什么样的权利？对于该问题，学界仍然在讨论之中，根据法律体系、目的和研究范围的不同有多种解释。

大陆法系（包括与之近似的我国社会主义法律体系）对此问题的理论研究更为关注，Pei Qing 等通过研究 CDM 机制认为碳排放权是一种物权（real right）[1]；日本环境省出具的对京都议定书和日本国内法律关联的研究报告认为碳信用是一种动产，其相关权利是物权，具体而言是一种无形财产权[2]；邓海峰认为碳排放权与排污权相同，是一种准物权，其权利客体

[1] Pei, Q., Jiang, D. M. & Zhang, M. H., “A Study of Legal Attributes of Carbon Emission Rights in Carbon Trading”, *Ecological Economy* (1) 2009, pp. 11 – 19.

[2] 日本環境省：《京都議定書に基づく国別登録簿制度を法制化する際の法的論点の検討について（報告）》，2006，pp. 7 – 9.

是环境容量[1]；杨泽伟从国际法出发，认为碳排放权是一种发展权[2]；王明远认为碳排放权兼具准物权与发展权属性，两者辩证统一[3]。

英美法系更关注实践问题，Hepburn 站在澳大利亚碳捕获与封存相关技术和法律的立场上，认为“碳权（carbon rights）”是一种新的财产权（property），具体来说是依附于森林土地之上的一种独特的地役权（land interest）[4]；E. A. Posner 等站在美国政府面对国际碳减排谈判应该如何应对的角度，对分配正义（distributive justice）和矫正正义（corrective justice）进行分析，虽然没有专门对碳排放权的属性提出意见，但反对将其纳入发展权的观点[5]。

对以上各种观点进行归纳，有无形财产权、作为财产权的地役权、作为准物权的环境容量使用权以及发展权四种理论。无形财产权的观点并未流行起来，上述日本环境省的报告也承认即使将碳信用归为动产，与日本法中本有的动产概念还有一定的差距。地役权的观点则基本只在碳捕获与封存制度较为发达的澳大利亚存在。所以本节将主要讨论作为准物权的环境容量使用权和发展权两种观点。

二　作为准物权的环境容量使用权

（一）物权及准物权

英美法系中并无物权概念，与之相应且较为近似的是财产权，部分大陆法系国家（如法国）也采用财产权概念。财产权与人身权相对，其内涵包含物权及其他广泛财产权利，甚至包括部分债权[6]，在德国、日本以及我国民法体系中并不适合，本节对此概念不作展开。

物权是大陆法系独有的民法概念，与债权相对，前者为对世权，而后

---

① 邓海峰：《环境容量的准物权化及其权利构成》，《中国法学》2005 年第 4 期。

② 杨泽伟：《碳排放权：一种新的发展权》，《浙江大学学报》（人文社会科学版）2011 年第 3 期。

③ 王明远：《论碳排放权的发展权和准物权属性》，《中国法学》2010 年第 6 期。

④ Hepburn, S. , “Carbon Rights as New Property: The Benefits of Statutory Verification”, *Sydney L. Rev.* (31) 2009, p. 239.

⑤ Posner, E. A. & Sunstein, C. R. , “Climate Change Justice”, *Geo. L. J.* (96) 2007, p. 1565.

⑥ 因为债权也具有财产价值。

者为对人权。“物权”一词的汉语是直接对日语“物権”一词的采用，而日语中的“物権”则是对德语“sachenrecht”一词的意译。在我国2007年颁布的《物权法》中，物权是指权利人依法对特定的物享有直接支配和排他的权利，包括所有权、用益物权和担保物权①。可见，“特定的物”作为权利客体，是物权的要素之一。一般认为，最先在立法上使用物权概念的是1811年的《奥地利民法典》。1900年开始施行的《德国民法典》明确将物权和债权分开作为两个不同部分，引起了极为广泛的影响。《德国民法典》第一编总则中的第二部标题为“物和动物”（Sachen und Tiere），即物权所指向的“特定的物”，之后四编分别为债权、物权、亲属、继承。日本于1893年开始起草日本民法典，并于1896年通过前三编，分别为总则、物权、债权，总则中的第四章是“物”②。

物权的权利客体是特定的物，而在传统物权意义上，该特定物仅指有体物，从上述德国及日本相关立法中即可见一斑。随着生产力的发展和生产关系的变化，各种以无形物为权利客体的新型权利不断产生，如知识产权就难以被完全纳入上述体系之中。大陆法系国家一般采用单独立法的形式对这些新型权利加以规范。王利明认为物权的客体中如果纳入无体物，则会导致概念混乱，所以无形财产应单独立法③；其后又补充提出，由于无形物是不可穷举的，故而在物权法中一一列出是不必要的，应该对物的本质属性、基本特征做出规定，或者扩大民事权利客体的概念④。

准物权概念即是在此问题上对传统物权的有力补充，它的范围及判定标准在法学界仍然有不小的争议，但是从其命名上可见，准物权是指与传统物权类似但又有所区别的一种民事权利，如矿业权、渔业权、狩猎权等。有的学者认为区别在于准物权的权利客体是无形的或非特定的，有的认为准物权必须通过行政行为方可生成，还有的从权利的支配性、排他性、优先性等方面加以区分。总而言之，准物权并非属性单一的某种权

---

① 《物权法》，第2条。

② 细心的读者可能会发现日本民法典的施行在德国民法典之前，但是实际上日本民法典大部分是对1888年形成的德国民法典第一草案的翻译和借鉴。

③ 王利明：《物权概念的再探讨》，《浙江社会科学》2002年第2期。

④ 王利明：《物权立法若干问题新思考》，《法学》2004年第7期。

利，而是一系列权利的统称。

（二）环境容量使用权

“环境容量”概念来源于环境学，是指在自然环境具有的有限自净能力的基础上，“某环境单元所允许承载污染物质的最大数量”[①]。法律制度上对于此最大数量的界限分析显然应结合上节所述的污染物定义，即以环境特性改变及在合理预期范围内可能直接或间接地对人类的健康、安全和福利，或人类对生态环境的利用产生不利影响为判断依据。

吕忠梅在物权的社会化及生态化二重性的基础上提出“环境物权”的概念，认为物具有生态功能和经济功能，对“能否为主体带来经济利益”的物的价值判断标准进行了极具创见的补充，同时进一步提出环境容量使用权即是对环境资源生态价值的开发利用，是环境利用人依法对环境容量资源占有、使用和收益的权利[②]。邓海峰对环境容量的特征进行了概括，认为其具有：①整体性和相对独立性、②稀缺性、③相对的稳定性以及④地区差异性；并在吕忠梅教授的理论基础之上进一步发展，认为作为排污权客体的环境容量由于具有可感知性、相对的可支配性以及可确定性，在相当程度上能够满足物权客体的相关特征，同时与传统物权客体相比还有所不同，所以应归为准物权。

吕忠梅教授同时还注意到，“对于自然人而言，一定的环境容量是其作为生物性个体存在的必要条件，因此，自然人因其自身的生存而取得或占有一定容量的权利应为自动取得，无需法定程序，不需经过批准。”而“对于法人或从事生产经营活动的民事主体取得或占有一定环境容量的权利应加以限制，必须经过法定程序并经过批准。”

由上述定义和分析可见，在二氧化碳累积过度排放而导致全球暖化的背景之下，无论从环境科学、经济学（即排污权交易）还是法学的理论角度来看，碳排放权都可以类比排污权，是一种具有准物权属性的环境容量使用权。其与传统意义上的各类排污权最大的区别在于其地区差异性不明显，世界各地的碳排放都同样对全球范围内的温室效应产生影响，这一特

---

① 刘培桐主编《环境学概论》，高等教育出版社，1995，p. 205。

② 吕忠梅：《论环境物权》，《人大法律评论》2001 年第 1 期。

征也是全球碳交易市场的理论基础之一。所以其权利客体是全球范围内的二氧化碳大气环境承载量，其所有权及相关的一束权利由国际条约分配至国家，国家再将这一束权利全部或部分（占有、使用、收益、处分等）分配至各民事主体。

在该理论下，由国际条约分配的碳排放权所有权如其他自然资源一样，为国家所有。但由于自然人在生存的过程中必然会排放二氧化碳，一定的碳排放权是自然人存在的必要条件，应当保证其自动取得一定量的相关权利。那么这部分权利与必须经过法定程序才可获得的碳排放权根本区别在哪里？对于这部分权利，自然人是否自动获得完全所有权？比如，是否可以主动放弃，或者出售？这些问题尚有待解决。

三　发展权

发展权（right to development）被称为“第三代人权”[①]。1979 年联合国经济社会理事会及其下属人权委员会决议中提出发展权是一种人权，发展机会的平等是国家及个人的权利[②]，同年第 34 届联合国大会中通过决议强调了这一权利[③]；1981 年非洲统一组织（现非洲联盟）通过《非洲人权与民族权宪章》[④]，其中提到“一切民族在适当顾及本身的自由和个性并且平等分享人类共同遗产的条件下，均享有经济、社会和文化的发展权。”[⑤] 1986 年第 41 届联合国大会通过《发展权利宣言》[⑥]，提出“发展权是一项不可剥夺（inalienable）的人权，由于这种权利，每个人和所有各国人民均有权参与、促进并享受经济、社会、文化和政治发展，在这种发展中，

① 三代人权理论最早由捷克法学家 Karel Vasak 于 1979 年在斯特拉斯堡的国际人权研究所提出。

② Official Records of the Economic and Social Council, 1979, Supplement No. 6 (E/1979/36), chap. XXIV, sect. A.

③ U. N. General Assembly, 34th session, Alternative Approaches and Ways and Means within the United Nations System for Improvising the Effective Enjoyment of Human Rights and Fundamental Freedoms (A/RES/34/46).

④ African Union, *African Charter on Human and Peoples' Rights*, 1981.

⑤ African Union, *African Charter on Human and Peoples' Rights*, 1981, Article 22. 1.

⑥ U. N. General Assembly, 41st session, Declaration on the Right to Development (A/RES/41/128).

所有人权和基本自由都能获得充分实现"[1]。1993年在维也纳召开的第二次世界人权大会上，包括中国在内的180多个国家代表讨论并通过了《维也纳行动和宣言纲领》[2]，其中重申《发展权利宣言》中提出的发展权是一项"普遍的、不可分割（inalienable）的权利，也是基本人权的一个组成部分[3]"。

因为二氧化碳主要来自化石能源的使用，故而其排放权与人类发展息息相关。国家发改委会同有关部门制定并由国务院印发的《中国应对气候变化国家方案》中开宗明义地提出，"气候变化既是环境问题，也是发展问题，但归根到底是发展问题"[4]。我国很多学者赞同碳排放权是一种发展权的观点，因为在此理论下，碳排放权即成为一种人权，如此一来，我国作为世界上人口最多的国家，就理应在国际条约中分配到最多的碳排放权。

但是这种理论也存在巨大的缺陷——人权的不可转移性，这会导致碳交易市场法理基础的崩溃。John Locke在其1690年出版的不朽名著《政府论》中提到，"人对自己的生命没有这种[5]专断的权力，也不能给予他人这种权力"[6]，为资产阶级革命中倡导的"第一代人权"奠定了基础。1776年的《美国独立宣言》中提到"unalienable"的生命、自由以及追求幸福的权利，称其应为人人平等[7]。1948年联合国大会通过的《世界人权宣言》中除了重申"第一代人权"，还提出了劳动、受教育等需要国家积极行为的"第二代人权"，并且仍然使用了"inalienable"一词[8]。发展权的类似表述已在上文给出。"unalienable"与"inalienable"两词的意思相同，都包括了不可分割、不可剥夺、不可让与、不可毁弃等一系列意思，在中文中难以找到对应的单一词语。这种观念对应至法律权属之中，意为该权利所有人并未获得完全所有权，具体而言，只有占有、使用、收益的权

① U. N. General Assembly, *Declaration on the Right to Development*, 1986, Article 1.1.

② U. N., *Vienna Declaration and Programme of Action*, 1993.

③ U. N., *Vienna Declaration and Programme of Action*, 1993, I. 10.

④ 国务院关于印发《中国应对气候变化国家方案》的通知，国发〔2007〕17号。

⑤ 指随意夺取。

⑥ Locke, J., *Two Treatises of Government*, 1690, Chap. XV. 172.

⑦ U. S., *Declaration of Independence*, 1776, Paragraph 2.

⑧ U. N. General Assembly, 3rd session, *Universal Declaration of Human Rights* (A/RES/217 (III) A), Preamble.

利，而无转让与毁弃的权利。

四　碳排放权法律属性及其权属分析

无论将碳排放权视为准物权还是发展权，在理论上都可以自圆其说，但是在碳减排实践，特别是碳交易市场上却又都会面临严重的问题。发展权理论导致碳排放权不可交易，而准物权理论则导致人权保障不足①。要解决这两个问题，需要从两者之间的割裂与统一两个方面思考分析。

（一）准物权与发展权的割裂性

本文认为，将此两种理论完全统一是不可行的，因为其权利获取及流转方式有很大不同。任何权利都有所来有所去，不能简单地判断其权属为何，而需要深究其来源，在实践中唯一的例外就是人权。

不同国家、民族、宗教影响下的观念中人权的来源不同，资产阶级革命及基督教影响下的西方法学家大多认为"天赋人权"，John Locke 本身的分析基于基督教神学，《美国独立宣言》中认为人权由"创造者（creator）"赋予，不同信仰的人对此创造者的解释不同，可能是上帝，可能是自然，诸如此类。然而这种理念指引下的西方世界却仍然对其他国家、宗教或民族的人民（或男性对女性）犯下罄竹难书的累累罪行，Richard Rorty 指出这源于其"理性"的判断模式，将与自己意见及立场不同的人判断为不具理性，即可简单剥夺其为人的资格及其人权，在此基础上，他提出人权应来源于"感性"②。马克思则认为人权不是天赋的，而是历史地产生的。现代许多法学家又提出"法赋人权"的观念。如此等等，不一而足。所以，联合国大会在制定《世界人权宣言》时，经过各国的争议和商讨，最终同意回避其"由谁所赋"的问题，而只是表述为"（人人）赋有理性（reason）和良心（conscience）"，亦即同时通过理性和感性两方面说明人权的存在状态。

但是准物权则不同，相关的一束权利的来源和去向必须有明确的路

---

① 由于呼吸必然排出二氧化碳，所以如果一个人完全出售自己的碳排放权，即等同于出售生命。

② Rorty，R.，"Human Rights，Rationality，and Sentimentality"，1993.

径，方可切实在各个方面加以规范和保护。如果认为个人生存所需的碳排放权也是一种环境容量使用权，其权利客体为国家拥有的环境容量，那么即使认为其为“自动获得”，也无法跳过从国家“自动获得”的过程。这样一来，国家在这部分环境容量上的所有权仍然应有所体现，甚至可能在某种情况下通过行政征收或征用收回。

所以本文认为，在个人生存所需的碳排放权问题上，必须正视且承认其割裂性，即这部分碳排放权不能被视为环境容量使用权，而应仅仅作为发展权看待，其法律权属与其他基本人权完全一致，即个人拥有占有、使用及收益的权利，而无转让与毁弃的权利。至于国家在这部分碳排放权上扮演的角色，则是“帝力于我何有哉”。

（二）准物权与发展权的统一性

准物权与发展权的割裂性解决了碳排放权中人权保障的问题，剩下的不可交易问题则应从其统一性考虑。其关键在于通过对发展权与其他人权之间关系的分析而探究发展权的本质含义。

Karel Vasak 提出的“三代人权”理论还有所争议，其他也有许多学者各自提出了不同的人权归类方法，但这些分类都不代表这些人权之间是割裂的，本文也不准备详述这一点。本文仅从几个具有代表性且重要的人权出发，讨论它们之间的关系。

首先是第一代人权中最广为人知的三者，即《美国独立宣言》中提到的生命权、自由权和追求幸福的权利。可以明显看出，前两者强调的是状态，后者强调的是行为。追求幸福的同义语即为追求效用最大化，对生命和自由的保护则排除了个人追求效用最大化中对暴力的使用，等同于要求以双方自愿的形式各自追求效用最大化，而对追求效用最大化权利的保护又提供了保护生命和自由的经济基础。从经济学的角度看，资产阶级革命对此三者的保护即保证了自由市场的存在和运行。

与第一代人权的“消极”不同，第二代人权则要求国家及政府“积极”地维护某些权利，如《世界人权宣言》中提到的劳动权与受教育权。对这些权利的保护是为了达到社会收益最大化，即对劳动消耗量和劳动生产率（通过受教育）的提高。同时，个人通过施行这些权利也才可以真正追求自身的效用最大化。所以这部分人权既是第一代人权的基础，也是其对社会的延伸。我国现行宪法中对此两者的表述同时包含了其既是权利也是义务的双重特征[1]，就是对其具有的个人性和社会性的强调。

以发展权为代表的第三代人权更进一步，有时也被称为“集体人权”。张文显认为人权主体只能是个人[2]；李步云则认为相对而言存在集体人权，个人人权是集体人权的基础，集体人权是个人人权的保障[3]；还有的学者认为之前的人权也带有集体性[4]。本文认为此类人权的特征在于主体虽然仍是个人，但是要在集体内实现才有意义。这类人权与其他人权的关系正如前两代人权之间的关系一样，即互相联系、互相依存、互为基础和保证。发展权与其他人权并不是完全的并列关系，而是进一步的总结和升华。一方面，正如《发展权利宣言》中所称一样，发展权的目的是使所有人权和基本自由获得充分实现；另一方面，发展的本身即为个人追求幸福的目的之一。

在了解发展权具有手段和目的二重性的基础之上，它与准物权之间的统一性也就昭然若揭了。本文认为，单纯将碳排放权等同于发展权是错误的，对碳排放权的相关一束权利有效运用的有机整体才是发展权的实质，其中包括了对部分碳排放权作为准物权的法律及经济运用。碳排放是发展的重要方式之一，但并非唯一方式。碳排放强度高的国家或企业与碳排放强度低的相对方自身发展所需的资源有所差异，所以双方一致通过碳交易市场重新分配资源，达到共同发展，这种自由支配的能力正是国际社会强调发展权及其他基本人权的重要体现。也即，对这部分碳排放权的转让权本身是发展权的一部分。

第三节　碳排放权交易的法律保障

当前全球气候变化带来的各种问题困扰着国家的发展，为降低或者控制温室气体的排放，削弱经济活动带来的环境外部性，提出了碳排放权交

① 《中华人民共和国宪法》第42、46条。

② 张文显：《论人权的主体与主体的人权》，《中国法学》1991年第9期。

③ 李步云：《论个人人权与集体人权》，《中国社会科学院研究生院学报》1994年第6期。

④ 〔苏〕A. 图兹穆罕默多夫：《“第三代人权”述评》，《苏联国家与法》1986年第11期，转自《国外社会科学》1987年第7期。

易，也即允许碳排放权像其他商品一样可以流通的一种市场行为。碳排放权交易当前普遍被认为是适应经济发展和环境保护的一种有效的减排工具，因而逐渐被越来越多的国家所采纳。目前，全球已建立了20多个碳交易平台，遍布欧洲、北美、南美和亚洲市场。其中，欧盟排放交易体系、美国芝加哥气候交易所的减排交易体系、澳大利亚新南威尔士州温室气体减排计划和英国的交易体系是几个主要的碳交易市场①。当然，由于产业结构、经济发展水平等区域差异各个国家的碳排放权交易市场发育程度不同，碳减排效果呈现不同。

碳排放权交易的有效开展是主客观统一形成的结果。客观方面讲，实现碳排放交易受制于该区域的社会发展、经济发展、产业结构、企业减排成本差异等因素。比如，没有区域内企业碳减排成本的差异性就不可能开展碳排放权的交易。主观方面讲，交易主体中有不履约、不完全履约、不履职、违法履职等因素阻却交易的发生②。一定时期内，一个区域的经济发展水平、科学技术水平在短时间很难有所改变，但我们可以通过调整交易主体的行为规范促进交易达成。

在本节中，立足于我国碳排放权交易法律保障这个主题，首先分析了法律保障对于碳排放权交易的意义，强调了法律保障对碳排放权交易市场的产生、市场功能的实现、市场秩序的稳定的意义。然后，从国家层面、地方层面考查我国碳排放交易法律制度实践状况并对其予以评析。

一　碳排放权交易法律保障的必要性

本部分从法律的功能出发，从法经济学的角度与法的规范角度分析法律对碳排放权交易的作用与意义。

（一）明确碳排放产权，减少交易成本

碳排放权交易是科斯定理在环境问题中的典型应用。按照科斯定理，只要产权明确，并且交易成本为零或很小，则无论在交易开始时将产权赋

---

① 傅京燕、邹海英：《碳排放权交易的发展现状、问题及制度创新》，《环境保护与循环经济》2014年5期，第16页。

② 王国飞：《中国保障碳排放权交易安全的法律意义与制度选择》，《湖北警官学院学报》2014年4期，第67页。

予哪一方，市场均衡的结果都是有效率的。也即，法律在碳排放交易市场中只需要确定双方的产权即可并允许交易，这就实现了制度效率。确定碳排放这种可交易的权利是所有市场交易的前提，因此确定碳排放权的产权是碳市场运行的首要任务。当然，由于法律具有稳定性与国家强制性的特性，其天然地担当起碳排放权的分配与确权工作。此外，现实中交易成本不可能为零。具体到碳排放权交易市场来讲，即使碳排放权产权明确，但要实现交易，还存在着一些交易成本，如当前我国配额分配方式不统一、自愿减排核证量可供交易比例不一致等问题，都是交易成本体现。如果交易成本过高，市场机制失去了纠错功能，交易不发生（交易成本也不会发生），交易者之间的合作剩余就无法实现了，这时只有通过调整法律安排来实现效率了，如扩大市场信息披露的范围、增强市场的透明度等。

（二）激励交易主体，促进碳减排

法律可以通过调整权利义务与责任分担激励各交易主体。法律是一种影响未来行为的激励系统①，激励功能是法律制度的主要功能之一②，可通过调整权利义务分配与责任分配实现激励作用。权利义务分配方面，前面述及现实中不存在交易成本为零的状态，如果市场存在交易成本，那么，权利通过法律应赋予那些对权利净值评价最高并且最珍视他们的人。责任分配方面，法律可以通过选择最终责任承担主体时确立的一种激励规则：把沉没了的成本损失分配给能以最低成本承担此种损失风险的一方，从而在整个社会范围内产生最大化的合作收益或社会福利。法律可以通过分配这种责任方来实现激励促进功能③。具体而言，碳排放权交易本身就是“法律创造市场”，法律将总量控制的下的配额变成稀缺物品，从而允许交易，通过分配企业的碳减排义务与排放权，通过法律这种有力的权利义务分配，明确相关责任主体、确定违规违约的责任，并明确责任内容，双管

① 胡元聪：《法与经济学视野中的税法功能解析》，《税务与经济》2007 年第 5 期，第 66 页。

② 丰霏、王天玉：《法律制度激励功能的理论解说》，《法制与社会发展》2010 年第 1 期，第 140 页。

③ 虽然说责任确定往往是在立法目的或者约定目的无法正常实现的情形下的无奈之举，但不可否认的是这种责任确定对促进目的实现具有主要作用。比如，违约责任的设定对促进合同目的的重要作用。参见陈小君主编《合同法学》，高等教育出版社，2003，第 237 页。

齐下，促进可实现公共利益向私人收益转化，实现碳减排的持续激励，因为企业碳减排的公益行为可以变成自身的收益。

（三）规避交易风险，稳定交易秩序

碳排放权是基于市场的经济手段达到碳减排的目的，作为一个新兴的权利类型，权利在初始分配阶段由于有政府的介入可能分配得相对比较公正[①]。但在二级市场中，碳交易对象具有特殊性、专业性、复杂性，容易出现较高的市场风险，只靠自发性的市场调节会出现失灵的状态，如碳价格涨跌幅度较大、配额大额垄断等市场风险，容易引起市场混乱，破坏交易秩序。市场经济是法制经济，市场秩序的失范无疑是法律制度不健全在现实市场经济中的必然反映[②]。法律是市场交易秩序的守护者，要实现碳排放交易，需寻求相关市场规制等控制交易主体的行为方式，引导主体尊重市场规律，促进碳排放权交易的有序进行，如确定涨跌幅度限制制度、大户交易报告制度可以规避市场交易风险等，从而达到稳定交易秩序之目的[③]。

二　碳排放权交易法律保障的立法实践

为了应对气候变化，实现碳排放权交易，我国较为重视碳排放权交易立法与制度建设。中国碳市场建设的进程经历了从作为卖方参与《京都议定书》下的CDM机制的单项国际碳交易到基于资源的国内碳交易，再到总量控制下的试点强制性碳交易的几个历史阶段。2005年10月，国家发改委发布了《清洁发展机制项目运行管理办法》（2011年修改），迈出了我国碳排放权交易立法的重要一步。2012年，国家发改委发布了《中国清洁发展机制基金有偿使用管理办法》和《中国清洁发展机制基金赠款项目管理办法》；同年，还出台了《温室气体自愿减排交易管理暂行办法》，这被认为是我国碳排放权交易立法的重要里程碑。这几个阶段并非前后继起与替代关系，而是并行和相互融合关系，如在参与清洁生产机制时，也存

---

① 刘自俊、贾爱玲：《碳排放权交易政府监管的特殊性研究——沿着从客体到主体的思路》，《区域金融研究》2013年第5期，第83页。

② 刘大洪、廖建求：《论市场规制法的价值》，《中国法学》2004年第2期第98页。

③ 王国飞：《怎样规避碳交易市场风险?》，《环境经济》2015年Z3版，第32页。

在国内资源减排交易，试点省市的强制性碳交易机制均允许以自愿核证的减排量抵消纳入配额管理企业一定比例的减排义务[①]。鉴于上述三种交易模式属于并行状态，且我国也分别赋予相关制度以保障，则分别对上述三种模式下的制度保障进行介绍。

（一）中国单向参与国际碳排放权交易模式的立法实践

中国政府1992年签署和批准《联合国气候变化框架公约》，1998年签署、2002年批准了《京都议定书》。《京都议定书》提出了CDM机制。中国单向国际碳市场交易是指中国企业作为纯粹的卖方参与《京都议定书》下的CDM项目。CDM是京都议定书中引入的承担强制性减排义务的发达国家缔约方与不承担强制性减排义务的发展中国家缔约合作方的灵活履约机制之一，发达国家缔约方与发展中国家缔约方以项目为合作载体，前者以提供资金和技术的方式与后者开展项目合作，项目实现的核证减排量（CER）用于前者履行其强制性减排承诺，同时帮助后者实现可持续发展[②]。为促进中国的清洁发展机制项目的发展，2005年10月，国家发改委发布了《清洁发展机制项目运行管理办法》，迈出了我国碳排放权交易立法的重要一步。为了提高清洁发展机制项目的开发和审定核查效率，2010年国家发改委对该管理办法进行了修订，主要内容包括发展项目的基本原则、管理体制、项目申请和实施程序。

1. 清洁发展机制项目的基本原则

清洁发展机制的基本原则表现为以下几个方面。①合法合规性。合法合规性主要体现为管理办法第3条。管理办法第三条规定："在中国开展清洁发展机制项目应符合中国的法律法规，符合《公约》《议定书》及缔约方会议的有关决定，符合中国可持续发展战略、政策，以及国民经济和社会发展的总体要求。"[③]②环境友好技术转让原则。管理办法第四条规定："清洁发展机制项目合作应促进环境友好技术转让，在中国开展合作的重点领域为节约能源和提高能源效率、开发利用新能源和可再

---

① 宁金彪主编《中国碳市场报告（2014）》，社会科学文献出版社，2014，第13页。

② 宁金彪主编《中国碳市场报告（2014）》，社会科学文献出版社，2014，第14页。

③ 《清洁发展机制项目运行管理办法》（2011修订）第3条。

生能源、回收利用甲烷。”[①] ③有限义务原则。在开展清洁发展机制项目合作过程中，中国政府和企业不承担《公约》和《议定书》规定之外的任何义务，清洁发展机制项目国外合作方用于购买清洁发展机制项目减排量的资金，应额外于现有的官方发展援助资金和其在《公约》下承担的资金义务[②]。

2. 运行管理体制

关于清洁发展机制项目运行的管理体制分为三个管理与实施机构——项目审核理事会、项目合作主管机构及项目实施机构。根据管理办法的规定，项目审核理事会的组长单位为国家发改委和科学技术部，副组长单位为外交部，成员单位为财政部、环境保护部、农业部和中国气象局。项目合作主管机构为国家发改委。项目实施机构为中国境内的中资、中资控股企业[③]。项目审核理事会、国家发展和改革委员会、项目实施机构的职责如表 3－2 所示。

表 3－2　清洁发展管理体制的职责

<table>
<tr><th>项目审核理事会</th><th>国家发展和
改革委员会</th><th>项目实施机构</th></tr>
<tr><td rowspan="4">对申报的清洁发展机制项目进行审核，提出审核意见</td><td>组织受理清洁发展机制项目的申请</td><td>承担清洁发展机制项目减排量交易的对外谈判，并签订购买协议</td></tr>
<tr><td rowspan="2">依据项目审核理事会的审核意见，会同科学技术部和外交部批准清洁发展机制项目</td><td>负责清洁发展机制项目的工程建设</td></tr>
<tr><td>按照《公约》《议定书》和有关缔约方会议的决定，以及与国外合作方签订购买协议的要求，实施清洁发展机制项目，履行相关义务，并接受国家发改委及项目所在地发改委的监督</td></tr>
<tr><td>出具清洁发展机制项目批准函</td><td>按照国际规则接受对项目合格性和项目减排量的核实，提供必要的资料和监测记录。在接受核实和提供信息过程中依法保护国家秘密和商业秘密</td></tr>
</table>

① 《清洁发展机制项目运行管理办法》（2011 修订）第 4 条

② 《清洁发展机制项目运行管理办法》（2011 修订）第 6、7 条

③ 《清洁发展机制项目运行管理办法》（2011 修订）第 8、9、10、11、12 条

续表

项目审核理事会	国家发展和改革委员会	项目实施机构
向国家应对气候变化领导小组报告清洁发展机制	组织对清洁发展机制项目实施监督管理	向国家发展改革委报告清洁发展机制项目温室气体减排量的转让情况
		协助国家发展改革委及项目所在地发展改革委就有关问题开展调查，并接受质询
		企业资质发生变更后主动申报
	处理其他相关事务	根据本办法第三十六条规定的比例，按时足额缴纳减排量转让交易额
		承担依法应由其履行的其他义务

3. 项目申请和实施程序

根据关于清洁发展机制项目运行管理办法的规定[①]，清洁发展机制项目申请和实施程序见图 3－1。首先为申请人与受理机构。41 家中央企业直接向国家发改委提出申请，除 41 家企业之外的机构向所在地省级发改委提出申请。提交的申请材料包括项目申请表、企业资质、可研批复、环评批复、项目设计文件等其他材料。其次为国家发改委审核和决定；省级发改委应当将全部项目申请材料及初步意见提交给国家发改委。国家发改委对项目组织专家评审后，提交项目审核理事会审核，国家发改委根据审核意见，会同科技部和外交部做出决定。最后，经国家发改委批准后，由经营实体提交清洁发展机制执行理事会申请注册。

此外，为规范中国清洁发展机制基金有偿使用活动，进一步发挥其支持国家应对气候变化工作，促进经济社会可持续发展的作用。国家发改委会同财政部制定了《中国清洁发展机制基金有偿使用管理办法》（2012）和《中国清洁发展机制基金赠款项目管理办法》（2012）。《中国清洁发展机制基金有偿使用管理办法》对基金的组织和实施、管理以及监控和报告进行了规定。《中国清洁发展机制基金赠款项目管理办法》对赠款的管理、使用范围、监督管理等进行了规定。

① 《清洁发展机制项目运行管理办法》（2011 修订）第 14～21 条。

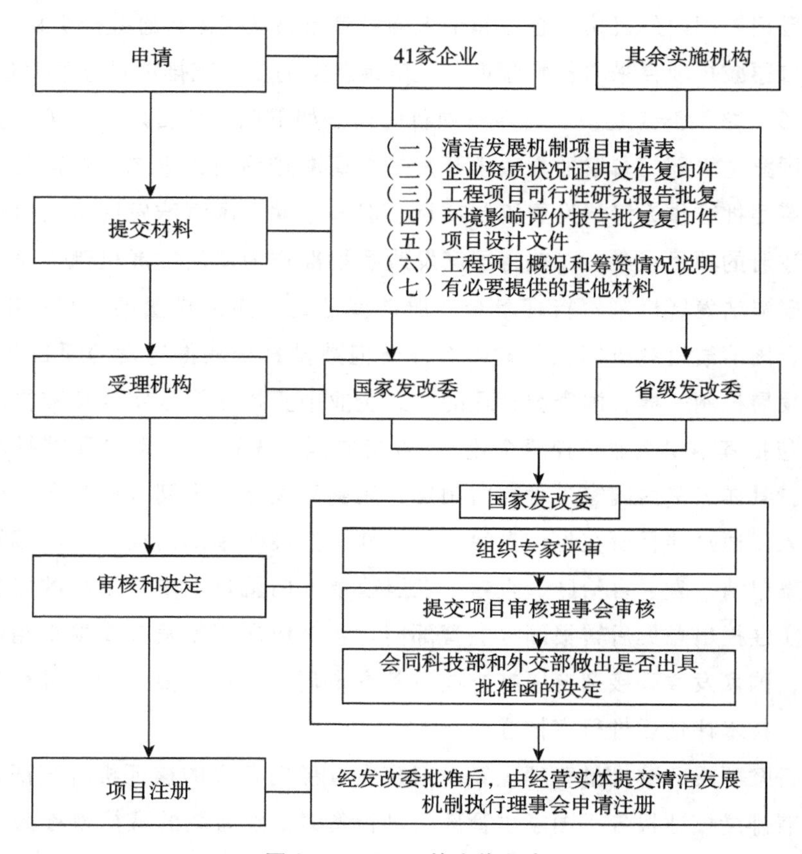

图 3－1　CDM 的实施程序

但随着欧盟碳交易市场不再接受 2013 年底以后注册的新项目产生的减排量，到目前为止，单向参与国际碳交易的阶段已经基本结束。

（二）自愿减排量交易的立法实践

2012 年 6 月 13 日，国家发改委制定了《温室气体自愿减排交易管理暂行办法》（2012），对温室气体减排量的交易范围、主管部门和交易主体、自愿减排项目管理、减排量的管理进行了规定。

温室气体减排量交易范围为二氧化碳（CO_2）、甲烷（CH_4）、氧化亚氮（N_2O）、氢氟碳化物（HFCS）、全氟化碳（PFCS）和六氟化硫（SF_6）六种温室气体。主管部门为国家发改委，国家发改委对自愿减排量交易采取备案管理，参与自愿减排交易的项目及产生的减排量，在国家发改委备案和登记。国内外机构、企业和个人均可参与温室气体自愿减排交易①。

自愿减排项目采取备案管理，且申请备案的自愿减排项目应于2005年2月16日之后开工建设，且备案项目应属于如下四类项目之一：第一，采用经国家主管部门备案的方法学开发的自愿减排项目；第二，获得国家发展改革委批准作为清洁发展机制项目，但未在联合国清洁发展机制执行理事会注册的项目；第三，获得国家发改委批准作为清洁发展机制项目且在联合国清洁发展机制执行理事会注册前就已经产生减排量的项目；第四，在联合国清洁发展机制执行理事会注册但减排量未获得签发的项目②。同清洁发展机制一样，国资委管理的中央企业中直接涉及温室气体减排的企业（包括其下属企业、控股企业），直接向国家发改委申请自愿减排项目备案。具体名单由国家主管部门制定、调整和发布。未列入前款名单的企业法人，通过项目所在省、自治区、直辖市发展改革部门提交自愿减排项目备案申请。省、自治区、直辖市发展改革部门就备案申请材料的完整性和真实性提出意见后转报国家主管部门。备案应向国家发改委提交相应的材料，国家发改委接到自愿减排项目备案申请材料后，委托专家进行技术评估，技术评估后进行审核登记。

备案项目的减排量管理应经由国家主管部门备案的核证机构核证，并提交减排量核证报告于国家主管部门进行备案。经备案的减排量称为“中国核证减排量”（CCER），单位以“吨二氧化碳当量”（tCO2e）计。我国的温室气体核证减排量应在经国家主管部门备案的交易机构内，依据交易机构制定的交易细则进行交易③。

（三）总量控制下的试点强制碳交易的立法实践

2014年6月19日，随着重庆市碳市场的正式启动，中国7个试点地区强制碳交易市场已经全部开启。落实党的十八届三中全会决定、“十二五”规划纲要和国务院《“十二五”控制温室气体排放工作方案》的要求，推动建立全国碳排放权交易市场，国家发展和改革委组织起草了《碳

① 《温室气体自愿减排交易管理暂行办法》第2、4、5条。

② 《温室气体自愿减排交易管理暂行办法》第10、12、14条。

③ 《温室气体自愿减排交易管理暂行办法》第27、28、29条。

排放权交易管理暂行办法》，于2015年1月10日实施。对交易的内容、交易主管部门、配额管理、排放交易、核查与配额清缴、监督管理进行了规定，对我国开展的排放配额和国家核证减排量的交易活动提供法律保障。

1. 配额管理

首先，确定排放配额总量的总体思路。省级碳交易主管部门应根据国务院碳交易主管部门公布的重点排放单位确定标准，提出本行政区域内所有符合标准的重点排放单位名单并报国务院碳交易主管部门，国务院碳交易主管部门确认后向社会公布。经国务院碳交易主管部门批准，省级碳交易主管部门可适当扩大碳排放权交易的行业覆盖范围，增加纳入碳排放权交易的重点排放单位。国务院碳交易主管部门根据国家控制温室气体排放目标的要求，综合考虑国家和各省、自治区和直辖市温室气体排放、经济增长、产业结构、能源结构，以及重点排放单位纳入情况等因素，确定国家以及各省、自治区和直辖市的排放配额总量①。其次，确定配额分配方式。排放配额分配在初期以免费分配为主，适时引入有偿分配，并逐步提高有偿分配的比例。国务院碳交易主管部门制定国家配额分配方案，明确各省、自治区、直辖市免费分配的排放配额数量、国家预留的排放配额数量等②。

2. 排放交易与配额清缴

交易产品为排放配额和国家核证减排量，交易主体为重点排放单位及符合交易规则的机构和个人。出于公益等目的，交易主体可自愿注销其所持有的排放配额和国家核证减排量。重点排放单位应按照国家标准或国务院碳交易主管部门公布的企业温室气体排放核算与报告指南的要求，制订排放监测计划并报所在省、自治区、直辖市的省级碳交易主管部门备案③。重点排放单位应严格按照经备案的监测计划实施监测活动。监测计划发生重大变更的，应及时向所在省、自治区、直辖市的省级碳交易主管部门提交变更申请。省级碳交易主管部门每年应对其行政区域内重点排放单位上年度的配额清缴情况进行分析，并将配额清缴情况上报国务院碳交易主管

① 《碳排放权交易管理暂行办法》第7、8条。

② 《碳排放权交易管理暂行办法》第9、10条。

③ 《碳排放权交易管理暂行办法》第18、20条

部门。国务院碳交易主管部门应向社会公布所有重点排放单位上年度的配额清缴情况①。

3. 监督管理

首先，建立信息公布制度，碳交易主管部门纳入温室气体种类，纳入行业，纳入重点排放单位名单，排放配额分配方法，排放配额使用、存储和注销规则，各年度重点排放单位的配额清缴情况，推荐的核查机构名单，经确定的交易机构名单等。其次，交易机构建立交易信息披露制度。交易机构应当客观、及时公布交易行情、成交量、成交金额等交易信息，并及时披露可能影响市场重大变动的相关信息。最后，建立黑名单管理制度。对于严重违法失信的碳排放权交易的参与机构和人员，国务院碳交易主管部门应建立“黑名单”制度并依法予以曝光②。

第四节　中国试点碳市场的立法实践

2011 年 10 月 29 日，《关于开展碳排放权交易试点工作的通知》（国家发改委）批准北京、天津、上海、重庆、湖北、广东和深圳 7 省市开展碳排放权交易试点工作，要求各试点地区研究制定碳排放权交易试点管理办法，明确试点的基本规则，测算并确定本地区温室气体排放总量控制目标，研究制订温室气体排放指标分配方案，建立本地区碳排放权交易监管体系和登记注册系统，培育和建设交易平台。同年 12 月，国务院下发《“十二五”控制温室气体排放工作方案》，要求制定相应法规和管理办法，研究提供温室气体排放权分配方案，逐步形成区域碳排放权交易体系。随后，各试点地区按照国务院与国家发改委的指示，开展了碳交易的地方立法、政策和标准的研究和制定工作。

一　概述

伴随着试点工作的启动，各试点地区颁布了一系列地方行政法规，以

① 《碳排放权交易管理暂行办法》第 25、26、27、28、29 条。

② 《碳排放权交易管理暂行办法》第 34～39 条。

立法保障碳排放权交易的顺利运行。深圳市是第一个启动试点的城市，率先开展碳交易的地方立法。2012 年 10 月 30 日深圳市第五届人民代表大会常务委员会第 18 次会议通过了地方性法规《深圳经济特区碳排放管理若干规定》。2014 年 3 月深圳市政府颁布《深圳市碳排放权交易管理暂行办法》。此外，还包括其他一些相关规范性文件。2012 年 10 月 29 日，国家发改委办公厅批复《北京市碳排放权交易试点实施方案》，2013 年 11 月，北京市发改委发布《开展碳排放交易试点工作的通知》，同年 11 月 28 日，北京市碳排放权交易市场正式开始交易。同年 12 月 27 日，北京市人大常务委员会发布了《关于北京市在严格控制碳排放总量前提下开展碳排放权交易试点工作的决定》，该决定主要明确了碳排放权总量控制制度，配额管理与交易、碳排放报告与第三方核查制度、法律责任制度等；次年 5 月 28 日发布了《北京市碳排放权交易管理办法（试行）》。上海市于 2013 年 11 月 26 日正式启动碳排放权交易，其中，《上海市碳排放管理试行办法》确立了基本框架、要求，是上海市碳排放权交易所依据的主要地方性法规。2013 年 12 月 17 日，广东省人民政府通过《广东省碳排放管理试行办法》，于 2014 年 3 月 1 日起施行。2013 年 12 月 20 日，天津市政府制定发布《天津市碳排放权交易管理暂行办法》，共七章，对天津市碳排放权交易做出了系统性规定。2014 年 4 月 26 日，重庆市政府颁布了《重庆市碳排放权交易管理暂行办法》，此外，重庆市发改委据此制定了《重庆市碳排放配额管理细则（试行）》等地方政府规章。湖北省政府 2014 年 4 月 4 日颁布了《湖北省碳排放权管理和交易暂行办法》，包括碳排放权配额分配与管理，碳排放权交易，碳排放权监测、报告与核查，激励和约束机制以及相关法律责任。此外，各省市相关部门编制并颁发了碳排放报告与核查的地方标准和技术文件。各试点地区规范性文件如表 3－3 所示。

可见，上述 7 省市碳交易试点法律框架的主要内容包括地区配额总量控制目标和覆盖行业企业范围、配额核定和分配方法、温室气体测量等规定，对规范各地碳交易发挥了积极的作用，为建立全国性的碳交易法律制度起到了先驱作用。各试点省市的地方立法除深圳市制定了地方性法规外，其他地区均为地方政府规章的形式。

表 3-3 中国碳排放交易试点地区规范性文件

地区	名称	发布机关
深圳	深圳经济特区碳排放管理若干规定	深圳市人大
	深圳市碳排放权交易管理暂行办法	广东省深圳市人民政府
	深圳市碳排放权交易市场抵消信用管理规定（暂行）	深圳市发改委
	深圳排放权交易所风险控制管理细则（暂行）	深圳排放权交易所
	深圳排放权交易所交易收费标准	深圳排放权交易所
	深圳排放权交易所经纪会员管理细则（暂行）	深圳排放权交易所
	深圳排放权交易所托管会员管理细则（暂行）	深圳排放权交易所
	深圳排放权交易所违规违约处理实施细则（暂行）	深圳排放权交易所
	深圳排放权交易所现货交易规则（暂行）	深圳排放权交易所
	深圳排放权交易所核证自愿减排量项目挂牌上市细则	深圳排放权交易所
北京	关于北京市在严格控制碳排放总量前提下开展碳排放权交易试点工作的决定	北京市人大常委会
	北京市碳排放权交易公开市场操作管理办法（试行）	北京市发改委、北京市金融工作局
	北京市碳排放配额发放规则	北京市发改委
	关于规范碳排放权交易行政处罚自由裁量权的规定	北京市发改委
	北京碳排放权场内交易规则	北京市发改委
	北京碳排放配额场外交易实施细则	北京市发改委
	北京市环境交易所关于核证自愿减排量交易收费的通知	北京市环境交易所
	北京环境交易所核证自愿减排量交易规则	北京市环境交易所
	北京环境交易所碳排放权交易规则配套细则	北京市环境交易所
上海	上海市碳排放管理暂行办法	上海市人民政府
	上海市人民政府关于碳排放权交易试点工作的实施意见	上海市发改委
	上海市 2013－2015 年碳排放配额分配和管理方案	上海市发改委
	上海市碳排放配额登记管理暂行规定	上海市发改委
	上海市碳排放核查工作规则（试行）	上海市发改委
	上海市碳排放核查第三方机构管理暂行办法	上海市发改委
	上海环境能源交易所碳排放交易结算细则（试行）	上海环境能源交易所
	上海环境能源交易所碳排放交易信息管理办法（试行）	上海环境能源交易所
	上海环境能源交易所碳排放交易风险控制管理办法（试行）	上海环境能源交易所
	上海环境能源交易所碳排放交易违规违约处理办法（试行）	上海环境能源交易所

续表

地区	名称	发布机关
	上海环境能源交易所碳排放交易规则	上海环境能源交易所
	上海环境能源交易所碳排放交易会员管理办法（试行）	上海环境能源交易所
广东	广东省碳排放管理试行办法	广东省人民政府
	广东省碳排放权交易试点工作实施方案	广东省人民政府
	广东省碳排放权配额首次分配及工作方案（试行）	广东省发改委
	广东省碳排放权配额管理细则	广东省发改委
	广东省企业碳排放信息报告与核查实施细则（试行）	广东省发改委
	广州碳排放权交易所碳排放权交易收费标准	广州碳排放权交易所
	广州碳排放权交易所碳排放交易规则	广州碳排放权交易所
	广州碳排放权交易所会员管理暂行办法	广州碳排放权交易所
天津	天津市碳排放权交易管理暂行办法	天津市人民政府
	天津市碳排放权交易试点工作实施方案	天津市人民政府
	天津市碳排放权交易试点纳入企业碳排放配额分配方案（试行）	天津市发改委
	天津排放权交易所排放权交易规则	天津排放权交易所
	天津排放权交易所碳排放权交易结算细则	天津排放权交易所
	天津排放权交易所排放权交易风险控制管理办法	天津排放权交易所
重庆	重庆市碳排放权交易管理暂行办法	重庆市人民政府
	重庆市碳排放配额管理细则	重庆市发改委
	重庆市工业企业碳排放核算报告和核查细则（试行）	重庆市发改委
	重庆市工业企业碳排放核算和报告指南	重庆市发改委
	重庆联合产权交易所碳排放交易风险管理办法	重庆联合产权交易所
	重庆联合产权交易所碳排放交易结算管理办法	重庆联合产权交易所
	重庆联合产权交易所碳排放交易违规违约处理办法	重庆联合产权交易所
	重庆联合产权交易所碳排放交易细则	重庆联合产权交易所
	重亲联合产权交易所碳排放交易信息管理办法	重庆联合产权交易所
湖北	湖北省碳排放权管理和交易暂行办法	湖北省人民政府
	湖北省碳排放权交易试点工作实施方案	湖北省人民政府
	湖北省碳排放权交易试点配额分配方案	湖北省发改委
	湖北碳排放权交易中心碳排放权交易规则	湖北省碳排放权交易中心
	湖北省碳排放权交易中心配额托管业务实施细则	湖北碳排放权交易中心

二　地方试点碳排放交易制度体系比较

根据七大试点关于碳排放权交易制度的体系进行比较，从排放总量与年度配额总量、管理体制、纳管单位范围、核定及分配、履约制度与企业责任、MRV 制度分别予以比较。

1. 地区碳排放总量与年度配额总量

当前，总量目标的设定主要分为三种模式：第一，“自上而下”的方法，即考虑社会发展、节能减排政策等宏观因素建立碳排放总量模型，预测年度排放总量；第二，“自下而上”的方法。即从企业层面出发，考虑历史和未来排放水平，结合技术进步、减排潜力和减排成本的评估，预测所有排放单位总的排放水平；第三，混合方法，即结合两种方法，比较分析两种方式得到的地区排放总量，综合提出科学的总量目标。大多数试点地区采用的是第三种方法，即混合方法，各试点地区结合“十二五”二氧化碳排放强度指标、能源消费总量和增量目标、能源强度目标及社会经济发展水平等因素，设定总量控制指标①。各试点地区总量目标的类型主要包括两类：绝对总量控制指标与相对总量控制目标。受到经济发展水平的限制及便于未来预测，大多数试点采用的是相对柔性的总量控制指标。在试点城市中，仅重庆市采用绝对量化配额总量控制目标，并且确定了试点期间的下降比例。

2. 管理体制与纳管企业范围

根据各试点地区实际确定了发展改革委员会主管并综合协调，多部门参与的管理体制。重庆市和北京市对金融管理部门的权限做出了规定。《北京市碳排放配额场外交易实施细则》中明确规定了北京金融局负责配额场外交易的监管。重庆市是唯一一个明确金融部门作为交易所监管部门的试点。上海市确定由上海市发展改革部门委托上海市节能监察中心负责行政监管处罚职责。②

---

① 彭峰、闫立东：《中国地方碳排放交易制度比较——基于七个试点法律文本的考察》，《中国环境法治》2014 年卷（下），第 28 页。

② 《上海市碳排放管理试行办法》第 3 条。

试点地区大多数都分为重点排放单位和自愿申请纳入配额管理的其他单位。其中，北京、上海、天津、重庆、深圳除重点单位外，还包括自愿申请纳入配额管理的单位。广东只规定了重点排放单位，未对自愿申请纳入配额管理的单位进行规定。深圳还纳入了主管机关制定的重点排放单位。上海出现了两种情形，分为工业与非工业行业。上海强制性纳入单位包括钢铁、石化、化工、有色、电力、建材、纺织、造纸、橡胶、化纤等工业行业2010～2011年中任何一年二氧化碳直接排放和间接排放量在2万吨及以上的重点排放企业以及航空、港口、机场、铁路等非工业行业2010～2011年中任何一年二氧化碳直接排放或者间接排放量在1万吨以上的重点排放企业。上海、天津、重庆、广东对重点排放企业的纳入标准为2万吨，北京为1万吨，深圳为3000吨，深圳纳入标准最低。此外，湖北省确定纳入配额管理的企业的标准不直接以二氧化碳为依据，而是以年综合能耗为标准。

3. 配额核定及分配方式

配额核定与分配方式是碳排放交易的前提，配额核定与分配方式较为复杂，既涉及现状又涉及未来产业发展调整，还涉及不同的行业。当前各个试点地区配额核定及分配方式还处于探索阶段，没有统一的核定及分配方式。各试点区域配额核定与分配方式见表3－4。

表3－4　各试点地区配额核定及分配方式

<table>
<tr><td rowspan="3">北京</td><td>既有设施配额</td><td>分不同行业采取基于历史排放总量的核定方法和基于历史排放强度的方法</td><td rowspan="3">免费分配或有偿发放</td></tr>
<tr><td>新增设施配额</td><td>二氧化碳排放先进值</td></tr>
<tr><td>配额调整量</td><td>达到5000吨或20%以上</td></tr>
<tr><td rowspan="2">上海</td><td>历史排放法</td><td>一次性发放2012～2015各年度配额</td><td rowspan="2">免费分配或有偿发放</td></tr>
<tr><td>基准线法</td><td>按照各年度排放基准</td></tr>
<tr><td rowspan="2">天津</td><td>既有产能配额</td><td>根据行业分别确定核定方法</td><td rowspan="2">免费分配或有偿发放</td></tr>
<tr><td>新增设施配额</td><td>按照所属行业二氧化碳排放强度先进值及实际活动水平核定其配额</td></tr>
<tr><td>重庆</td><td>依据地区排放总量控制指标、单位2008～2012年的历史排放量</td><td>此外，重庆市将配额管理单位申报量作为核定其配额的参考因素</td><td>免费分配或有偿发放</td></tr>
</table>

续表

深圳	企业自行申报的预分配与年度政府调整相结合	免费分配或有偿发放
广东	不同行业不同履约年度分配方式	免费分配或有偿发放
湖北	采取历史法和标杆法相结合的方法，其中预分配配额采用历史法，事后调节配额采用标杆法	免费分配或有偿发放

4. 交易规则

综观各试点地区的交易制度框架，概括起来，包括交易主体、交易平台、交易内容、交易方式。各试点地区的交易情形见表3－5。各个试点地区均有配额交易平台，交易内容主要有配额和核证减排量，重庆和广东还有经交易主管部门批准的交易品种。参与者类型基本上一致，但每个地方准入条件不一致。交易方式配额集中交易、配额场外交易、公开竞价、协议转让等，关于配额场外交易的规定各个试点地区做法不同。

表3－5　各试点地区交易情形

	交易机构名称	交易品种	参与者类型	交易方式
北京	北京环境交易所	配额和核证减排量	重点排放单位、年综合能耗2000吨标煤以上和年二氧化碳排放量1万吨以下的排放者以及符合条件的其他单位均可参与交易	配额集中交易
				配额场外交易
上海	上海环境能源交易所	配额和核证减排量	试点企业和符合上海市碳排放交易规则规定的其他单位	公开竞价
				协议转让
天津	天津排放权交易所	配额和核证减排量	纳入企业及国内外机构、企业、社会团体、其他组织和个人	现货交易、协议交易、拍卖交易
重庆	重庆联合产权交易所	配额、核证减排量和其他批准的产品	配额管理单位及国内外机构、企业、社会团体、其他组织和个人	公开竞价、协议转让
深圳	深圳排放权交易所	配额和核证减排量	控排单位、其他机构和个人	电子拍卖、定价点选、大宗交易、协议转让
广东	广州碳排放权交易所	配额和经交易主管部门批准的其他交易品种	控排企业、新建项目单位和符合规定的其他组织和个人	公开竞价、协议转让及主管部门批准

续表

	交易机构名称	交易品种	参与者类型	交易方式
湖北	湖北碳排放权交易中心	配额和核证减排量	控排企业和自愿参与的法人、其他组织和个人	公开竞价

除上述规定外，为了保障碳排放权交易市场的良好运行，各个试点地区还根据自身特点规定保障制度。北京市采取诸如财政资金和金融服务支持等政策引导和支持措施，建立了重点排放单位履约信息公开制度和价格预警等机制。上海建立了较为完善的风险管理制度，如涨跌幅限制制度、配额最大持有量限制制度以及大户报告制度、风险预警制度、风险准备金制度。重庆市联合产权交易所制定了有关交易的信息公开、交易风险管理、交易违规违约处理、交易争议解决等交易管理规定。深圳碳交易法律框架还确立了配额交易的登记程序、交易信息公开、交易清算与交收、交易风险控制和重大交易异常处置制度。广州碳排放权交易所建立了警示制度、交易行为的检查制度、交易情况的报告制度、交易能力建设的培训制度、交易信用记录制度以及配额持有量限制制度等风险控制制度。

5. *履约制度与管控企业责任*

各试点地区履约制度的基本框架为控排单位于规定的时间内上缴与其经核查的上年度排放总量相等的排放配额（含核证减排量），用于抵消上年度的碳排放量，上缴配额须为上年度或此前年度的排放配额，清算后剩余配额可储存使用。同时，核证减排量可用于抵消其他排放量。但是各个试点地区关于使用核证减排量的比例规定不一致，具体见图3－2。

各试点地区均对控排企业和单位设定了履约责任，主要设定了行政处罚责任。各试点地区在行政处罚的方式上表现出了多样性，特别是与激励相联系的处罚方式具有积极的作用，各试点的行政处罚方式主要分为如下几类。第一，罚款。罚款是各试点采用的最主要的行政处罚方式，具体而言，分为倍数罚款和一般性罚款。北京、深圳、湖北采取倍数罚款方式。广东、上海、重庆、天津采取一般性罚款。各个地区的罚款倍数与一般性

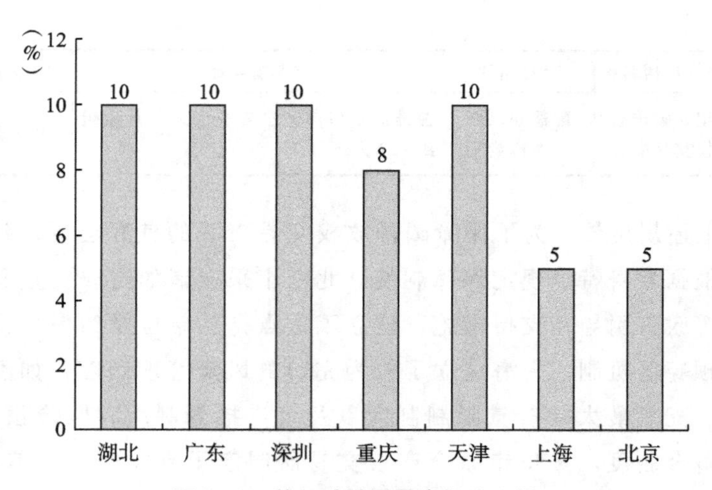

图 3-2　核证减排量最高抵消比例

罚款不一致[①]。第二，企业信用机制。上海市在《上海市碳排放管理试行办法》中规定，将其违法行为按照有关规定，记入该单位的信用信息记录，向工商、税务、金融等部门通报有关情况，并通过政府网站或者媒体向社会公布，并将其违法行为告知本市相关项目审查部门，项目审查部门对其下一年度新建固定资产投资项目节能评估报告表或者节能评估报告书不予以受理。[②] 与此对应，黑名单制度。湖北省建立了黑名单制度，规定主管部门将未履行配额缴还义务的企业纳入相关信用记录，通过政府网站及新闻媒体向社会公布，并且各级发展改革部门不得受理其申报的有关国家和省节能减排项目[③]。第三，国有企业问责制。部分试点地区通过绩效考核实行国有企业问责制。湖北省规定未履行配额缴还义务的企业若是国有企业，主管部门应当将其通报所属国资监管机构。国资监管机构应当将其碳减排及执行情况纳入国有企业绩效考核评价体系。此外，重庆市规定，配额管理单位属本市国有企业的，将其违规行为纳入国有企业领导班子绩效考核评价体系[④]。第四，与激励相容的处罚责任。如上海市规定，

① 彭峰、闫立东：《中国地方碳排放交易制度比较——基于七个试点法律文本的考察》，《中国环境法治》2014 年卷（下），第 28 页。

② 《上海市碳排放管理试行办法》第 40 条。

③ 《湖北省碳排放管理和交易暂行办法》第 43 条。

④ 《湖北省碳排放管理和交易暂行办法》第 44 条。

对于违规违约的企业，取消其享受当年度及下一年度本市节能减排专项资金支持政策的资格，以及三年参与本市节能减排先进集体和个人评比资格。天津市规定，纳入企业未按规定履行碳排放监测、报告、核查及遵约义务的，三年内不得享受以下政策：①本市鼓励银行及其他金融机构同等条件下优先为信用评价较高的纳入企业提供融资服务，并适当推出以配额为质押标的的融资方式；②市和区县有关部门支持信用评级较高的纳入企业同等条件下优先申报国家循环经济、节能减排相关扶持政策和预算内投资所支持的项目；③本市循环经济、节能减排、相关扶持政策同等条件下优先考虑信用评级较高的纳入企业[①]。

6. 第三方核查制度

第三方核查制度是整个碳交易制度的核心，是确定配额总量与核定企业履约的基础性制度。七个试点均实行独立的第三方核查制度。核查主体方面，各试点均采用备案制，各试点地区对具有核查能力的机构备案，然后授权其从事核查工作，但各个地方对第三方机构设置的门槛不一，深圳、上海、北京的第三方核查机构门槛最高，特别是深圳，还要求第三方机构具备一定的经济偿付能力，并设定了应对风险的基金或者购买相应的风险责任保险，湖北对第三方的门槛要求较低，广东、天津和重庆的门槛相对较高。

各试点地区第三方核查制度基本框架主要为对控排企业和单位碳排放量化报告的核查并初步确定了对核查有异议的复核机制。但各个试点地区在具体的核查方式和复核情形的程序与内容上有其自身特点。北京的第三方核查对配额管理单位的排放报告进行核查，此外，主管部门对两次核查报告审核不通过的，由主管部门指定核查机构重新核查，其核查结果作为最终结论。为规范碳排放核查工作，上海市专门制定《上海市碳排放核查工作规则（试行）》，对核查工作的总体要求、流程（见图3－3）、现场核查准则、核查报告的编制要求做出了详细的规定。此外，还规定了配额管理单位对核查报告有异议的复查启动机制。天津市确定了主管部门对纳入企业的碳排放量进行核实或复查：第一，碳排放报告与核查报告中的碳排

① 《天津市碳排放权交易管理暂行办法》第31条。

放量差额超过10%或10万吨的；第二，年度碳排放量与上年度碳排放量差额超过20%的[①]。深圳的第三方核查制度基本框架是控排单位在提交温室气体排放报告后，应当及时委托第三方核查机构对温室气体排放报告进行核查，并向主管部门提交第三方核查机构出具的核查报告。

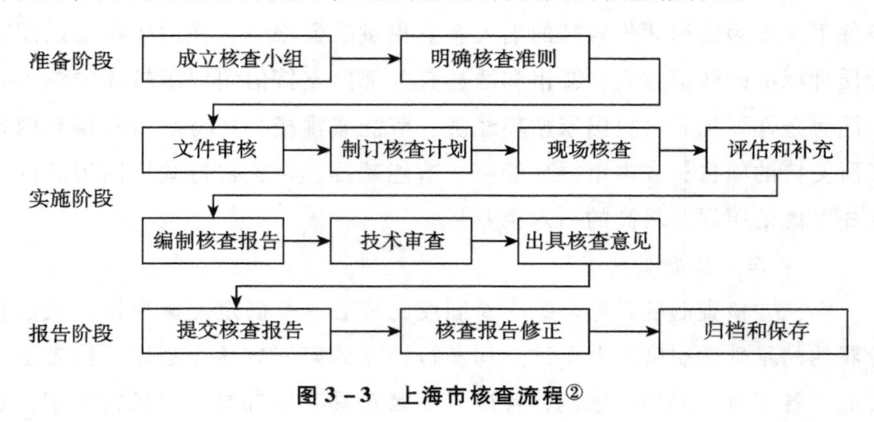

图3-3　上海市核查流程[②]

三　对我国碳排放权交易法律保障评析

上述全国性和地方试点的法律框架内容包括总量控制和覆盖行业范围、配额核定方法和分配、温室气体测量、报告和核查规则（MRV）、纳入企业的履约、碳排放权交易制度、核证减排量抵消规则、市场监管体系等，对于指导和规范各地的碳交易行为和管理行为发挥了积极的作用，为建立全国性的碳交易法律制度起到了有益的探索基础作用。但通过对前面国家层面与地方试点规范性文件进行对比分析可知，现行规定存在许多的不统一，距全国性的碳排放权交易的法律制度还有一定距离。具体而言，首先，现行国家层面的规范性文件层级较低，操作性较差。国家层面上，全国性制度为国家发展和改革委颁布的《碳排放权交易管理暂行办法》，(2015年1月10日实施)。虽对交易的内容、交易主管部门、配额管理、排放交易、核查与配额清缴、监督管理进行了规定，但为纲领性文件，对配额的有效期、配额调整、市场调控、配额拍卖等事项的程序规定缺失。

① 《天津市碳排放权交易管理暂行办法》第17条。

② 资料来源于《上海市碳排放核查工作规则（试行）》第二章核查程序。

其次，存在与上位法和其他部门法冲突的情形。当前各地的规范性文件除深圳市制定了地方性法规和政府规章以外，其余的主要为发改委部门制定。从前面分析可知，涉及碳排放权交易的行政许可由各地发改委的规范性文件设定，与我国行政许可法的规定相抵触。行政许可法规定只有法律、行政规章、国务院决定、地方性法规、省级人民政府制定的政府规章有权设定行政许可，其他规范性文件一律不得设定行政许可[①]。此外，各个地方发改委制定的关于违反碳交易管理规定的行政处罚规定也与我国行政处罚法的规定不相符合，违法了行政处罚法定原则。最后，交易规则不统一。综观各试点地区的交易制度框架，各试点地区交易主体、交易平台、交易内容、交易方式均有差异，这对于全国碳市场的实现具有障碍。

当前，全国性碳市场交易势在必行，亟须良好的法律制度予以保障。应在全国层面统一立法，理顺与上位法的关系，并做好与其他法律相协调，建立统一的配额分配、交易规则、监管体系、法律责任。此外，结合国际公约的相关规定与义务，还应充分利用国际公约对发展中国家的扶持规则来维护本国利益。总之，我国要内化国际规则，完善既有制度，从而形成一套内容完备、协调性好、适应性强的法律制度体系[②]。

第五节　碳排放权交易纠纷的法律解决

碳排放权交易纠纷的有效解决为碳排放权交易主体提供权利救济，对于保障交易主体的合法权益具有重要意义。碳排放权权利性质的特殊性决定了交易类型特殊，特殊性在于市场主体多元化、交易环节多、碳产品多样，技术依赖性强等特征。这种特殊的交易类型较之于一般标的物的交易，涉及更多的交易主体、更多的环节，有可能引起较多的交易纠纷。所谓碳排放权交易纠纷，是指碳排放权交易管理行政机关、交易机构、交易主体间基于碳排放权交易活动而产生的各种纠纷。纠纷解决的方式有多

---

① 《中华人民共和国行政许可法》，第 14、15、17 条。

② 王国飞：《中国保障碳排放权交易安全的法律意义与制度选择》，《湖北警官学院学报》2014 年第 4 期，第 70 页。

种，有调解、仲裁、行政裁决、诉讼。所谓交易纠纷的法律解决，是指通过适用相关法律使纠纷得以化解。纠纷的法律解决可以分为两类：纠纷的行政权力解决和纠纷的司法权力解决，其前提是法律规范层面对纠纷的解决有较详尽的规定[①]。本节从碳排放权交易主体出发，分析碳排放权交易纠纷可能的表现形式，通过交易纠纷的表现形式判定其法律属性，再依据法律属性分别探究现有法律对该纠纷的解决方式。

一　交易纠纷的表现形式

交易纠纷的表现形式是指因交易主体或者交易场所等不同而呈现的不同特征的纠纷形式。碳排放权交易分为一级市场和二级市场，一级市场是指管理单位按照一定的总量和分配方式将碳排放权发放给纳入碳排放管理单位的市场行为。二级市场是指根据发放的配额或者核证减排量在规定可交易的主体之间进行交易。这两个不同的市场中存在不同的交易纠纷表现形式。

（一）一级市场的交易纠纷

碳排放权一级市场的主体为碳排放交易主管部门与纳入配额管理的单位，交易行为为配额分配、清缴行为。在一级市场中存在配额分配阶段和配额清缴阶段纳管企业与政府之间的纠纷。第一，配额分配阶段纳管企业与政府之间的纠纷。配额分配是指按照一定的行业标准和排放单位的碳排放规模标准向配额管理单位进行配额发放的行为。在配额发放工作中，涉及主体为纳管企业与行政主管部门。纠纷的表现形式为配额管理企业不满行政主管部门分配配额的行为，对发放的初始配额的适用依据、计算标准等方面有异议，从而导致对配额数量有异议。第二，配额清缴阶段纳管单位与政府之间的纠纷。配额清缴是指纳排企业向主管部门缴还与上一年度实际排放量相等数量的配额或者中国核证减排量，并将企业缴还的配额、中国核证减排量、未经交易的剩余配额以及预留的配额予以注销的行为。现行规定了碳排放监测、报告与核查制度，其中，核查方面规定主管部门委托第三方机构对纳入碳排放管理企业的碳排放量进行核查。纳入碳排放

① 石明磊：《论村民选举纠纷及其法律解决》，《长春市委党校学报》2004 年第 2 期，p. 59。

配额管理的企业应当配合第三方核查机构核查，主管机关将核查的量作为上一年碳排放的量。在该阶段，由于建立了第三方核查制度，其核查的结果可能与配额管理单位提交的上一年度的碳排放量的出入较大，配额管理单位可能对审查结果有异议，纳管单位对行政主管部门的年度碳排放量的核定量不服，容易产生纠纷。

（二）二级市场的交易纠纷

二级市场才是严格意义上的碳排放权交易市场，涉及许多主体。交易主体方面，碳排放交易主体包括纳入碳排放权配额管理的企业、自愿参与碳排放权交易活动的法人机构、其他组织和个人。交易机构方面，碳排放权交易是在指定的交易机构通过公开竞价等市场方式进行交易的。此外，还涉及交易所会员。一些交易机构为了扩大交易行为，有效管理交易市场，方便广大交易者的投资，采取会员交易管理。以上海市为例，分为自营类会员和综合类会员。其中，自营类会员只有进行自己交易，综合类会员可以自营交易也可接受别人委托代理参与交易。可见，二级市场涉及交易的相关主体众多，根据纠纷产生主体不同，可能会存在交易主体之间的交易纠纷、交易主体与交易平台机构的纠纷、交易会员单位与交易平台机构的纠纷、交易主体与交易平台会员代理机构的纠纷。

1. 交易主体之间的交易纠纷

交易主体之间的交易纠纷是指纳入碳排放权配额管理的企业、自愿参与碳排放权交易活动的法人机构、其他组织和个人之间因为碳排放权交易产生的纠纷。碳排放权交易具有特殊流程与手续，现有规定碳排放权交易采取登记生效主义[①]。在现实中，双方交易可能因未登记产生无效等情形引起争议。除上述买卖交易外，一些地方率先开展借碳业务与碳排放权质押业，这两种情形下也可能产生纠纷。借碳方面，所谓借碳，是指符合条件的配额借入方（简称借入方）存入一定比例的初始保证金后，向符合条件的配额借出方（简称借出方）借入配额并在交易所进行交易，待双方约

① 如《天津市碳排放权交易管理暂行办法》第八条规定："市发改委通过配额登记注册系统，向纳入企业发放配额。登记系统是配额权属的依据。配额的发放、持有、转让、变更、注销和结转等自登记日起发生效力；未经登记，不发生效力。"

定的借碳期限届满后，由借入方向借出方返还配额并支付约定收益的行为①。在此种业务中，可能会出现借碳期限届满后借入方未偿还所借入配额的情形，导致出现纠纷。碳排放权质押方面，上海率先开展了中国核证减排量（CCER）质押业务，CCER 质押是指在交易主体间以其持有的 CCER 为质物，从质权人处获得资金的一种方式②。在此种业务中，质押双方会在质押变更、质押解除、质押处置行为方面出现争议，产生纠纷。

2. 交易主体与交易平台的纠纷

各试点碳排放权交易都是在指定的交易机构通过特定的交易方式进行交易的。所以在碳排放权交易中，交易主体违反交易平台的规定或者约定会产生一定的纠纷。交易主体譬如在如下方面可能违反规定或者约定：第一，交易主体在进行资料或者信息的报送、备案、审查过程中，有欺诈或者违反约定行为；第二，交易主体利用分仓等手段，规避持仓限额，超量持仓，违反风险警示制度有关要求；第三，违反信息管理规定的行为，如擅自发布、传输和传播本所信息，擅自出售、转让或者转接本所信息，将信息用于信息经营协议载明用途之外；第四，拒不配合本所日常检查、立案调查，进行虚假性、误导性或者遗漏重要事实的申报、陈述、解释或者说明，一般而言，交易平台会对交易主体采取一定的违规处理措施，这样就容易产生纠纷。

3. 交易会员单位与交易平台的纠纷

一些地方为了扩大碳排放交易市场影响范围，使市场多元化，方便参与交易平台，对碳排放权交易管理单位实行了会员管理制，但实行会员的类型与权限不一样。深圳采取的为交易类会员和服务类会员。交易类会员即在交易所内从事各类排放权产品交易和投资的机构或自然人，又分为托管会员、经纪会员、机构会员、自然人会员和公益会员。服务类会员即为排放权交易市场各参与主体提供各类专业服务的机构，分为咨询服务会员和金融服务会员。上海市交易所的会员分为自营类会员和综合类会员。自营类会员可进行自营业务，综合类会员可进行自营业务和代理业务。鼓励

---

① 《上海环境能源交易所借碳交易业务细则（试行）》第二条。

② 《上海环境能源交易所协助办理 CCER 质押业务的规则》第二条。

银行等金融机构成为交易所会员，参与碳排放交易[①]。各个会员可能因为某些行为违反交易所的规定或者约定，产生纠纷。

4. 交易主体与交易所会员代理机构的纠纷

根据上部分内容分析，交易所部分类别会员具有代理服务的权限。这就涉及一些客户通过代理服务机构进行交易。比如，深圳的托管会员、经纪会员，上海的综合类会员，可接受客户委托，代理客户进行交易代理业务。这就涉及客户与交易会员代理服务机构因为代理业务产生纠纷。例如，会员及其从业人员的不当行为给客户造成损失等这些异议会造成纠纷。

（三）其他监管纠纷

市场的良好运行离不开行政的监督管理。现行试点地区均确定了碳排放权交易的行政监管部门。各个地方在除监管部门为发展改革部门之外，北京市由金融局负责配额场外交易的监管，重庆市将金融部门作为交易所监管部门。监管的内容基本是对纳入配额管理单位的碳排放监测、报告以及配额清缴，第三方机构开展碳排放核查工作的活动，交易所开展碳排放权交易、资金结算、配额交割等活动，对其他与碳排放配额管理以及碳排放权交易有关的活动进行监督管理[②]。纳入配额管理单位、第三方机构、交易所、交易投资主体在监管部门行使监督管理权力采取行政处理措施或者处理结果存在异议的情况下，会产生纠纷。

二　交易纠纷的法律属性

碳排放权交易纠纷作为法律纠纷的一种，是由违反碳交易法律或者约定规范而引起的。碳排放权的主体违反碳排放权交易法律义务规范而侵害了他人的合法权益，由此产生了以碳排放交易法律上的权利义务为内容的争议。一般说来，交易纠纷的法律属性取决于法律关系的确定。所谓法律关系是指在法律规范调整社会关系的过程中所形成的人们之间的权利和义务关系[③]。按照对应的法律规范所属的法律部门不同，可将法律关系分为

---

① 《上海环境能源交易所碳排放交易会员管理办法（试行）》第五条。

② 《上海市碳排放管理试行办法》第三十一条、《天津市碳排放权交易暂行管理办法》第二十五条。

③ 舒国滢：《法理学导论》（第二版），2011，第147页。

宪法关系、民事法律关系、经济法律关系、行政法律关系、刑事法律关系、诉讼法律关系等[1]。依据我国已有的法律制度，结合现行碳排放权交易的各个地方立法或者相应的规范性文件，碳排放权交易领域内的法律关系主要包括碳排放权交易行政法律关系和碳排放权交易民事法律关系，前面分析的各种纠纷也往往是因为这两种关系可能受到或已受到影响而发生争议，因此，按照法律关系的属性不同，可以把碳排放权交易纠纷分为碳排放权交易民事纠纷与碳排放权交易行政纠纷。

（一）碳排放权交易的民事纠纷

民事纠纷是指平等主体之间发生的，以民事权利义务为内容的社会纠纷（可处分性的），是处理平等主体间人身关系和财产关系的法律规范的总和，所有违反这一关系的行为都会引起民事纠纷[2]。如离婚纠纷、损害赔偿纠纷、房屋产权纠纷、合同纠纷、著作权纠纷等。前面论及的交易主体之间的交易纠纷；交易主体与交易平台的纠纷、交易会员单位与交易平台的纠纷、交易主体与交易所会员代理机构的纠纷属于碳排放权交易民事纠纷，具体而言为合同纠纷。但由于交易主体与合同标的不同，出现不同类别的合同纠纷。交易主体之间的交易属于买卖合同，产生的纠纷属于买卖合同纠纷。交易会员单位与交易平台的纠纷由于交易会员类型不同，产生的纠纷分为行纪合同纠纷与经纪合同纠纷。交易主体与交易所会员代理机构的纠纷属于委托合同纠纷。

（二）碳排放权交易的行政纠纷

碳排放权交易行政纠纷是指碳排放权交易行政主管部门在行使法律、法规授予的行政管理职权时，与碳排放权交易行政相对人发生行政争议所产生的各种法律纠纷。根据碳排放权交易的行政法律关系的具体类别，分为两类。第一，行使碳配额分配清缴权力的行政纠纷。前面分析的碳排放权一级市场中存在的配额分配阶段和配额清缴阶段中纳管企业与政府之间的纠纷属于行政纠纷，具体而言为配额分配阶段纳管企业与政府之间的纠纷和配额清缴阶段纳管单位与政府之间的纠纷。第二，行政监管部门行使

---

① 舒国滢：《法理学导论》（第二版），2011，第148～149页。

② 魏振瀛：《民法》（第4版），2011，第45页.

碳排放权交易监管权力与被监管者的行政纠纷，具体而言，行政监管部门与交易平台、纳管单位、交易主体（投资主体）之间因监管采取行政措施，但被监管者对行政措施有异议而产生纠纷。

三　交易纠纷的法律解决方式与程序

前面分析了碳排放权交易纠纷的表现形式并根据法律关系特征确定了它们的属性，本部分依据纠纷的法律属性分析这些纠纷的法律适用，总结各种纠纷的法律解决方式与相应的程序。

（一）碳排放交易民事纠纷的法律解决

前面论及的交易主体之间的交易纠纷、交易主体与交易平台的纠纷、交易会员单位与交易平台的纠纷、交易主体与交易所会员代理机构的纠纷属于碳排放权交易民事纠纷，具体而言为合同纠纷，通过考察现有法律制度，其解决方式有以下三类。

1. 碳排放权交易平台调解解决

当前国家发改委颁布的《碳排放权交易管理暂行办法》未对碳排放权交易纠纷的解决进行规定。对碳排放权交易纠纷的规定主要体现于地方试点。各个地区试点关于纠纷规定的框架主要是指定交易机构应明确参与方的权利与义务及争议处理的事项。如《湖北省碳排放权管理和交易暂行办法》第三章排放权交易第二十六条规定："交易机构应该制定交易规则，明确交易参与方的权利与义务、交易程序、交易方式、信息披露及争议处理等事项"。《重庆市碳排放权交易管理暂行办法》第四章碳排放权交易第二十六条规定："交易所应当加强碳排放权交易风险管理，建立涨跌幅限制、风险警示、违规违约处理、交易争议处理等风险管理制度"。

目前交易机构根据要求制定了违规违约处理和交易争议处理制度的有上海、重庆、深圳。上海环境能源交易所颁布了《上海环境能源交易所碳排放交易违规违约处理办法（试行)》，规范会员、客户、结算银行等碳排放交易市场参与者违反交易规则及其他有关规定的行为。该办法共六章四十七条，包括总则、监督管理、违规违约处理、处理决定与执行、纠纷调解、附则。重庆联合产权交易所颁布了《重庆联合产权交易所碳排放权交易违规违约处理办法》规定了总则、检查与调查、违规违约处理、处理决定与执行、纠纷调解、附则，共六章四十一条。《深圳排放权交易所违规违约处理实施细则（暂行）》对于对参与碳交易的会员、客户、存管银行、信息服务机构及市场其他参与者进行日常检查、调查、认定和处理违规违约行为做出了规定。该实施细则总共分为总则、日常检查与立案调查、裁决与执行、纠纷解决、附则共六章四十八条。该实施细则集检查与立案调查及执行、纠纷解决于一体，较为系统，为深圳的碳排放交易起到了良好的规范与纠纷解决的方式规范。

深圳在《深圳排放权交易所违规违约处理实施细则（暂行）》中对违约的处理和纠纷的解决做了专章的规定。由于调解具有时效快、成本低等特点，为了发挥调解在碳排放交易纠纷解决中的优势，深圳排放权交易所根据交易实际，制定了《深圳排放权交易所交易纠纷调解流程》。《深圳排放权交易所交易纠纷调解流程》对碳排放权交易纠纷的调解做出规定，其中规定了在深圳碳排放权交易所设定纠纷调解部门。交易纠纷调解流程见图 3－4，分为申请调解、受理调解、指定调解小组或者调解员、调解实施、签署调解协议、调解档案归档管理。

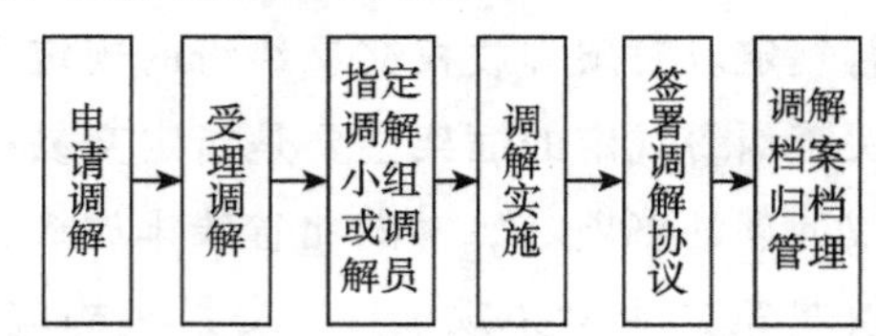

图 3－4　深圳市排放权交易所交易纠纷调解流程

具体而言，首先，关于申请调解。交易纠纷调解流程规定任何一方、双方或多方均可向调解部门申请调解。当事人向调解部门提出调解申请时，应提交调解申请书。调解申请书应包含关于交易纠纷的简要介绍及相关材料、争议各方当事人或其代理人的有效联系方式。其次，关于受理调解的情形。其分为共同申请与单方申请调解。共同申请调解的调解部门应当于收到调解申请之日起三个工作日内向当事人出具调解通知。当事人单方申请调解，被申请人未事先做出承诺的，调解部门应向被申请人发出征询函，被申请人同意调解的，调解部门应向各方当事人发送调解通知。被申请人明确拒绝调解或在收到上述征询函之日起 5 个工作日内未予回复的，调解部门不予受理。再次，关于调解小组与调解方式。调解小组或调解员的指定视纠纷情况而定，但调解小组成员或者调解员不得与当事人存在利害关系，并规定了调解员申请回避制度，具体回避申请部门为风控部门。调解时应采取其认为有利于当事人达成和解的方式进行调解，并应及时、主动地向调解部门及当事人披露可能影响其调解独立性、公正性的情况。最后，关于调节结果。调解结果为达成调解协议时，应制作《调解协议书》，并由各方当事人签字或盖章，但各方当事人另有约定的除外。经调解无法达成调解协议的，各方当事人应当采取其他合法方式解决纠纷。

2. 申请仲裁

仲裁一般是指当事人根据他们之间订立的仲裁协议，自愿将其争议提交由非司法机构的仲裁员组成的仲裁庭进行裁判，并受该裁判约束的一种制度[①]。根据《中华人民共和国仲裁法》第二条的规定："平等主体的公民、法人和其他组织之间发生的合同纠纷和其他财产权益纠纷，可以仲裁。"可见，上述关于碳排放权交易的各种合同纠纷可适用仲裁法对纠纷进行仲裁处理。具体程序分为申请和受理、仲裁庭的组成、开庭和裁决、执行。具体而言，第一，申请与受理。双方当事人应当双方自愿，并达成仲裁协议。当事人申请仲裁，应向仲裁委员会递交仲裁协议、仲裁申请书及副本[②]。仲裁委员会收到仲裁申请书之日起五日内，经审查认为符合受理条件的，应当受理，并通知当事人；认为不符合受理条件的，应当书面通知当事人不予受理，并说明理由[③]。第二，组成仲裁庭。在我国，仲裁庭的组成形式有两种，即合议仲裁庭和独任仲裁庭。仲裁庭的组成必须按照法定程序进行。第三，开庭和裁决。仲裁应当开庭进行。当事人协议不开庭的，仲裁庭可以根据仲裁申请书、答辩书以及其他材料做出裁决。在开庭环节中，当事人可质证、辩论、调解。当然，在特定情形下当事人可以向仲裁委员会所在地的中级人民法院申请撤销裁决；当事人申请撤销裁决的，自收到裁决书之日起 6 个月内提出。第四，执行。一方当事人不履行的，另一方当事人可以依照民事诉讼法的有关规定向人民法院申请执

① 弗兰克·N·马吉尔：《经济学百科全书（上下卷）》。中国人民大学出版社，2009，第 46 页。

② 《中华人民共和国仲裁法》第二十二条。

③ 《中华人民共和国仲裁法》第二十四条。

行，接受申请的人民法院应当执行。

3. 民事诉讼

根据民事诉讼法的第三条规定："人民法院受理公民之间、法人之间、其他组织之间 以及他们相互之间因财产关系和人身关系提起的民事诉讼，适用本法的规定。"前面分析的碳排放权交易的民事纠纷属于财产关系，可向人民法院提起民事诉讼。民事诉讼具有公权性、强制性、程序性、特定性、自由性，是民事权利的法律强制救济权利的手段。前面提到的交易平台调解、仲裁、民事诉讼不是层层递进的关系，而是双方当事人可根据纠纷的性质与自身实际情况，自由选择任何一种纠纷的法律解决方式，但是应该注意同时申请仲裁与提起民事诉讼的情形，只能或裁或审，选取一种。

（二）碳排放权交易的行政纠纷的法律解决

碳排放权交易的行政纠纷是指碳排放权交易行政主管部门在行使法律、法规授予的行政管理职权时，与碳排放权交易行政相对人发生行政争议所产生的各种法律纠纷。根据现有法律规定，结合各试点的实际情形，主要有三种解决途径。

1. 行政主管部门复查

从试点立法来看，有的地区规定对碳排放分配与清缴存在异议可进行复查。行政主管部门复查主要是针对配额分配与清缴有异议的情形。第一，是对配额分配、抵消或注销行为的复查。《湖北省碳排放权管理和交易暂行办法》第二十二条规定："企业对碳排放配额分配、抵消或者注销有异议的，有权向主管部门申请复查，主管部门应当在20个工作日予以回复。"第二，对碳排放核查报告有异议的复查。《湖北省碳排放权管理和交易暂行办法》第三十九条规定："纳入碳排放配额管理的企业对审查结果有异议的，可以在收到审查结果后的5个工作日向主管部门提出复查申请并提供相关证明材料。主管部门应当在20个工作日对复查申请进行核实，并做出复查结论。"

2. 行政复议

行政复议是指公民、法人或者其他组织不服行政主体做出的具体行政行为，认为行政主体的具体行政行为侵犯了其合法权益，依法向法定的行政复议机关提出复议申请，行政复议机关依法对该具体行政行为进行合法性、适当性审查，并做出行政复议决定的行政行为[①]。根据《中华人民共和国行政复议法》第二条的规定："公民、法人或者其他组织认为具体行政行为侵犯其合法权益，向行政机关提出行政复议申请，行政机关受理行政复议申请、做出行政复议决定，适用本法。"前面分析到，碳排放权交易行政纠纷有行使碳配额分配清缴权力的行政纠纷和行政监管部门行使碳排放权交易监管权力与被监管者的行政纠纷，根据现行法律规定，上述属于具体的行政行为，在监管过程中依法采取的措施或者违反规定予以的行政处罚，可以根据《中华人民共和国行政复议法》的要求对上述行为进行行政复议。

3. 行政诉讼

行政诉讼是个人、法人或其他组织认为国家机关做出的行政行为侵犯其合法权益而向法院提起的诉讼。我国法律、法规对当事人不服具体行政行为的救济途径的规定，除行政复议前置和行政复议决定为最终裁定的情形外，赋予了当事人选择行政复议和行政诉讼的权利。根据《中华人民共和国行政诉讼法》第二条规定："公民、法人或者其他组织认为行政机关和行政机关工作人员的行政行为侵犯其合法权益，有权依照本法向人民法院提起诉讼。"上述碳排放权交易的行政纠纷均可提起行政诉讼，但行政诉讼法第四十四条规定："法律、法规规定应当先向行政机关申请复议，对复议决定不服再向人民法院提起诉讼的，依照法律、法规的规定"，也即应注意行政复议前置的法定情形下与诉讼的关系。

内容提要

（1）碳排放权作为碳排放交易的对象，其稀缺性并非来源于其自然属性，而是由权力机构赋予的。碳排放交易的实质是一系列的"赋权"与"限权"过程，无论是权利产生初的界定、权利流转时的保障，还是权利行使后的回馈，无不仰赖健全公正的法律制度。

---

① 姜明安：《行政法学（修订本）》，法律出版社，1998，第215页。

（2）碳排放交易涉及的主体多样，交易纠纷多样。交易纠纷为民事纠纷与行政纠纷。碳排放权交易的民事纠纷具体情形可通过交易平台的调解、申请仲裁、民事诉讼解决。碳排放权交易的行政纠纷视类别而定，可通过复查、行政复议、行政诉讼解决。

思考题

1. 拍卖碳排放配额行为是属于行政许可、民事契约，还是两者兼而有之？应如何规范？
2. 以不同方式获得的碳排放权，及其不同形式的载体，辅以权利拥有者不同的目的，对碳市场参与者的利益、动机及市场运作有何影响？
3. 碳排放权交易纠纷的法律解决方式与程序有哪些？

参考文献

[1] 邓海峰：《环境容量的准物权化及其权利构成》，《中国法学》2005年第4期。
[2] 杜旭芹综述，郝凤桐审校：《二氧化碳中毒研究进展》，《中国工业医学杂志》2010年第4期。
[3] 李步云：《论个人人权与集体人权》，《中国社会科学院研究生院学报》1994年第6期。
[4] 刘培桐主编：《环境学概论》，高等教育出版社，1995。
[5] 罗豪才、沈岿：《平衡论：对现代行政法的一种本质思考——再谈现代行政法的理论基础》，《中外法学》1996年第4期。
[6] 罗豪才、袁曙宏、李文栋：《现代行政法的理论基础——论行政机关与相对一方的权利义务平衡》，《中国法学》1993年第1期。
[7] 王利明：《物权概念的再探讨》，《浙江社会科学》2002年第2期。
[8] 王利明：《物权立法若干问题新思考》，《法学》2004年第7期。
[9] 王明远：《论碳排放权的发展权和准物权属性》，《中国法学》2010年第6期。
[10] 吕忠梅：《论环境物权》，《人大法律评论》2001年第1期。
[11] 杨泽伟：《碳排放权：一种新的发展权》，《浙江大学学报》（人文社会科学版）2011年第3期。
[12] 殷培红、王彬：《温室气体排放环境监管制度研究》，《环境与可持续发展》2012

年第 1 期。

[13] 张尚鷟：《行政法基本知识讲话》，群众出版社，1986。

[14] 张尚鷟：《关于行政法概念的一些问题》，《法律学习与研究》1988 年第 1 期。

[15] 张文显：《论人权的主体与主体的人权》，《中国法学》1991 年第 9 期。

[16] 张文显主编《法理学（第 3 版）》，高等教育出版社、北京大学出版社，2007。

[17]〔美〕伯纳德·施瓦茨：《行政法》，徐炳译，群众出版社，1986。

[18]〔苏〕A. 图兹穆罕默多夫：《“第三代人权”述评》，《苏联国家与法》1986 年第 11 期，转自《国外社会科学》1987 年第 7 期。

[19] Hepburn, S., “Carbon Rights as New Property: The Benefits of Statutory Verification”, *Sydney L. Rev.* (31) 2009.

[20] Locke, J., *Two Treatises of Government*, 1690.

[21] Pei, Q., Jiang, D. M. & Zhang, M. H., “A Study of Legal Attributes of Carbon Emission Rights in Carbon Trading”, *Ecological Economy* (1) 2009.

[22] Posner, E. A. & Sunstein, C. R., “Climate Change Justice”, *Geo. L. J.* (96) 2007.

[23] Rorty, R., “Human Rights, Rationality, and Sentimentality”, 1993.

[24] Wade, H. W. R. & Forsyth, C. F., *Administrative Law (Tenth Edition)*, Oxford University Press, 2009.

[25] 日本環境省：《京都議定書に基づく国別登録簿制度を法制化する際の法的論点の検討について（報告）》，2006。

第四章

监测、报告与核查（MRV）

MRV 即“可监测（Monitoring）、可报告（Reporting）、可核查（Verification）”。MRV 是温室气体排放和减排量量化的基本要求，是碳交易体系实施的基础，也是《京都议定书》提出的应对气候变化国际合作机制之一。通过建立 MRV 体系，能够提供碳排放数据审定、核查、核证等服务，从而保证碳交易及其他相关过程的公平和透明，保证结果的真实和可信，有助于实现减排义务和权益的对等。为了保证结果的公正性，国际上普遍采用第三方认证机构提供的认证服务构建 MRV 体系，并为应对气候变化的政策和行动提供技术支撑。

第一节　MRV 体系

一　MRV 简介

2007 年，《联合国气候变化公约》第十三次缔约方大会达成《巴厘行动计划》（Bali Action Plan，BAP），明确要求：所有发达国家缔约方缓解气候变化的承诺和行动须满足 MRV 原则；发展中国家缔约方在可持续发展方面可测量和可报告的国家缓解行动，应得到以可监测、可报告、可核查的方式提供的技术、资金和能力建设的支持和扶持。从此，MRV 被国际上多个碳交易体系所采用，逐步形成了规范的温室气体 MRV 制度。

完善的 MRV 制度是建立碳交易体系的重要技术基础，是碳交易体系中不可或缺的核心环节；一个完整的 MRV 监管流程，可以实现利益相关方对数据的认可，从而增强整个碳交易体系的可信度。此外，在碳交易体系建设涉及的立法、政策、技术等诸多方面，MRV 是保障排放数据准确一致，实现碳交易公平、透明、可信的重要保障，也是建立温室气体排放监测报告管理平台、温室气体注册登记簿、交易平台等的重要基础。

每一个参与碳交易的主体，都需在内部建立一套完整的温室气体排放量化报告体系，以满足可监测、可报告的要求：

“可监测”需获得组织和具体设施的碳排放数据，可采取一系列的数据测量、获取、分析、计算、记录等措施；

“可报告”需通过标准化的报告模板，以规范化的电子系统或纸质文件的方式，对监测情况、测算数据、量化结果等内容进行报送；

“可核查”是相对独立的过程，通常由有资质的第三方核查机构完成；目的是核实和查证主体是否根据相关要求如实地完成了测量、量化过程，其所报告的数据和信息是否真实、准确无误。

二　MRV 的数据管理

核查 MRV 体系中存在两个数据流向，组织自下而上地报告数据和政府主管部门及受委托的第三方核查机构自上而下地核查数据。

自下而上地报告数据，过程包括：主体需根据相关法律法规的要求，制订监测计划，并报主管部门审核。监测计划经主管部门审核通过后，主体依据监测计划对被纳入监测的所有排放设施进行监测，并以规范的报告形式向当地的主管部门进行报送；当地主管部门再向上一级主管部门报送。

自上而下地报告数据，过程包括：主管部门对主体报送的监测计划进行审核，并依据监测计划对主体实施监测、量化和报告的过程进行监督检查；第三方核查机构接受核查委托后，以其专业性对组织报送的统计数据进行审核和查证，并出具具有法律效力的核查意见或报告。

保障数据准确是 MRV 体系的主要目的，其作用几乎贯穿碳交易体系中的所有环节。碳交易体系通常包括目标设定、目标分配、碳交易和履约等重要环节，MRV 在碳交易体系各环节中均扮演重要角色，在确定排放总量目标和强度基准时，准确的数据是科学核定的基础；在建立碳交易市场及其履约惩罚机制时，MRV 体系是明确碳排放权和评判履约绩效的一个重要依据。

三　监测和报告指南

监测和报告指南主要用于规范重点企（事）业单位温室气体排放报告活动，主要包括：报告主体确认、报告主体变更、报告原则、报告范围（温室气体种类）等。

（一）核算方法选择

国家发展和改革委员会组织研究并发布重点排放行业的温室气体排放核算方法与报告标准或指南。核算方法和报告标准或指南中应明确规定采用基于计算或者基于测量的监测方法，同时应明确温室气体的核算边界、燃料燃烧排放、过程排放以及购入的电力和热力所产生排放的核算方法、报告主体质量保证措施和文件存档规定以及报告的内容和模板等内容。

（二）监测计划制订

监测计划应当详细、完整和明确地规定使用的监测方法。具体内容可包括监测计划的版本、报告主体的描述、核算边界和排放设施的描述、各个活动数据和排放因子的数据单位、数据获取方式，如采用测量方法获取数据，拟采用的监测方法、监测点的位置、测量设备的精度及校准、数据缺失的处理方式以及数据内部质量控制和质量保证等相关规定。如出现：采用新的测量仪器、测量方法或者其他原因，使得数据准确度提高；开展新活动或使用监测计划中未包括的新燃料或物料而产生的新排放；发现之前采用的监测方法所产生的数据存在错误；发现新的可提高报告数据准确度的监测方法。

（三）排放报告的提交和确认

根据《国家发展改革委关于组织开展重点企（事）业单位温室气体排放报告工作的通知》（发改气候〔2014〕63 号）要求，直报主体应于每年 3 月 31 日前将上一年度温室气体排放报告报送至注册所在地省市级碳交易主管部门。省市级碳交易主管部门可根据实际情况确定本行政辖区内一般排放报告单位的排放报告是否需要经过第三方机构的核查，如需要，则应按照重点排放单位的排放报告核查要求实施。排放报告的格式应依据核算方法和报告标准或指南的要求，具体填写要求应以省市级碳交易主管部门的填报系统为准，主要内容包括报告主体基本情况、年度温室气体排放情况、活动数据及来源、排放因子数据及来源、排放量等。

（四）数据的内部管理和控制

重点排放单位和一般报告单位应建立、实施并保持有效的内部质量控制体系，以确保年度排放报告符合监测计划、内部管理程序和相关管理办法的规定。内部质量控制体系包括指定专门人员负责温室气体排放核算和报告工作、制订并实施温室气体排放监测计划、建立健全温室气体排放记录和归档管理以及温室气体报告内部审核制度等。重点排放单位和一般报告单位应对数据进行内部审核和验证，审核和验证的方式包括但不限于：

- 检查数据是否完整；
- 将核算数据与以往年份的排放数据进行比较；
- 将核算数据与不同采集系统获得的数据进行比对。

对于内部审核和验证过程中发现的不符合，应采取纠正措施。

- 数据缺失的处理；
- 数据记录和保存等。

四　核查指南

核查指南用于指导第三方核查机构（以下简称核查机构）对纳入全国温室气体排放权交易的重点排放单位提交的温室气体排放报告实施核查以及复查工作，主要包括以下内容。

（一）确定核查工作原则

核查机构在准备、实施和报告核查及复查工作时，一般应遵循以下基本原则：保持独立于受核查方，避免偏见及利益冲突，在整个核查活动中保持客观；具有高度的责任感，确保核查工作的完整性和保密性；真实、准确地反映核查活动中的发现和结论，还应如实报告核查活动中所遇到的重大障碍，以及未解决的分歧意见；具备核查必需的专业技能，能够根据任务的重要性和委托方的具体要求，利用其职业素养进行专业判断。

（二）确定核查程序

核查机构应按照规定的程序进行核查，主要步骤包括协议签订、核查准备、文件评审、现场核查、核查报告编制、内部技术评审、核查报告交付及记录保存等步骤（见图4-1）。核查机构可以根据核查工作的实际情况对核查程序进行适当的调整，但调整的理由应在核查报告中予以详细说明。

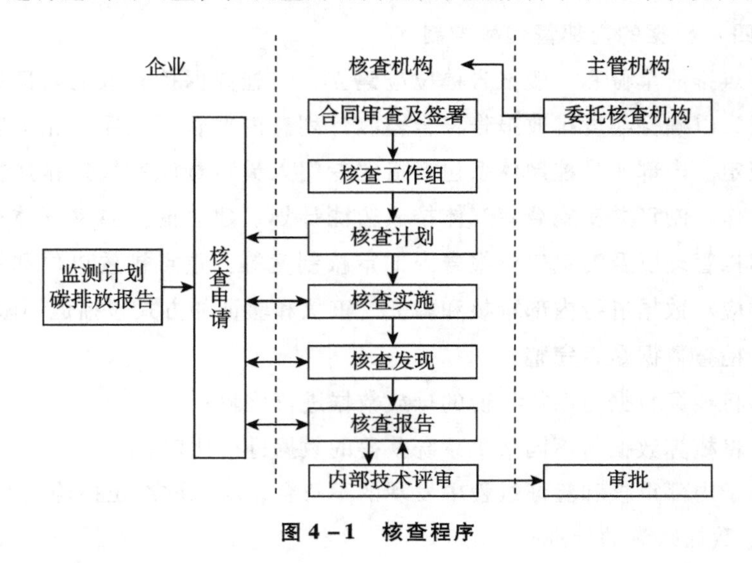

图4-1 核查程序

（三）签订核查协议

核查协议签订之前，核查机构应根据其被授予资质的行业领域、核查员资质与经验、时间与人力资源安排、重点排放单位的行业、规模及排放设施的复杂程度等，评估核查工作实施的可行性及与核查委托方或重点排放单位可能存在的利益冲突等。核查机构在完成上述评估后确认是否与委托方签订核查协议。核查协议内容可包括核查范围、应用标准和方法、核查流程、预计完成时间、双方责任和义务、保密条款、核查费用、协议的解除、赔偿、仲裁等相关内容。

（四）核查要求说明

1. 基本情况核查

重点排放单位基本情况的核查一般包括：重点排放单位名称、单位性质、所属行业领域、组织机构代码、法定代表人、地理位置、排放报告联系人等基本信息；重点排放单位内部组织结构、主要产品或服务、生产工艺、使用的能源品种及年度能源统计报告情况。核查机构应通过查阅重点排放单位的法人证书、机构简介、组织结构图、工艺流程说明、能源统计报表等文件，并结合现场核查中对相关人员的访谈确认上述信息的真实性和准确性。

2. 核算边界确定

确定核查机构应对重点排放单位的核算边界进行核查，对以下与核算边界有关的信息进行核实：

（1）是否以独立法人或视同法人的独立核算单位为边界进行核算；

（2）核算边界是否与相应行业的《核算方法和报告标准》或指南以及备案的监测计划一致；

（3）纳入核算和报告边界的排放设施和排放源是否完整；

（4）与上一年度相比，核算边界是否存在变更。

核查机构可通过与排放设施运行人员进行交谈、现场观察核算边界和排放设施、查阅备案的监测计划、查阅可行性研究报告及批复、查阅相关环境影响评价报告及批复等方式来验证重点排放单位核算边界的符合性。

3. 核算方法的核查

核查机构应对重点排放单位温室气体核算方法进行核查，确定核算方法符合相应行业的《核算方法和报告标准》或指南以及备案的监测计划的要求，对于任何偏离标准或指南要求的核算，都应在核查报告中予以详细的说明。

核查机构应对重点排放单位备案的监测计划进行核查，确认备案的监测计划或修改的监测计划符合相应行业的《核算方法和报告标准》或指南的要求。如发现不符合，核查机构应督促不符合要求的重点排放单位对备案的监测计划进行修改。

（1）核算数据的核查；

（2）活动数据及来源的核查；

（3）排放因子及来源的核查；

（4）温室气体排放量的核查；

（5）质量保证和文件存档的核查；

（6）其他必要信息的核查。

（五）复查程序和要求

复查的实施可以通过材料评审和现场核查的方式进行。复查机构的选择应避免利益冲突。实施复查的机构应选择具备能力的复查组，复查组的组成应根据备案核查员的专业领域、技术能力与经验、重点排放单位的性质、规模及排放设施的数量等确定，复查组至少由一名核查员组成。

负责复查的机构应开展现场核查，通过对重点排放单位相关人员进行访问、查阅资料及抽样观察现场排放设施和监测设备，确认复查发现是否与核查报告中的核查发现一致，包括重点排放单位基本情况的核查、核算边界的核查、核算方法的核查、活动数据和排放因子的核查及抽样方案以及排放量的计算结果等。

完成材料评审和现场核查后，复查机构应编写复查报告。复查报告应当真实、客观、逻辑清晰，一般包括：对核查报告及核查结论的复查发现，如核算边界、核算方法、活动数据、排放因子以及排放量的核查与核查指南的符合性；生产数据以及其他相关数据核查的符合性。

复查结论应包括：重点排放单位核算与《核算方法和报告标准》或指南的符合性；核查机构核查报告及结论与核查指南的符合性；复查后确认的排放量及与经核查确认的排放量的差异。

第二节 第三方核查机构

为保障碳排放权交易机制的有序运行，确保重点排放单位温室气体排放报告核查工作科学合理、高效公正，需对第三方核查机构进行规范化管理。第三方核查机构的认定和管理一般包括：核查机构的资质条件、核查机构的资质申请、核查机构行为规范、核查机构的监督与管理、法律责任等。

一 核查机构资质条件

核查机构的资质条件一般包括注册资金、办公条件、应对风险能力、内部管理制度、核查业绩和经验要求、人力资源及资质要求、良好信用记录要求等。

第一，核查机构应具备健全的组织结构、完善的财务制度，并具有应对风险的能力，确保对其核查活动可能引发的风险能够采取合理、有效的措施，并承担相应的经济和法律责任。核查机构应具备开展核查活动所需的稳定的财务收入并建立相应的风险基金或保险。

第二，应具备完善的内部管理制度，管理核查业务的有关活动与决定：有完整的组织结构，并明确管理层和核查人员的任务、职责和权限；有完善的内部质量管理制度，包括人员管理、核查活动管理、文件和记录管理、申诉、投诉和争议处理、保密管理、不符合及纠正措施处理以及内部审核和管理评审等相关制度或程序。

第三，有严格的内部管理制度，确保其核查行为的公正性，并确保其不参与除核查服务之外的与重点排放单位存在利益冲突的活动；确保其高级管理人员及实施核查的人员不参与任何可能影响其判断或对其判断的独立性、客观性、可信性造成损害的商业、金融或其他活动；有完善的保密管理制度，确保其相关部门和人员（包括代表其活动的委员会、外部机构或个人）对从事核查活动时获得或产生的信息予以保密。

第四，具备充足的专业人员及完善的人员管理程序，以确保其有能力在获准的专业领域内开展核查工作。

二　核查人员具备的要求

（1）掌握碳排放相关的法律法规和标准知识；

（2）掌握碳排放核算方法及活动数据和排放因子的监测与核算；

（3）熟知核查工作程序、原则和要求；

（4）熟知数据与信息核查的方法、风险控制、抽样技巧以及内部质量控制体系；

（5）有运用适当的核查方法、对数据和信息进行评审，并做出专业判断的能力；

（6）掌握所核查行业特定的工艺、排放设施以及排放源识别和控制等方面的专业知识。

第三节　国际标准化组织系列标准

2006 年，国际标准化组织发布了 ISO14064 系列温室气体核算标准，对温室气体资料和数据管理、汇报和核查的模式做了规定。ISO14064（2006）由三部分组成，其中包括一套 GHG 计算和验证准则。该标准规定了国际上最佳的温室气体资料和数据管理、汇报和验证模式，可以通过使用标准化的方法计算和验证排放量数值，确保1吨二氧化碳的测量方式在全球任何地方都是一样的，使排放声明不确定度的计算在全世界得到统一，最终用户群（如政府、市场贸易和其他相关方）可依靠这些数据进行判定。

一　ISO14064 的组成[1]

（一）ISO14064 第一部分

该部分详细规定了设计、开发、管理和报告的组织或公司 GHG 清单的原则及要求。它包括确定温室气体排放限值、量化组织的温室气体排放、清除并确定公司改进温室气体管理的具体措施或活动等要求。同时，标准还具体规定了有关部门温室气体清单的质量管理、报告、内审及机构验证责任等方面的要求和指南。

（二）ISO14064 第二部分

该部分着重讨论旨在减少 GHG 排放量或加快温室气体清除速度的 GHG 项目（如风力发电或碳吸收和储存项目）。它包括确定项目基线和与基线相关的监测、量化和报告项目绩效的原则及要求。

（三）ISO14064 第三部分

该部分阐述了实际验证过程。它规定了核查策划、评估程序和评估温室气体等要素。这使得 ISO14064 - 3 可用于组织或独立的第三方机构进行 GHG 报告验证及索赔。

ISO14064（2006）包含5项基本原则，即相关性（relevance）、完整性（completeness）、一致性（consistency）、透明度（transparency）及精确度（accuracy）。

二　ISO14064 的意义

降低温室气体的排放和排放贸易，提高温室气体量化、监测、报告和验证的一致性、透明度和可信性；保证组织识别和管理与温室气体相关的责任、资产和风险；促进温室气体限额或信用贸易；支持可比较的和一致

① 《ISO14064 温室气体量化实施步骤流程》，http://wenku. baidu. com，2015。

的温室气体方案或程序的设计、研究及实施。ISO14064 对于企业的作用如下。

（1）管理温室气体风险并找出减量机会。编撰一份全面性的温室气体排放清册可以让企业了解本身的温室气体排放状况，以及可能的责任与风险。同时，企业通过温室气体排放的估算、财务核算，可将最具有成本有效性的减量机会挖掘出来，提升能源与物料使用效率，降低营运成本，更借由开发新的商品与服务，降低客户或供货商的温室气体排放。

（2）树立良好的社会责任形象。随着对气候变迁的关注日益增加，越来越多的非政府组织、投资人或其他的利害相关者都要求公司披露更多的温室气体排放相关信息。公开披露企业的温室气体排放信息可以强化与利害相关者间的良好关系，建立企业在顾客和一般大众间的社会责任和环境经营声望。

（3）加入温室气体排放权交易市场。比如，在一些地区实行市场机制的方法，用于温室气体排放的抵减。这些交易方案需要较实际的排放与既定的排放目标或上限，以决定是否要购买或可卖出排放权，且通常会要求仅估算直接排放的部分。同时，为了协助进行独立查验的工作，这些排放交易系统都要求参加的企业，对其提报的温室气体信息，建立一个可供认证的线索。

（4）规避未来温室气体总量超标限额风险。实施 ISO14064 将是企业提升能源使用效率、降低成本、满足客户环保要求、展现社会责任形象的必由之路，可以预见不远的将来，越来越多的企业将在温室气体排放量及报告方面力求获得第三方认证，以增强在全球“绿色”采购中的竞争力，尽早在全球贸易中获得“绿色”通行证。

三 ISO14064 重点内容简介

（一）边界范围

包括组织边界（organizational boundary）以及营运边界（operational boundary）。组织边界的定义主要是从企业集团的角度着眼，须涵盖旗下子公司、转投资公司、合资企业等各项握有权益（interest）的独立法人或非法人机构。而营运边界主要针对公司的营运活动，以及将之分为直接排放，外购电力、蒸汽、热所使用的间接排放，以及其他间接排放（如委外作业或商务旅行等）三个类别。

（二）温室气体活动强度数据收集及汇总

收集统计企业内各项活动数据，如各种燃料或原料使用单据、电费单、商务旅行或货品运输车辆行驶里程数、废水处理测量数据等。而相关数据来源应予记录以确保数据的正确性与可验证性，进而建立数据文件的维护程序，以供未来核查需要。在温室气体活动强度数据的收集过程中，应尽量查询是否有可重复核对的数据以作为对比。有时，某些温室气体的年度活动强度数据可能同时存在于不同的部门，在统计过程中应评估其差异性，并选取较正确的数据作为代表。若不同活动/设施有相同的排放源而又无法分开纪录，则可采用合并纪录的方式作为替代方案。

（三）温室气体排放系数收集及汇总

由于排放系数是将每单位原燃物料使用量换算成产生温室气体排放量的重要依据，因此在量化过程中为十分重要的因子。一般而言，排放系数使用现场或本土化的数据较为适当，然而由于国内对于此部分研究仍不足，因此使用的排放系数多以 IPCC、GHG Protocol（温室气体核算体系）、USEPA 等组织所公布的数据为主，而对于排放系数来源的识别与使用的适当性，即为本阶段的首要工作。

（四）温室气体排放量计算

在收集汇总包含活动强度及排放系数等在内的所有的温室气体排放源数据后，即可进行温室气体最后的量化计算。六种不同温室气体中，CO_2 与其他五种气体有造成不同温室效应的特点，为了校正这种差距，需要利用全球暖化潜势（Global Warming Potential，GWP），将其换算为实际的 CO_2 当量，即以特定气体的排放量乘以此气体的全球暖化潜势计算得出。最后汇总完成整个计算。在计算过程中，应特别注意活动强度及排放系数之单位是否能够匹配。此外，由于 CO_2 与以外五种温室气体有不同的 GWP 值，在换算成 CO_2 当量时也应特别注意，若引用错误，则可能造成量化结果数千甚至数万倍的差异。

（五）核查机构

ISO14065 标准旨在保证验证过程本身，并规定了第三方核查机构的要求。这些机构可实施数据验证活动，并按照 ISO14064－3 标准或其他特定的排放权交易制度或企业标准进行管理。标准的总体要求涉及法律和合同安排、职责、公正性管理、责任和融资等方面的问题。标准具体包括了与结构、资源要求和能力、信息与记录管理、核实和验证过程、申诉、投诉和管理体系等方面相关的要求。标准的对象主要是 GHG 工作的管理、法规和认可机构。标准向这些机构提供了评价核实和验证机构能力的基础。

案例分析　湖北省 MRV 体系

2011 年，国家发改委发布《关于开展碳排放权交易试点工作的通知》，确定北京、天津、上海、重庆、湖北、广东、深圳七个省市为碳排放权交易的试点省市。为配合完成国家减排总体目标，发挥试点省份的带头示范性作用，2011 年，湖北省全面展开碳排放权交易试点研究工作，并于 2012 年确定湖北省境内年能耗 6 万吨标煤以上企业强制性纳入碳交易，主要涉及钢铁、化工、水泥、汽车制造、电力、有色金属、玻璃、造纸等高能耗行业。

作为唯一仅将工业生产企业纳入碳排放权交易的中部试点省份，湖北省碳排放权交易企业纳入门槛为中国 7 个试点省市中最高。尽管湖北省碳排放权交易试点纳入企业（第一批）数量不多，仅为区域内 138 家大中型工业企业，但其排放量占全省总排放量的 35% 以上，部分大型重工业企业碳排放占比巨大。因此，完整识别排放源、准确计算碳排放量、公平合理分配配额，对于湖北省碳排放权交易顺利启动和实施具有更为重要的意义。同时，解决工业企业在碳排放权交易过程面临的困难和问题，对其他试点省市工业企业领域碳排放权交易具有一定的参考价值。

2014 年是湖北省碳排放权交易启动元年，湖北省发改委先后制定并发布了《湖北省碳排放权交易管理暂行办法》、《湖北省碳排放权配额分配方案》、《湖北省工业企业温室气体排放监测、量化和报告指南》（试行）和《湖北省温室气体排放核查指南》（试行），并于 4 月 2 日正式全面启动湖北省碳排放权交易工作；2015 年 3 月实施履约核查；并于 2015 年 9 月完成试点企业的首次履约。2014 年 7 月，湖北省发改委正式发布《湖北省工业企业温室气体排放监测、量化和报告指南（试行）》和《湖北省温室气体排放核查指南（试行）》（鄂发改气候〔2014〕394号）。2014年11月，湖北省发改委发布《湖北省发改委关于征选碳排放第三方核查机构的通知》（鄂发改气候函〔2014〕455号）。

为建立规范、公平、公开的碳排放交易监测、报告和核查体系，受湖北省发改委的委托，中国质量认证中心武汉分中心研究团队借鉴国外碳交易体系设计理念，结合国内相关政策要求和湖北省试点企业现状，研究核查相关标准，制定核查机构备案和管理制度，建立企业内审培训机制，设计核查工作流程，建设完成湖北省MRV体系。湖北省MRV体系文件主要分两级。

一级文件为《湖北省工业企业温室气体排放监测、报告和核查（MRV）实施规则（试行）》，规定碳排放权交易中监测、量化、核查、报告、核查机构、核查人员、排放量登记、信息保密和收费的总体要求。

二级文件分别为《湖北省温室气体排放量核查指南》、《湖北省碳排放权交易监测、量化和报告指南》和《湖北省碳排放权试点交易第三方核查机构备案管理办法》。

二级文件的主要内容包括：

（1）《湖北省碳排放权交易监测、量化和报告指南》，规定企业实施监测、量化和报告的要求、流程，提供监测计划模板、碳排放报告模板，确定11个典型行业/产品的计算指南和1个其他行业通用计算指南；

（2）《湖北省温室气体排放量核查指南》，规定第三方机构实施核查的流程和步骤，提供核查申请示例、核查计划模板和核查报告模板；

（3）《湖北省碳排放权试点交易第三方核查机构备案管理办法》，规定第三方核查机构的备案条件、备案程序和备案后的监督管理等要求。

资料来源：http://www.chinanews.com/fortune/2015/08-11/7459353.shtml。

第四节　核查对象、范围和流程

一　核查的对象和范围

（一）组织层面

组织是指具有自身职能和行政管理体系的公司、集团公司、商行、企事业单位、政府机构、社团或其结合体，或上述单位中具有自身职能和行政管理体系的一部分，无论其是否具有法人资格，是公营还是私营。组织层面 GHG 核查是对组织监测执行与碳排放量计算进行核实。

（二）项目层面

项目层面核查经计算得到的项目所产生的 GHG 清除与基准线情景的清除量相比较的增加量。其中，基准线情景是指用来提供参照的、如果不实施 GHG 项目最有可能发生的假定情景。需说明的一点是，基准线情景发生的时间段与 GHG 项目同步。

（三）核查的范围

在核查开始之前，核查机构应与委托方共同商定核查的范围，包含但不限于组织边界，涉及的基础设施、活动、技术和过程，温室气体源，温室气体类型以及温室气体排放的时间段等。核查范围的界定是否正确直接影响到整个核查结论的完整性、准确性和一致性。

二　核查的流程

核查工作的流程应包括以下阶段：合同评审、核查准备、核查策划、核查程序、温室气体量化过程与量化结果评价、核查结果、技术评审以及核查记录与保存（见图 4－2）。

（一）合同评审

核查机构应与核查委托方签订核查合同。在签订合同之前，应开展合同评审，根据组织提交的基本信息（如企业简介、生产工艺流程、企业规模等）确定组织行业类别和核查所需人数，确定核查机构是否具备充足的核查人员完成此项核查活动，确定是否需要行业专家（内、外部专家均可）来支持本次核查活动等。合同评审通过后，第三方机构方能与组织签订核查合同。

（二）核查准备

核查机构应在合同签订后选择具备足够能力的核查组长和核查员成立核查组，必要时应包含行业专家，最后应对整个核查组进行利益冲突分析，以确保核查工作的公正性、公平性和客观性。

（三）核查策划

在正式核查程序开始前，核查组需要对组织温室气体核查工作开展有效的策划活动。

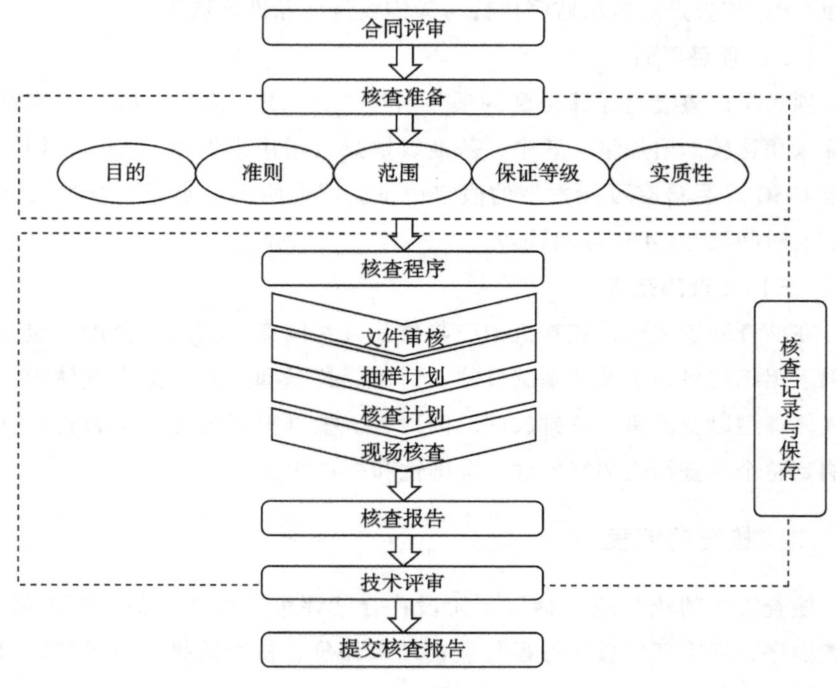

图4-2 核查流程

温室气体核查策划包括但不限于确定本次核查活动的目的、准则、范围、保证等级和实质性。一个准确适宜的策划活动可为整个核查工作的细节、深度和时间进度提供明确方向，也为提交满足目标用户质量要求的核查报告打下良好基础。

确定核查目的。在核查开始之前，核查机构和组织要共同商定核查的目的。核查的目的是验证组织温室气体排放数据和信息是否遵循法律法规、标准及其他相关技术要求，是否符合相关性、完整性、一致性、准确性和透明性的原则，是否满足保证等级和实质性，是否满足目标用户的需要。

确定核查准则。在核查开始之前，核查机构和委托方应共同商定核查的准则。核查准则包括一般行业和特殊行业的温室气体量化规范、ISO14064-1和GHG Protocol（温室气体核算体系）。

确定保证等级。核查机构应在核查开始之前与委托方共同商定核查的保证等级。保证等级一般分为“合理保证”和“有限保证”两级。对于“合理保证”等级，核查组提供一个合理但不是绝对的保证等级，它表示责任方的温室气体声明是实质性的正确。

如果碳排放权交易体系要求保证等级为“合理保证”等级，核查组应根据合理保证等级，结合组织温室气体排放规模、能源结构、能源类型、排放源特征等，制订抽样计划和核查计划，并根据现场核查情况适时调整，确保组织温室气体排放满足合理保证等级要求，满足目标用户对数据质量的要求。

确定实质性。核查机构应在考虑核查的目的、保证等级、准则和范围的基础上，根据目标用户的要求，以及组织温室气体排放规模，确定具体实质性偏差。通常，商定的保证等级越高，实质性偏差应越小；组织温室气体排放规模越大，其遵守的实质性偏差应越小。组织应根据需要，并结合自身行业特点，自行确定设施层次和源层次的实质性偏差。在具体核查时，如果报告中的一个偏差或多个偏差的累积，达到或超过了规定的实质性偏差，就被认为组织声明的温室气体排放不满足保证等级要求，即被视为不符合。若组织实际偏差在实质性偏差范围内，则鼓励核查机构与组织一起纠正发现的错误或遗漏；若组织实际偏差达到了实质性偏差，则组织必须进行整改。整改通过后，核查机构方能发布核查报告。

偏差计算公式为：

偏差 =（组织声明的温室气体排放 − 核查组核查的温室气体排放量）/核查组核查的温室气体排放量 × 100%

［**示例**］某水泥企业，2013 年度组织声明的温室气体排放为 50000 tCO_2e，经核查组核查后的排放量为 51000tCO_2e。根据该组织的温室气体排放规模，实质性偏差为 4%。根据计算，实际偏差为：（50000 − 51000）÷ 51000 × 100% = −1.9%，在 ±4% 以内。因此，组织声明的温室气体排放量偏差在实质性偏差以内，满足“合理保证”等级的要求。相对于“合理保证”等级，“有限保证”等级在核查工作的深入程度上要求较低。

第五节　核查程序

一　成立核查组

核查机构应根据合同评审和核查策划结果成立核查组。核查组可以是一个人或几个人组成的团队。核查组应具备以下几方面的知识。

有关温室气体排放方面的知识，包括：适用的温室气体术语和专业问题，如组织边界、运行边界、温室气体、全球增温潜势（GWP）、温室气体排放源、温室气体活动数据、温室气体排放因子、实质性和实质性偏差、量化方法学、数据质量等；温室气体排放的过程及与温室气体排放的量化、监测方法和报告相关的技术；适用的温室气体控制方案的要求；特定行业中与碳排放控制领域相关的法律法规及其他要求（如产业政策）；适用的标准和技术要求；核查工作程序和要求；数据与信息抽样技术；等等。

数据和信息核查知识，包括：碳排放数据和信息核查与评价方法；数据与信息系统的管理；与所使用的数据和信息系统相关联的风险识别及风险评估方法；相应核查领域的工艺流程；监测技术与校正程序及其对数据质量的影响等。

法律法规和标准知识，包括：碳排放权交易相关的政府法规、规章及规范性文件，如《碳排放权交易管理暂行办法》《碳排放权交易核查机构及核查员管理暂行办法》；碳排放权交易相关 MRV 标准文件；ISO14064－1、ISO14064－3、ISO14065、ISO14066、GHG Protocol 等相关的国际标准和条约；国家认证认可的法规、规章要求。

二　文件审核

文件审核的目的是让核查组事先了解组织温室气体排放和管理的基本情况、开展风险评估、明确高中风险区域、在现场核查前组织需完成的整改事项和确认组织是否满足现场核查的条件。组织应给核查组提供温室气体相关文件，以便核查组开展全面的文件审核工作。组织一般需提交的资料包含但不限于如下资料：组织基本信息表；温室气体排放报告（本年度和历史年度）；温室气体清单（本年度和历史年度）；主要工艺流程图；电力、燃气、蒸汽、热力等计量网络图；《工业能业能源购进、消费及库存表》及附表；组织平面图；组织结构图；主要耗能设施设备清单、燃料清单；与基准年相比，组织边界、运行边界发生重大变化的说明；温室气体信息管理体系（至少包括文件和记录管理程序、温室气体量化和报告程序以及数据质量管理程序三个文件）；其他资料，如组织营业执照、参考的行业文献、权威机构发布的相关计算数据等。

在文件审核阶段，核查组应重点关注如下内容：查看组织的营业执照，确认其经营地位和所属行业类别，是否为辖区地理行政区域内的独立法人，核实其名称与控排企业名单上的是否一致；初步确认组织的组织边界和运行边界是否正确，特别关注与基准年相比有变化的情况，如新建、改建、扩建、合并、剥离、搬迁以及租赁外包等情况；根据组织温室气体排放规模，初步确认实质性偏差；了解工艺流程，确认其是否有工艺过程排放；了解排放源类型、活动数据证据类型和来源、排放因子选择和量化方法学等；若与历史年份温室气体排放相比排放量波动较大，应初步与组织沟通并了解原因，该部分也可在现场核查时进行分析；初步评估组织的温室气体管理水平。

核查组长根据文件审核结果，确定该组织是否具备现场核查的条件。若具备，核查组则开始进行风险分析与评价，并制订适宜的抽样计划与核查计划。

三　抽样计划

某些排放源证据文件多，核查耗时久，但其排放量占总排放量的比重较小，采用全证据核查不符合经济效益原则。因此，采用抽样的方法开展温室气体核查是目前国内外通用的做法。按照规定的抽样方法对核查对象抽取数据样本进行核算和分析，从而得出相关结论，有助于减少数据核查的人工数量，可以在保证核查质量的前提下显著提高核查效率。

核查组宜基于风险分析制订抽样计划，用来收集充足的证据，以实现商定的保证等级。因此，核查组应对组织温室气体排放数据和信息开展初步风险因素的识别计划。风险识别是对潜在的错误、遗漏和错误解释的出处和严重程度进行评价，从而识别潜在的高、中、低风险因素。风险类型包括控制风险、固有风险和发现风险，各风险类型的定义和例子如表4-1所示。

表4-1 各风险类型定义及例子

风险类型	定义	高/中风险例子
控制风险	由于组织内部控制的缺陷，不能被其发现或避免的实质性偏差风险	• 项目及新技术的应用 • 人工数据转移 • 统计数量大的原始记录 • 复杂的计算 • 无资质实验室或自行确定的监测数据或参数实测值
固有风险	由于核查活动相关的不确定性或风险因子存在于组织控制之外而导致的实质性偏差风险	• 低效的内部交流 • 缺乏管理评审活动 • 员工流动率高 • 缺乏温室气体信息体系 • 数据转移的核查有限
发现风险	在核查实施过程中，与温室气体声明相关的实质性风险未被核查组识别出来	• 多个场所且地处偏远 • 数据收集系统不统一 • 核查程序不合适 • 对核查活动持抵触态度

对于风险评估中得出的高、中风险因素，核查组必须制定相应措施，如现场抽样、现场确认等，将风险降低到低级别。

抽样计划的制订应结合组织的行业特性、核查范围、核查准则、保证等级、场所数量、各场所工艺流程差异、排放源及其证据文件类型、数量和完整性、边界变化情况、排放波动情况、先前的核查结论等，并结合代表性原则，对高、中风险因素以及潜在错误、遗漏或错误解释的风险，分别抽取一定数量的样本，开展数据核算与评估。

核查组长负责制订抽样计划。需要现场抽样的高、中风险因素，抽样文件类型以及抽样比例必须包含在抽样计划中。核查组应根据抽样计划制订现场核查计划。建立抽样计划是一个反复的过程。现场核查中，当发现温室气体信息和数据有实质性偏差和控制等方面的问题时，应对所选择的抽样方法和信息样本做出相应的更改。对抽样计划进行修订时，宜考虑支持该核查方法的证据是否充足、适宜，并考虑支持组织温室气体声明的证据。

参考资料　抽样方法

核查组应确定各排放源、设施的抽样比例，宜参照下列抽样方法。

- 如果组织包含多个场所，应首先识别和分析各场所的差异。当各场所的业务范围和温室气体源的类型差异较大时，每个场所均要进行现场审核；仅当各场所的业务活动、设施、设备以及温室气体源的类型均较相似时，才对场所进行抽样。抽样的场所 $Y=\sqrt{X}$，X 为总的场所数。
- 对于被抽样的每个现场，均应考虑制订单独的抽样计划。

（1）能源间接温室气体排放：组织因外购电力、热、冷或蒸汽等能源产生的间接温室气体排放。应对所有月度汇总活动数据进行核查，即抽样率为 100%。

（2）燃烧化石燃料的温室气体排放：其来源如食堂燃气灶使用化石燃料，生产过程中涉及的锅炉、窑炉、转炉、发电机以及其他固定燃烧设备，交通运输工具，如叉车、商务车、车队等。根据各排放源活动数据的数量水平，原则上应对所有相关活动数据进行 100% 核查，如果活动数据的核算单据量很大，抽样比例至少为 60%，且为典型排放的月份。

（3）工艺过程排放：如水泥生产过程中因燃烧石灰石、方解石等分解产生的温室气体排放。原则上应对所有相关活动数据进行 100% 核查。如果活动数据的核算单据量很大，抽样比例至少为 60%，且为典型排放的月份。

（4）逸散排放：如空调制冷剂逸散、高压开关 SF_6 逸散、灭火器逸散、管道连的无组织排放等。抽样比例至少为 30%，且为典型排放的设备。

注 1：单据量很大，指活动数据的证据（通常指纸质发票、报销单、验收单等）零散、数量多，且由每张单据上记录的活动数据计算出来的温室气体排放量相对于组织的温室气体排放很小。

注 2：在工艺过程排放中，某些原辅材料在化学反应等过程中会产生温室气体；因受生产订单、业务淡旺季等的影响，这些原辅料的月度消耗量会呈现波动的情况。消耗量在年消耗均线之上的月份称为典型排放的月份。

参考资料：《组织的温室气体排放核查规范及指南》（发布稿）。

四　核查计划

原则上，现场核查分两阶段进行（第一阶段现场核查和第二阶段现场核查），这两个阶段的核查任务和重点各不相同。在每个阶段现场核查开始之前，均要制订核查计划。通常由核查组长制订核查计划，计划要明确核查组成员的任务分工、时间进度安排、需核查的部门或设施等；并将核查计划发给组织温室气体负责人，进行核查计划确认。必要时，可根据组织的反馈调整核查计划，也可以根据需要修改核查计划。

第一阶段现场核查的主要任务是：确认组织边界和运行边界是否正确，特别是组织有多个场所、与基准年相比组织边界与运行边界有重大变化等情况；确认组织温室气体排放源信息；确认温室气体数据和信息的准确性、完整性和可得性；确认文件审核中的发现；查看组织是否已经建立了温室气体信息管理体系并按规定运行等。

第一阶段现场核查后，核查组要确认组织是否具备第二阶段现场核查的条件。具备条件后，将开始第二阶段现场核查。第二阶段现场核查的主要任务是重新检查和跟踪第一阶段现场核查发现的问题，查看企业是否采取了整改措施和整改效果，还应重点关注以下内容：温室气体排放的量化过程，包括选择量化方法学、收集活动数据、确定排放因子以及计算温室气体排放量等；基准年的重新计算（适用时）；现场重要排放源的核查；温室气体数据和信息；温室气体信息管理体系；温室气体清单的编制与报告。

如果组织的运行边界比较简单，排放源较少，或组织温室气体管理体系较完善，则可只进行一次现场核查。

参考资料　现场核查基本流程

- **召开首次会议**

在现场核查开始之前，核查组长应与受核查方的管理层、相关部门或过程负责人进行沟通，并组织召开首次会议，会议主要内容包括：介绍核查的目的、准则、范围、保证等级以及实质性偏差；介绍核查的程序和方法，以及核查组成员；确认核查计划和流程；确认核查所需的资源和设施；确认有关保密事宜和需要澄清的问题等；第二阶段还应对第一阶段的核查发现进行跟踪和总结。

- **收集和验证信息**

核查组成员按照核查计划和安排，通过面谈、观察、查阅文件和记录等方式，抽样收集并验证与核查目的、范围、准则有关的信息，从而形成核查证据。在核查过程中，核查组应做好重要的核查过程记录，以备后续查验。所采取的核查方法应当包括但不限于下述内容。

（1）现场确认组织边界和运行边界是否准确。

关于组织边界：确认组织的地理边界是否完整，是否存在分场所；当组织边界发生变更且引起实质性变化时，是否需要重新计算排放量，是否需要在报告中予以说明；对组织边界的核查可以通过检查营业执照 、组织机构代码证、房屋产权证明、租赁合同、工商登记记录以及与组织相关负责人进行访谈等方式予以核实。

关于运行边界：确认排放源是否按照准则要求进行识别，是否完整；运行边界的确定是否符合核查准则的要求；现场设施是否与报告中一致；当运行边界发生变化（如增、减设施或排放源）时，是否在报告中予以说明。对运行边界的核查可以通过现场查看设施（包括车间、宿舍、食堂、锅炉房、配电房、车队、油库、消防、污水处理站等），查阅厂区平面图、工艺流程图、主要用能设备清单、电力计量网络图、能源审计报告等资料，以及与相关部门负责人访谈等方式予以核实。

（2）现场走访。如了解工艺流程和主要耗能设施设备，确定是否存在工艺过程排放。

（3）现场检查计量器具。如计量电表、气表的配备情况、校准情况等。

（4）检查相关文件、记录和凭证，抽样原始数据和信息以检查数据的追溯性，如检查电费缴费发票、抄表记录等。

（5）与涉及的系统、程序、运行控制的相关人员进行面谈和沟通。

（6）确认报告的温室气体计算过程和结果是正确的。

- **召开末次会议**

现场核查结束前，由核查组长组织召开末次会议。在末次会议上，核查组应重点就核查发现与受核查方进行详细沟通，包括沟通整改方案以及整改期限等。如果是第一阶段现场核查，末次会议双方还应确定第二阶段的现场核查时间。

五　温室气体量化过程与量化结果评价

在组织温室气体核查中，应评价组织的温室气体信息管理体系是否满足温室气体量化的要求；评价温室气体数据和信息是否完整、准确、有据可查；评价组织声明的温室气体排放是否符合核查准则的要求；评价温室气体声明是否满足实质性和保证等级的要求等。

（一）温室气体信息管理体系评价

温室气体信息管理体系评价主要是对组织已建立的温室气体管理体系进行评价，确保组织的管理体系有效运行，以满足组织温室气体量化和报告的要求。核查组宜对组织的温室气体资源、温室气体管理程序进行评价。温室气体信息管理体系评价见表4－2。

表4－2　温室气体信息管理体系评价

评价内容	具体评价要求	评价方法/证据
温室气体资源	温室气体管理人员职责分配	组织架构，温室气体管理小组成员构成等
	人员培训	相关人员参加有关温室气体量化和报告、温室气体排放监测等培训记录
	人员资质	温室气体管理人员（如内部审核员）资质、温室气体排放监测人员资质等
温室气体管理程序和管理体系	温室气体量化和报告管理程序	温室气体排放、数据收集、计算、报告编制及内部核查等
	文件和记录控制程序	1. 对温室气体有关文件和记录的制定、改版、作废、保存年限等的管理规定 2. 文件管理流程和职责 3. 有关温室气体数据的纸质、电子数据库 4. 数据记录方式包括数据记录的人员、记录的载体、记录频次和时间，数据所对应的计量设备或来源，数据记录的内容要求等

续表

评价内容	具体评价要求	评价方法/证据
温室气体管理程序和管理体系	温室气体质量管理程序	1. 建立温室气体质量控制监测计划，实际执行情况 2. 例行错误检查中的输入、转换和输出 3. 对不同系统间信息传输的检查 4. 评估数据质量控制系统的有效性 5. 数据周期性比较 6. 数据监测方式，准确性核查 7. 数据不确定性分析方法 8. 缺失数据处理 9. 计量设备维护和校准 10. 内部审核计划和执行（适用时） 11. 管理评审计划和执行（适用时）

检查温室气体信息的方法有很多种，一般可归纳为输入控制、转换控制和输出控制三种类型。输入控制：对数据从测量或量化值转化为有形记录时所发生错误的检查；转换控制：对输入数据进行汇编、转换、处理、计算、估算、合并、分解或修改时所发生错误的检查；输出控制：围绕温室气体信息的配送和在输入、输出信息间进行比较时所发生错误的检查。

（二）温室气体数据和信息评价

核查组应对组织温室气体数据和信息进行评价，如评价温室气体数据和信息的完整性、一致性、准确性、透明性、相关性以及原始数据的来源；评价量化方法学的适用性及可能导致的量化结果的不确定性；评价对用来监测和测量温室气体排放的设备进行维护和校准的制度，包括确定设备（如计量电表、气表等）是否达到了报告所要求的精度等。

（三）量化方法

核查组应对受核查组织温室气体量化方法和过程进行核查，以确定：量化方法是否符合准则的要求；各排放源排放量计算过程和结果是否正确；排放量汇总是否正确；量化方法和计算过程的核查可通过重新验算、检查组织量化工具表和报告中的量化公式，对比能源审计报告数据等方式予以核实。

（四）证据收集与检查

验证数据时，采用的证据通常包含以下三种类型①。

① 《组织的温室气体排放核查规范及指南》（SZDB/Z 70—2012）。

（1）物理证据，是指通过对设备或过程的直接观察取得的、可见的或可触及的信息，如计量燃料或其他公用资源耗用的仪表、排放监测设备、校准设备。物理证据有说服力，因为它能够证实被核查的组织确实在收集相关的数据。

（2）文件证据，是指以纸质或电子媒介记载的信息，包括运行和控制程序、工作日志、检查单、票据和分析结果等。

（3）证人证据，是指通过与从事技术、操作、行政或管理等方面的人员面谈收集的信息。证人证据为理解物理证据和文件证据提供了背景信息，但其可靠性取决于面谈对象的知识水平和客观性。

核查组应核查各排放源的活动数据是否真实准确，应对每一个活动数据进行核查，核查的内容包括：数据单位、数据来源、监测方法、监测频次、记录频次、数据缺失处理、交叉检查方法等，最后对每一个活动数据的符合性得出核查结论。核查组应重点关注以下方面。

（1）排放因子、热值、单位热值含碳量、含碳量、氧化率和转换系数选用的正确性、时效性。

（2）排放因子等相关参数为缺省值或实测值时，应有公认的可靠来源。

（3）排放因子计算过程中的单位及转换。

（4）涉及工艺过程排放的组织，应特别关注量化方法学的合理性；使用行业经验系数的，要查询行业文献，并得到目标用户的认可等。

核查可采用多种检验方法，如对数据进行交叉检查，以检查是否有遗漏或抄写错误；对历史数据进行验算；或对证明某项活动的文件进行交叉检查，以确保数据准确可靠。检验的类型一般包括以下几种[①]。

（1）寻求根据：通过核实原始数据的书面材料来发现所报告温室气体信息中的错误。例如，对于用来计算报告中二氧化碳排放的外购燃油数量，通过付款部门保存的供方发票进行核实。由此断定所报告的温室气体信息都是有依据的。

（2）验算：检查计算是否正确。

（3）数据追溯：通过交叉检查原始数据记录检验所报告的温室气体信

① 《组织的温室气体排放核查规范及指南》（SZDB/Z 70—2012）。

息有无遗漏。

（4）确认：寻求独立第三方的书面确认。这可以用于核查组无法进行实际观测的情况，例如，对流量计的校准。

在许多情况下，有不止一种对温室气体信息进行量化的方法，也可以通过其他渠道获得原始数据。这样可以对温室气体信息的量化进行交叉检查，以提高数据信息质量，使报告的信息达到期望的保证等级。交叉检查不能代替原核查数据，但交叉检查的灵活运用有助于发现错误和量化过程中的异常或具有较高风险的环节，并能提高保证等级。

参考资料　部分常见活动数据的证据来源及核查重点

排放源	活动数据证据来源	核查重点
外购电、热、燃气	1. 电力供应商处的采购凭证（如电费发票、缴费通知单等）、抄表记录 2. 有租赁关系的结算凭证（如物业管理结算发票，开具给外租方的结算发票等） 以上同样适用于外购热、燃气	1. 现场查看能源消耗设施和部门 2. 与能源管理人员访谈，了解能源消耗情况，查看组织内部抄表记录 3. 核实组织计量表信息（如电表编号、用电区域等） 4. 查阅当年月度能源消耗台账 5. 查阅能源结算凭证，包括与供应商及外租方的结算证据 6. 检查计量器具的运行情况 7. 查阅与供应商协议、租赁合同 8. 重点用能设备清单 9. 工业企业能源购进、消费与库存统计表
固定排放源	1. 与供应商结算凭证 2. 采购记录 3. 购进、消费和库存记录	1. 与管理人员访谈，了解能源消耗情况 2. 现场查看燃料消耗设施或使用部门 3. 查阅当年月度燃料台账、结算凭证 4. 检查工业企业能源购进、消费与库存统计表 5. 燃料化学检测报告，确认燃料种类、成分、氧化率、热值等信息
移动排放源	1. 与供应商结算凭证，如加油卡充值发票、加油发票 2. 里程记录	1. 与相关负责人访谈，如行政后勤、车队负责人、采购人员等，了解移动设施数量、使用情况等 2. 查阅当年月度油品消耗台账 3. 查阅当年月度油品结算凭证 4. 交叉检查移动源行驶里程 5. 查阅供应商油品检测报告，确认油品种类、氧化率、热值等信息

续表

排放源	活动数据证据来源	核查重点
废弃物处理	废弃物处理、回收的监测记录	1. 废弃物处理、回收质量或体积数 2. 废弃物处理设施运行记录表 3. 监测设施运行状况 4. 废弃物检测报告
逸散排放	逸散排放源使用记录	1. 现场查看设施安装位置和使用情况 2. 逸散源如制冷设备清单、型号、设备铭牌、制冷剂种类、充装质量 3. 灭火器种类，年度购买、报废、使用及库存记录，供应商证明
工艺过程排放	原辅材料投入量，产品、半成品产出量	1. 现场观察工艺设备，与生产人、采购人员访谈，了解生产工艺和原辅材料使用情况 2. 查阅年度和月度生产计划、生产报表、生产记录 3. 核实月度原辅材料投入量，产品、半成品产出量等 4. 查看原辅料、产品检测报告

（五）核查准则符合性评价

核查组应确认组织是否遵守核查准则，组织声明的温室气体排放是否满足实质性要求和保证等级。核查组可根据核查准则，从以下方面对组织的温室气体声明开展评价：是否采用了准则要求的温室气体量化、监测和报告的方法或方法学；所提交报告的内容是否满足完整性、一致性、准确性和透明性原则；是否满足了核查准则规定的量化技术原则和要求；是否达到了商定的保证等级；是否已对组织边界的显著变更做出论证并形成文件。这些变更是在上次核查期以后发生的，可能引起组织排放的实质性改变。

（六）温室气体声明评价

核查组应寻找充分的证明，对组织的温室气体声明进行评价，以确保组织的温室气体声明达到了规定的保证等级和实质性要求，符合了目标用户的要求。核查组可通过查阅温室气体声明文件对组织温室气体声明进行核查和评价，重点评估以下方面：在温室气体信息管理体系、温室气体数据和信息的评价过程中收集的证据是否充分；所有证据是否能够支持温室气体声明；是否存在实质性偏差；是否能达到商定的保证等级；声明是否完整，包括覆盖的时间段、组织边界和运行边界的描述、排放源、量化清单、基准年及数据和相关证据材料等。

如果责任方对温室气体声明做出修改，核查组应对修改后的温室气体声明进行评价，以确定所提供的证据能够支持这些修改。此外，温室气体声明可以包含在温室气体报告中。

六 核查结果

核查完成后，第三方核查机构应向委托方提交核查报告和/或核查陈述。核查报告和（或）核查陈述是整个核查过程的归纳总结，以及核查结论的展现。

核查报告比核查陈述更为详细地描述了核查的整个过程和结果，一般包括以下内容：核查组织名称、核查目的、核查范围、保证等级、实质性偏差、组织温室气体报告覆盖时间段、核查准则、核查小组成员、组织温室气体排放信息和汇总、核查方法与程序、核查发现是否全部纠正和澄清、核查结论、核查报告撰写人和核查报告的日期等。

核查组只对抽取的证据样本提供质量保证，即在核查报告的结论中，核查组提供的是一个合理但不绝对的保证等级。通常情况下，当组织在量化过程中存在不适当的处理（如使用了不适当的全球增温潜势）、量化方法学不正确、关键信息（如采用的相关经验系数）未予以公开、数据缺失、数据和证据不完整或不够充分客观等情况时，检查结论可包含相应的限定条件描述，以便目标用户正确使用温室气体排放数据。

如果核查组认为即便在核查结论中包含限定条件，也会让目标用户对组织的温室气体声明产生误解，则可做出否定的核查报告和/或陈述。核查组也可以说明无法获取充分、适宜的证据来证明温室气体声明已按照核查准则的要求进行了公平表达。核查报告一般需经核查组长、技术评审人员和机构批准人审查并签名后，才能提交给委托方。

七 技术评审

核查机构应设置技术评审环节，委任核查组以外的有能力的技术评审人员对整个核查过程进行技术评审，做好质量把关。技术评审人员的资格一般由核查机构自行认定，原则上应至少是经过备案的核查员，并具有丰富的碳核查相关经验。

技术评审过程应形成记录，评审内容主要关注以下方面：是否满足法律法规、标准、相关政府部门的规定；合同评审过程是否恰当，评审结果是否正确；核查组的能力是否满足本次核查的需求；利益冲突分析是否正确；组织边界与运行边界是否界定正确；温室气体排放源是否识别完整；是否存在需排除的排放源，并有合理解释（适用时）；量化方法学是否正确；当出现数据缺失时，估算的运用是否合理；活动数据报告覆盖的时间段是否与本次核查要求的报告期一致；选择的活动数据是否具有完整性、准确性和一致性，是否能真实地反映组织的生产经营活动；排放因子选择是否正确，当选择默认的排放因子时，应注意排放因子的来源和时效性；计算的排放因子是否正确，包括使用到的相关系数选用是否正确；量化过程是否正确，包括各排放源排放量的计算、排放量的汇总、活动数据和排放因子的单位转换是否正确，排放量是否以二氧化碳当量为单位进行报告等；数据的不确定分析是否正确；抽样方法是否正确，是否覆盖所有高、中风险因素；所有高、中风险因素是否都有相应的解决方案（如现场抽样核查），并降到低风险；是否所有核查发现均得到纠正和/或澄清；组织提交的项目文件是否按照政府规定的格式和方法提交；核查报告是否真实展现了整个核查过程；核查是否按照政府规定的要求完成；核查报告的结论部分是否公正、公平，是否应包含适宜的限定条件；核查项目档案是否按照政府规定的要求以及机构内部管控措施进行整理（通常情况下，项目档案由核查组长负责整理）。

技术评审人员应公正、客观地完成《技术评审表》。《技术评审表》的格式和内容由核查机构自行确定。对于技术评审中发现的问题，技术评审人员应及时反馈给核查组长，核查组长负责解释及纠正。

八　核查记录与保存

核查机构应做好对记录和文件的安全保护工作。记录和文件可以是电子的或纸质的，应按规定保存年限予以保存。核查机构应至少保存下列记录和文件：核查活动的相关记录表单，如组织边界描述表、文件审核表、抽样计划表、核查计划表、核查发现表等；组织温室气体声明；组织温室气体报告；核查报告；核查陈述（适用时）；现场核查记录；对核查的后续跟踪（适用时）；信息交流记录，如与委托方、专家及其他利益相关方的书面沟通副本及重要口头沟通记录，核查的约定条件和内部控制的实质性弱点；技术评审记录表；其他为满足核查需要，组织提交给核查机构的文件、记录等材料①。

核查机构应对所有与组织利益相关的记录和文件进行保密。经得委托方和/或责任方的书面同意后方能披露相关信息。

第六节　核查数据管理

一　数据质量管理

组织对其报告的温室气体信息和数据的质量控制方案在量化过程中的作用举足轻重。该方案的确定应当满足企业逐年数据的横向对比和不同企业数据的纵向对比要求。选择和执行数据质量和不确定性控制措施时，要考虑实际操作过程中由人力、财力和物力等可支配资源产生的限制，考虑可行性的具体因素，要与目标用户对排放量计算与质量控制的要求保持一致，并定期通过内审确认排放量的数据，采取改进措施。

企业是中国温室气体排放的主要源头，因此，高质量的企业级数据管理是 MRV 体系的根基，是引导国家政策制定的风向标，同时也是正确评估节能减排工作成效的必要前提。数据质量管理是一套贯穿温室气体数据收集和上报流程始终的标准化系统，对控制和保证数据质量起到了至关重要的作用。数据质量管理包括了组织数据管理人员在数据产生、记录、传递、汇总和报告过程中执行的一系列数据质量控制的措施和活动。

质量控制活动（QC）和质量保证活动（QA）是温室气体排放数据管理最重要的两个活动环节。质量控制是常规执行性数据质量管理活动，是由数据管理者在数据产生、记录、传递、汇总和报告过程中执行的控制数

① 《组织的温室气体排放核查规范及指南》（SZDB/Z 70—2012）。

据质量的一系列活动。数据质量保证是周期性质量管理活动，指由非参与数据产生、记录、传递、汇总和报告的人员对数据和工作流程进行核查，确保数据的质量和质量控制活动的有效性。

二　数据质量管理体系

工业企业内部应该建立温室气体数据质量管理体系，并形成文件。数据质量管理体系是指为了规范数据质量管理工作并有效提高数据质量，工业企业进行的排放源等级划分、数据质量管理方案制订和数据质量管理方案改进等一系列相互关联的活动的总称。

温室气体排放数据质量管理体系的建立应包括排放源等级划分、数据质量管理方案制订和数据质量管理方案改进三个阶段，如图 4－3 所示。

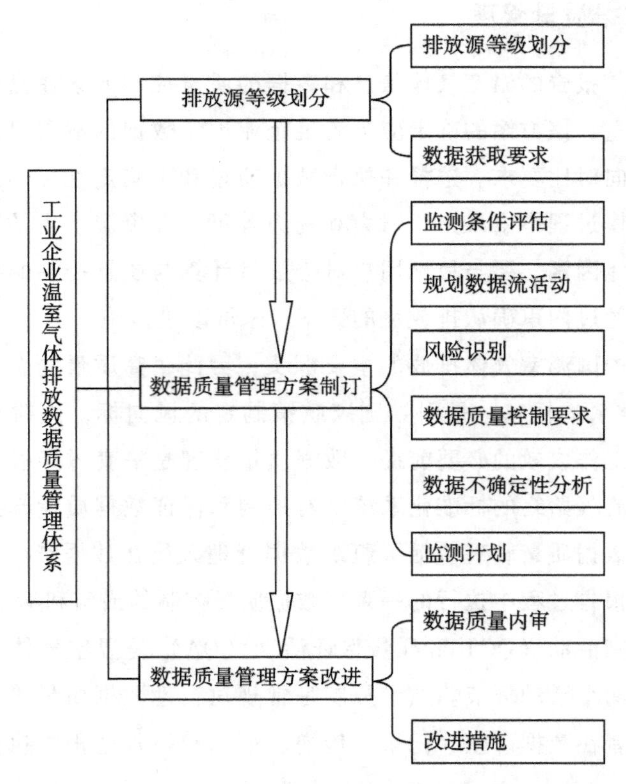

图 4－3　工业企业温室气体排放数据质量管理体系

排放源等级划分及数据获取要求。工业企业应对温室气体排放源进行等级划分，根据设施的重要程度及排放量占企业年度排放总量的比例可将其划分为3个等级（见表4－3）。

表4－3　工业企业应对温室气体排放源等级划分

等级1	等级2	等级3
在企业重点排放设施之外的排放源，且其年平均排放量占企业总排放量的30%以下	在企业重点排放设施之外的排放源，且其年平均排放量占企业总排放量的30%～59%	排放源位于企业内部的重点排放设施内或年平均排放量占企业总排放量的60%及以上

对于不同等级排放源的数据获取要求如下[①]。

等级1，活动水平数据：宜采用独立的计量器具监测，也可根据燃料或工业生产原料的购买、销售凭证、其他由外部第三方提供的数据或由专业便携计量设备现场监测的数据统计核算。排放因子及计算参数：数据可来源于国家公布的默认值，也可对排放因子中涉及的相关参数进行实测分析。

等级2，活动水平数据：应采用独立的计量器具监测，宜月度统计汇总。排放因子及计算参数：数据应来源于工业企业内部的实测数据，测量分析频率应符合国家或地区颁布的相关核算方法的要求，应根据报告期内监测结果计算加权平均值。

等级3，活动水平数据：应采用独立的计量器具监测，月度统计汇总。也可安装温室气体在线监测系统进行监测，并将在线监测结果和计算结果交叉验证。排放因子及计算参数：应来源于工业企业内部直接监测的数据，测量分析频率应符合国家或地区颁布的相关核算方法的要求，应根据月度统计结果计算加权平均值。

三　数据质量管理方案的制订

（一）监测条件评估

工业企业宜评估现有的监测条件和能力能否满足相应的数据质量管理

① 陈亮：《工业企业温室气体数据质量管理体系研究》，《中国人口·资源与环境》2014年第11期，增刊。

要求：①确定排放源的量化方法及核算要求，包括但不限于排放源量化方法、监测参数的定义、核算单位和具体数据获取要求以及数据收集频率等内容；②评估监测条件，包括但不限于计量器具配备情况、人员资质与能力、现有数据收集或台账管理方式、排放因子和相关计算参数的检测实验室资质及设备仪器配备情况等内容；③选定监测数据源，工业企业应结合收集的信息，判断数据获取要求的可行性并选出符合要求的数据源。评估结果若呈现目前的监测条件不能达到本标准的数据获取要求时，工业企业可暂时降低要求并提出可行替代方案。

（二）规划数据流活动

规划数据流活动是将数据收集过程中的一系列工作任务联系在一起，形成一条工作主线，使整个核算过程有据可依。规划数据流活动应包含但不限于以下内容：各数据流活动中数据的具体来源；整个流程应包含参数监测活动、收集活动、统计活动、核算活动及上报活动5部分内容；数据流活动应注明工作负责人、工作地点和内容、记录时间、相关负责部门等信息；注明数据记录的方式（人为收集或电脑自动采集）、频率和数据存档方式（纸质或电子）。

（三）风险识别

工业企业相关技术人员应根据经验对各数据流活动进行风险评估，以确定潜在的数据信息遗漏或失误的环节，并合理划分风险级别。风险评估的过程宜包含以下4步：从所有数据流活动中识别出易出错的环节；评估风险发生的概率，并分出高、中、低三个级别；评估风险影响程度，应考虑受影响的核算数据所属的排放源等级，将其分为高、中、低三个级别；风险评级，根据风险发生的概率以及影响程度，按照风险矩阵对识别的风险进行分级。风险等级的划分包括严重、中等、微小三个级别[①]。

（1）严重风险：

- 风险发生概率为高，风险影响程度为高；
- 风险发生概率为高，风险影响程度为中；

① 陈亮：《工业企业温室气体数据质量管理体系研究》，《中国人口·资源与环境》2014年第1期，增刊。

- 风险发生概率为中，风险影响程度为高。

（2）中等风险：

- 风险发生概率为高，风险影响程度为低；
- 风险发生概率为中，风险影响程度为中；
- 风险发生概率为低，风险影响程度为高。

（3）微小风险：

- 风险发生概率为中，风险影响程度为低；
- 风险发生概率为低，风险影响程度为中；
- 风险发生概率为低，风险影响程度为低。

对于中等风险和严重风险环节，应充分考虑风险对数据质量可能造成的影响并在数据质量管理方案中提出具体的解决方案。

（四）数据质量管理要求

数据质量管理主要包括人员管理，数据记录管理，计量器具、检测设备和在线监测仪表的管理以及数据的质量检验四个方面。

对工业企业温室气体数据管理相关人员的要求应包括但不限于以下内容：指定专人负责工业企业温室气体数据管理的一切相关工作；指定专人对工业企业温室气体数据管理相关工作进行检查；所有涉及温室气体排放核算的工作人员，应经过专门的培训且经考核合格后方可执行工作；应对数据管理相关人员的工作执行情况进行定期考核；对于等级 3 排放源或存在严重风险的数据流成立数据收集小组，并指定小组负责人，全权管理数据质量。

在数据记录管理方面，工业企业应建立内部温室气体排放数据库。其中，每个数据或文件应标注来源、收集时间和负责人。数据库一般应符合如下要求：所有记录都应依据核算年份进行分类编号；数据原始记录应填写准确、清晰，不得随意涂改；对于等级 2 和等级 3 的排放源活动水平数据，应保存数据原始记录、月度总结记录等文件，以及第三方提供的销售或购买凭证作为数据质量检验依据；对于等级 2 和等级 3 以上的排放因子数据及计算参数，应保存原始分析报告及相关数据分析结果、原始数据记录、统计报表等，还应注明排放因子数据的来源、适用性和时效性。若引用国家、地区或行业默认值，应及时替换并更新排放因子数据；对于存在严重风险的排放源，其工作文件和相关数据信息归档文件应自统计核算期结束之日起保存至少5年以上，存档的形式应同时具备书面与电子两种形式。

需存档的文件宜包括但不限于以下：监测计划；温室气体排放报告；所有用于排放量计算的监测数据（原始数据记录，月度、年度统计报表等），排放因子及来源，温室气体排放在线监测记录（如果有）；工业企业内部的温室气体排放和能源消耗台账记录；统计核算期内计量仪表的校验和检定报告及校验方的资质证明；统计核算期内员工的培训记录；缺失数据的处理记录，如计量器具故障造成数据缺失。

计量器具、检测设备和在线监测仪表的管理应包括但不限于以下工作：工业企业应对所有相关计量设备进行定期的校验和运行维护；新安装或发生故障大修后的计量设备都应经检验合格后才可以正式投入使用；燃料消耗量计量设备的标准应符合GB17167的相关规定；工业企业可根据实际核算和运营的需要，在每个统计核算期末编制下一统计核算期的设备添置或更换计划；未经过检定或超过检定周期的设备，不应用于温室气体排放数据监测；工业企业自己如果没有能力维护自己的器具、设备、仪表，应委托相关机构，并提供相关证明；对于所有存在“严重风险”的数据流，应设置备用计量系统保证监测的连续进行。

工业企业可采用但不限于以下几种核对方法对数据进行验证。①交叉验证。将核算数据和可得的内部数据源比对，如燃料到场量和炉前量交叉验证、能源购买发票与抄表数据交叉验证。②数据波动。通过观察统计核算期内数据波动情况识别不正常数据，如历史运行数据比对，核算期的燃料消耗率应在工业企业多年历史运行数据的波动区间内。若不在区间之内，应做必要的澄清解释。

（五）数据不确定性分析

工业企业应对其温室气体排放数据的不确定性进行分析，数据的不确定性因素包括但不限于以下：计量器具固有的不确定性；计量器具校验的不确定性；计量器具使用过程中产生的额外不确定性，如维修；人为失误的数据不确定性；管理缺失造成的数据不确定性。

（六）监测计划

监测计划主要是记录温室气体排放数据的监测方法和要求。它是温室气体排放数据质量管理活动的实施手册，是贯穿整个数据质量管理工作的核心文件。工业企业监测计划编制要求包括：内容应与国家和地区颁布的温室气体排放核算与报告文件的要求相符；内容应与工业企业的实际运行和监测条件保持一致；监测计划的内容宜完整而且逻辑清晰；在同一监测期内原则上监测计划不应更改。

监测计划的编制内容宜包括但不限于：工业企业的基本信息介绍，其中基本运营信息包括企业名称、行业代码、组织机构代码、法定代表人、通讯地址和联系人等；基本运行情况介绍包括与温室气体排放核算相关的设施、主要技术组件和工艺流程等；温室气体数据管理部门，包括相关工作责任人和负责人的权责范围；排放源等级的划分情况应体现在监测计划中，注明排放源的名称及等级；监测计划应详细描述各排放源监测参数采用的数据源及数据收集的流程和方法；数据质量管理方案；数据不确定性分析，宜对核算中使用的核算参数的不确定性进行识别和说明，同时记录降低数据不确定性的措施；监测计划内应提供修改历史记录，注明原始版本号、修改原因并提供修改内容概述、修改后版本号等内容。

四 数据质量管理方案的改进

工业企业应通过周期性的内审对温室气体排放数据质量管理方案运行及实施过程中存在的问题进行识别。主要工作内容包括编制内审计划、实施内审、内审结果分析，并针对内审环节中发现的问题进行及时的纠正，同时应采取相应的措施避免错误的再次发生，纠正环节应包括以下 4 个步骤①。

（1）根源分析。应根据工业企业的实际数据收集及报告情况识别出产生错误的根本原因，以避免问题的重复发生。

（2）改进计划。应根据识别的根源问题制定相应的改进措施及预期改进时间，相关内容应交由审核人员进一步审核并提交工业企业负责人批准。

（3）实施改进。应根据内审结果制订相应的错误纠正措施及计划，并明确完成日期，指定专人实施。

---

① 陈亮：《工业企业温室气体数据质量管理体系研究》，《中国人口·资源与环境》2014 年第 11 期，增刊。

（4）跟踪验证。审核人员宜按照各部门的改进计划对实际改进措施的执行情况进行核查。

第七节　核查数据的验证与偏差

一　核查数据的验证

核查时，为保证核查数据的合理性、准确性和真实性，需要对核查数据进行验证。核查数据的验证工作可从以下几方面着手展开。

（一）排放源的确认

依据企业提供及现场核实的生产工艺过程，对申报企业组织边界内涉及碳排放的源流进行分析。排查企业容易遗漏的排放源、剔除不应计入的物质。

（二）企业活动水平数据的交叉检查

现场核查时，核查小组如果以企业生产记录（如生产日报、月报和年报等）、财务报表、统计年报等作为活动水平数据的来源依据，则可通过对燃料、原料及外购电等数据的财务采购发票、原料明细账、领料单、生产记录数据等凭证进行交叉验证，确保活动水平数据的一致性和完整性。

（三）合理使用其他温室气体信息对核查数据进行检查

在许多情况下，存在不止一种对温室气体信息进行量化的方法，也可以通过其他渠道获得原始数据。这样可以对温室气体信息的量化进行交叉检查，以提高信息质量，使报告的信息达到期望的保证等级。交叉检查的类型包括以下四类：过程范围内的内部交叉检查；组织范围内的内部交叉检查；行业范围内的交叉检查；比对国际信息进行交叉检查。

以下举个简单的例子来说明怎样通过以上四种方法进行交叉检查[①]。

[**示例**] 一家发电厂在 A、B、C 三处现场拥有发电设备。

现场 A 的运行控制中，包括对煤的输入量进行持续的统计；定期抽取样品，检测其中碳和能的含量；对烟尘和碳的沉积量进行定期测量。根据

① 《组织的温室气体排放核查规范及指南》（SZDB/Z 70—2012）。

这些信息和化学平衡方程，可以计算出二氧化碳的排放量。

交叉检查1：作为运行控制的一部分，该公司要统计其生产的发电量（兆瓦时）。再根据过去取得的数据（如上年的统计），估算出每兆瓦时所产生二氧化碳的吨数。将这些数据和当前的排放强度进行对比，对其间的明显差距做进一步调查。此外，还可利用厂家提供的设备规格中规定的在已知维护条件下的额定输出值进行第二次内部交叉检查，并对所发现的明显差距进行调查。

交叉检查2：公司对现场B也收集类似信息，因此可以检查和比较现场A与现场B的排放。现场B的设备可以是不同的设计和投料。公司了解到在正常情况下现场B的排放强度比现场A高4%。如果实际计算结果与此有明显差距，可进一步进行调查。

交叉验证3：该公司是国家电网的一部分。有关主管部门每年要公布电网各区域的排放强度数据。公司可将三个现场的排放强度和本地区的平均值进行比较，并对其间的明显差距进行调查或做出解释。

交叉检查4：一些国际组织（如IPCC）针对一些已知的技术提供了排放强度的数值。这些数值可以用来检查三个现场经计算得出的排放量的数量级，对其间的明显差距进行调查或做出解释。

此处需要说明的是，交叉检查一般不能代替源数据，但有助于发现错误和量化过程中的异常或具有较高风险的环节。

二 实质性偏差

（一）保证等级①

保证等级即目标用户要求核查达到的保证程度。保证等级用于确定核查者设计核查计划和开展核查工作的深入程度，从而确定温室气体量化过程是否存在实质性偏差、遗漏或错误解释。核查机构应在核查开始之前与委托方共同商定核查的保证等级。

保证等级一般分为两级，即合理保证和有限保证。合理保证，即核查者提供一个合理但不是绝对的保证等级，它表示责任方的温室气体声明是

① 《组织的温室气体排放核查规范及指南》（SZDB/Z 70—2012）。

实质性的正确。

［**示例 1**］核查报告和/或陈述的结论中可对一个合理保证等级这样措辞：

根据所实施的过程和程序，认为

- 温室气体声明实质性的正确，并且公正地表达了温室气体数据和信息；
- 该声明系根据有关温室气体量化和报告的标准或通行做法编制的。

相对于合理保证等级，有限保证等级在核查工作的深入程度上要求较低。

［**示例 2**］核查报告和/或陈述中可对一个有限保证等级这样措辞：

根据所实施的过程和程序，无证据表明温室气体声明

- 不是实质性正确的，或未公正地表达温室气体数据和信息；
- 未根据有关温室气体量化和报告的标准或通行做法编制。

（二）实质性偏差

实质性偏差：温室气体声明中可能影响目标用户决策的一个或若干个累积的实际错误、遗漏或错误解释。核查机构应在考虑核查的目的、保证等级、准则和范围的基础上，根据目标用户的需求，规定允许的实质性偏差。通常商定的保证等级越高，实质性偏差越小。

（三）实质性

一个或若干个累积的错误、遗漏或错误解释，可能对温室气体声明或目标用户的决策造成影响的情况。在设计核查或抽样计划时，实质性的概念用于确定采用何种类型的过程，才能将核查者无法发现实质性偏差的风险（发现风险）降到最低。那些一时被遗漏或陈述不当就可能对温室气体声明做出错误解释，从而影响目标用户得出正确结论的信息被认为具有“实质性”。可接受的实质性是由核查组在约定的保证等级的基础上确定的。

在给定条件下，如果报告中的一个偏差或多个偏差的累积达到或超过了规定的实质性偏差，即被认为具有实质性，并视为不符合。

（四）事后发现实质性偏差的处理

核查者如果在发布核查报告和/或陈述后发现了一些错误或遗漏，有下列两种处理方式：若事后发现的错误或遗漏的累积偏差在实质性偏差范围内，则核查机构可与组织一起纠正发现的错误或遗漏；若事后发现的错误或遗漏的累积偏差达到了实质性偏差，则核查机构应重新核查组织的温

室气体排放数据、重新发布核查陈述。

第八节　中国数据质量管理经验

一　中国数据质量管理工作现状

目前，中国温室气体数据质量管理还处于起步阶段，虽然近年来国家和地区政府已经将数据质量管理正式纳入温室气体核算管理要求，但由于该方面的管理要求过于宽泛且缺乏具有操作性的指导意见，排放数据质量水平未得提升。同时，企业层面的数据质量管理经验并不丰富，且资金和技术的局限性导致其无法独立开展数据质量管理工作。

目前，中国企业开展数据质量管理工作所面临的问题主要表现在以下两个方面。

问题一：温室气体排放数据质量监管制度的缺失

经过多年探索与努力，欧美等发达国家已建立了扎实的数据统计及管理系统，企业在温室气体排放数据质量管理工作方面积累了丰富的经验。在此基础上建立的“MRV”特征管理体系为国家温室气体排放管理提供了可靠的支撑。而中国温室气体排放数据统计和管理现状却与发达国家有一定差距。

虽然中国政府制定了碳强度降低目标、规划和管理方案，同时也发布了行业温室气体核算和报告方法指南，但在数据质量管理工作方面还缺少有效的抓手。目前，中国数据质量管理的制度问题主要表现在以下三个方面：监管机构对温室气体排放数据的质量没有提出统一明确和具有可操作性的执行规范要求；数据质量管理的研究基础薄弱，未出台具有可执行性的技术文件；目前的数据质量监管工作主要以外部第三方核查的方式提供质量保证，企业内部缺乏质量控制及监管体系。

问题二：企业层面的温室气体排放数据质量管理的经验不足

近年来，中国企业虽在能源统计和环境监测统计等领域积累了一些数据管理的经验，但并未制定基于温室气体排放的专项数据管理方法。温室气体排放数据质量管理应覆盖数据产生、记录、传递、汇总和报告等基本流程，且质量管理系统应包含两部分活动内容：数据质量控制（Quality Control）和数据质量保证（Quality Assurance）。两种数据质量管理活动的定义如下。

数据质量控制：属于常规执行性数据质量管理活动，是由数据管理者在数据产生、记录、传递、汇总和报告过程中执行的控制数据质量的一系列活动。

数据质量保证：属周期性质量管理活动，是指由非参与数据产生、记录、传递、汇总和报告的人员对数据和工作流程进行核查，确保数据的质量和质量控制活动的有效性。

企业目前对以上两种数据质量管理活动的基本概念及对应的工作内容的理解并不深入，且目前发布的报告及核算技术文件也仅将一些基本数据质量管理要求纳入其中（如仪表校验、人员培训等），并没有系统深入地介绍各项活动的执行程序和有效方法。

二　经验总结及建议

（一）设立高效温室气体排放数据质量监管制度

为了控制企业层面的温室气体排放数据的上报质量，监管部门需要逐步建立数据质量监管制度，对企业明确提出数据质量的管理要求，并定期对企业温室气体排放数据质量管理工作的执行情况进行监督和考核。

监管机构应负责监管数据收集、报告过程的合规性，数据质量管理系统的有效性，监测计划的可执行性和数据信息的完整性及准确性等。监管机构可采用对文件的审查、数据信息检查和抽查访问等方式执行监管。该监管职能可由监管机构自行履行，也可委托第三方代为履行。

在碳排放交易等对数据质量有严苛要求的管理机制下，应在保证企业有效开展温室气体排放数据质量控制的基础上，建立起一套完善的第三方核查制度，明确规定第三方核查机构和人员的资质要求并发布资质评估标准，并对机构和人员进行注册备案管理。监管机构应周期性地对第三方审核机构的工作执行监督检查，对不合要求的机构提出限期整改或撤销资质的处理方式。

为了提高数据质量监管的工作效率，监管机构应该开发、使用温室气体排放数据报告在线管理平台，将企业、第三方核查机构的报告和相关文件统一管理。

（二）制定数据质量控制与保证的技术文件

监管机构需要制订一套温室气体排放数据质量控制与保证的技术文件，在帮助企业正确理解数据收集和上报要求的同时，指导企业按照相关要求逐步规范性地建立起完善的温室气体排放数据质量管理系统。

在数据质量控制方面，应借鉴国内外执行经验，结合数据质量管理工作的难点和重点开发系列技术文件，内容应涉及应用数据收集及管理要求、监测条件评估、数据流活动规划、数据质量控制方案的制订、数据不确定性分析和监测计划撰写等方面。

在数据质量保证方面，监管机构需制订温室气体核查指南（包括外部核查和内部核查两部分工作内容），作为数据质量保证工作的指导性文件，其内容应涵盖核查工作开展的基本内容、核查团队的构建、独立性确认、风险分析、核查标准、核查方法等具体执行指南。

考虑到企业的学习和接受能力，应考虑辅以案例和图示将技术文件的重要信息更顺畅地传达到企业层级。同时，企业基层人员的技术能力建设也是一个不可忽略的问题，建议举办周期性的技术培训和经验交流会，加强企业对技术文件的理解和应用能力。

同时，作为技术指南的支持性应用工具，应统一设计并发布温室气体监测和上报模板供企业使用。对于数据质量控制部分，需要统一发布监测计划模板和报告模板，以规范数据收集管理流程的统一性。在质量保证方面，需要发布核查计划模板和报告模板，以保证核查信息的完整性和一致性。

（三）企业温室气体排放源数据的“分级化”管理

企业温室气体排放数据质量管理是一项长期复杂的工作，结合中国企业的发展现状和我国的管理经验，建议针对企业内部涵盖的温室气体排放源的数据收集和管理要求进行等级划分，即依据排放源年平均排放量占企业年平均总排放量的比例对数据收集和管理要求分级。对于主要排放源（生产工艺过程中直接排放出的二氧化碳以及非二氧化碳排放都被列入企业的主要排放源），则数据质量管理要求高；对于次要排放源，则数据质量管理要求相对较低。如此可最大限度地把控主要排放源的数据质量，同时缓解数据质量管理系统建设初期监管机构和报告企业的经济压力及数据管理工作的负担。

监管机构应对区域或行业整体的数据管理能力进行周期性评估，以便及时提升数据质量管理基准，不断提高整体数据质量。

（四）吸收能源统计体系的现有经验

结合能源数据管理工作与温室气体排放数据收集工作的契合点，将温室气体排放数据质量管理工作与现有资源经验整合利用。这样既可以吸取现有的工作经验，又可以避免多套数据管理系统的重复建设工作。可借鉴的经验主要包括以下几点。

（1）可参考能源信息的统计和上报流程及管理方式建立企业温室气体排放数据信息上报流程和管理方式。

（2）能源平衡表、能源利用状况分析以及能源统计等相关指标体系、标准和技术方法都可以为温室气体排放数据的产生、记录、传递、汇总与报告提供支撑。

（3）对于能源统计管理和温室气体统计管理归口同一个部门的情况，可以针对温室气体统计体系，在能源统计的基础上增加与温室气体相关的指标，便于统计和管理；对于能源统计管理和温室气体统计管理分属不同部门管理的情况，也可以独立设立温室气体统计管理系统，并建立温室气体统计管理的数据库及电子化报告平台，为数据统计、数据上报和数据质量保证提供技术保障。

（五）在企业内部建立数据质量管理系统

在温室气体排放数据质量管理国际经验分析的基础上，结合中国企业温室气体排放数据管理的能力和现状，建议中国企业开展温室气体排放数据质量管理工作可通过系统建设来实现，系统分为三个部分：质量控制活动的规划阶段、质量活动的执行阶段和内部质量保证核查阶段。

以企业为主体建立数据管理系统是我国实施并完善温室气体报告制度的关键环节，它贯穿整个数据收集和上报流程，可以帮助企业全面提升数据质量。同时也可与第三方外部核查工作一起形成对数据质量的管控壁垒。中国政府的相关监管部门已逐渐开始重视温室气体排放数据质量管理工作，但目前还尚未对企业层面提出明确的监管要求，缺少有效的监管抓手。为了全面提升我国政府对温室气体排放管理的能力和水平，特别是提高对工业企业温室气体排放的管理工作质量，各级政府监管部门亟须在吸收国外先进管理经验的基础上，结合国内数据管理的现实条件，建立起一套科学、可行的温室气体排放数据质量监管体系，为全面提升我国的温室气体排放报告数据的质量，实现“十三五”的节能减排目标奠定坚实的基础。

内容提要

（1）MRV 即可监测（Monitoring）、可报告（Reporting）、可核查（Verification）。MRV 是温室气体排放和减排量量化的基本要求，是碳交易体系实施的基础，也是《京都议定书》提出的应对气候变化国际合作机制之一。

（2）为保障碳排放权交易机制的有序运行，确保重点排放单位温室气体排放报告核查工作科学合理、高效公正，需对第三方核查机构进行规范化管理。第三方核查机构的认定和管理，一般包括核查机构的资质条件、核查机构的资质申请、核查机构行为规范、核查机构的监督与管理、法律责任等。

（3）通过建立 MRV 体系，能够提供碳排放数据审定、核查、认证等服务，从而保证碳交易及其他相关过程的公平和透明，保证结果的真实和可信，有助于实现减排义务和权益的对等。为了保证结果的公正性，国际上普遍采用第三方认证机构提供的认证服务构建 MRV 体系，并为应对气候变化的政策和行动提供技术支撑。

思考题

1. 简述 MRV 体系的主要内容。
2. 核查对象和范围如何确定？
3. 核查程序包括哪几部分？
4. 如何保证核查数据的质量？

参考文献

[1] 陈建鹏:《借鉴国际经验,建立中国碳排放第三方认证核查体系》,《发展研究》2012年第10期。

[2] 吴璇:《碳交易MRV体系构成要素分析及天津市建设应用研究》,《城市发展研究》2015年第11期。

[3] 姜克隽:《“可测量、可报告、可核实”方法的框架及在中国的适用性分析》,《气候变化研究进展》2010年第3期。

第五章
配额分配

配额分配是碳排放权交易体系中最核心也是最具争议的问题，因为它将决定企业获得配额的数量。配额分配的首要问题是配额是免费获得的还是拍卖获得的，抑或是两者的综合。如果配额是免费获得的，那么必须确定谁将获得配额，基于什么样的标准获得配额，是历史排放量、当前排放量或者是标杆排放量；如果配额是拍卖获得的，那么拍卖的形式如何确定、拍卖所得基金如何使用；如果配额是综合方法获得的，那么多少是免费、多少是拍卖，划分的标准是什么。本章将回答上述问题。

第一节　总量控制

一　配额总量的确定

（一）配额总量

总量是一国或者地区经济社会在固定时间内（通常为一年），各种排放源排放的二氧化碳配额总和，代表允许排放的最大额度。一单位配额代表组织或个人具有排放一吨二氧化碳的权利。

总量控制是指事先设定代表了一定时期内排放交易机制覆盖范围所能达到的特定环境目标，并通过配额价格信号传导激励覆盖产业完成低碳转型，降低温室气体排放量。因此，总量设定实施的优劣直接关系到碳市场的运行和排放交易机制减排激励作用的正常发挥①。

① 潘晓滨、史学瀛：《欧盟排放交易机制总量设置和调整及对中国的借鉴意义》，《理论与现代化》2015 年第 5 期。

（二）配额总量的确定

每个区域配额总量的确定，取决于其承担的国际法律义务或自主减排承诺，需综合考虑各地区温室气体排放、经济增长、产业结构、能源结构、控排企业纳入情况等因素。欧盟在确定配额总量的路径选择上，先后实践了自底向上和自顶向下两种层级模式，即先由成员国申报排放总量，再由欧盟委员会审查成员国的国家分配计划（National Allocation Plan, NAP）。但自第三交易期之后，总量设定过渡为集中决策模式，即由欧盟委员会根据基线年排放量和线性减排率，计算出欧盟排放交易体系（EU ETS）统一的排放总量，再根据具体原则分解至各成员国，并由成员国向欧盟委员会提交各自的实施措施（National Implementation Measurement, NIM）。与欧盟所处的后工业化发展阶段不同，我国正在经历工业化中期高速发展阶段，经济增长与温室气体排放尚未脱钩，但排放强度随着技术水平的提高而开始下降。我国也分别在 2009 年和 2014 年提出了国家温室气体排放强度下降 60% ~65% 以及 2030 年达到排放峰值具有法律约束力的减排目标，因此国家级排放交易机制的总量设置肯定需要围绕我国承诺的减排目标而进行路径设计。国家级排放交易机制在 2030 年排放峰值到来之前，其总量设置应当基于我国每年的温室气体排放强度下降目标进行转化，采用有限增长的“滚动”设定模式，即每年的配额总量的绝对值虽然有所增加，但是总量的增长率却是逐年递减的，并受到国家级排放强度下降目标的约束。

二 总量的结构

总量结构设计是总量设定的重要一环，其比例设定决定了总量中应当包括的既有分配配额部分和储备配额部分，储备配额机制是总量结构设计的必要组成部分，也是进行事后总量调整的主要手段。根据欧盟现有经验总结，配额总量设置中首先划分 5% 比例的新入者储备（NER），专门用于产能增加的排放配额需求部分，我国碳市场实质上形成了相对折中的分配体系，遵循“统一行业分配标准”“差异地区配额总量”“预留配额柔性调整”这三项主要原则。国家发改委根据各地区温室气体排放、经济增长、产业结构、能源结构、控排企业纳入情况等因素确定地区配额总量，并预留部分配额用于有偿分配、市场调节和重大项目建设①。

我国未来排放交易机制中的总量结构设计将面对比欧盟更加复杂的局面，这与我国排放峰值到来之前，经济增长所导致的排放需求不可预期性是分不开的。针对经济增量部分的新入者储备（NER），不仅将被用于新成立企业或设施的增量排放，而且既有排放企业或设施因产量扩大而带来的配额事后调整问题同样需要储备配额的补充。因此，新入者储备机制在我国总量设置中应当转换为配额分配储备机制，囊括新成立排放单位和既有排放单位事后配额分配调整两部分的配额供应需求。配额分配储备所占配额总量的比例设定则是一个棘手问题。比例设置过低可能会导致履约期内产能增加所需配额供不应求，造成经济增量部分排放成本的提高；如果比例设置过高，则会在履约期总量固定的前提下，挤压既有排放源能够获得的配额数量，不利于排放交易机制的减排成本控制。一个可行的解决方案是在设定适中比例配额分配储备的前提下，引入经济体系的配额预借机制，以此应对特定时期内经济快速增长所导致增量部分配额需求不足的问题。与欧盟 MSR 机制相类似，我国也应建立自己的市场调控储备机制，以应对市场配额流动性短缺或过剩的问题，尤其在配额分配过多时起到“蓄水池”的作用。考虑到在我国经济上行期很少出现经济衰退所带来的配额流动性过剩问题，市场调节储备也可以作为配额分配储备的备用机制，在后者配额供应不足且尚不需要启动经济体系配额预借的情况下发挥应有的补充性作用②。

第二节 覆盖范围

一 覆盖气体

地球大气中重要的温室气体包括下列几种：二氧化碳（CO_2）、臭氧

① 《中国碳交易配额与使用》，http://www.chinapower.com.cn/tjy/20160719/40530.html。

② 潘晓滨、史学瀛：《欧盟排放交易机制总量设置和调整及对中国的借鉴意义》，《理论与现代化》2015 年第 5 期。

(O_3)、氧化亚氮(N_2O)、甲烷(CH_4)、氢氟氯碳化物类(CFCs、HFCs、HCFCs)、全氟碳化物(PFCs)及六氟化硫(SF_6)等。其中，以后三类气体造成温室效应的能力最强，但从全球升温的贡献百分比来说，二氧化碳由于含量较多，所占的比例也最大，约为55%。因此，目前世界上大部分的碳市场仅仅涵盖了CO_2一种温室气体，但是欧盟碳市场进入第三阶段后，把氧化亚氮和全氟碳化物纳入了交易范畴。

二　覆盖行业

碳排放具有较大的行业差异性，因此在确定覆盖行业时需要考虑排放源的数量、数据可得性、分配方法可行性和区域经济发展的目标等多种因素。所以，无论是欧盟的碳市场还是中国的7个试点碳市场，它们的覆盖行业都有较大的差异。表5-1列出了2017年即将启动的全国统一碳市场覆盖的行业。

表5-1　中国碳市场覆盖行业分类

国民经济行业分类	子类
电力	发电
	电网
石油加工、炼焦和核燃料加工业	原油加工、乙烯生产
化学原料和化学制品制造业	合成氨、电石、甲醇生产
非金属矿物制品业	水泥熟料、平板玻璃生产
黑色金属冶炼和压延加工业	钢铁生产
有色金属冶炼和压延加工业	电解铝
	铜冶炼
造纸和纸制品业	造纸和纸制品
航空运输业	航空旅客运输、航空货物运输
	机场

三　覆盖企业

在确定覆盖行业后，还需进一步确定纳入的企业名单。企业名单的确定一般有两种方法。

（1）碳门槛：根据企业碳排放量的大小来确定纳入企业名单。例如，北京试点碳市场的纳入门槛为固定设施年二氧化碳直接排放与间接排放总量在1万吨以上。

（2）能耗门槛：根据企业能源使用量的大小来确定纳入企业名单。例如，湖北试点碳市场企业纳入门槛为工业企业综合能耗达到6万吨标准煤；全国统一碳市场的纳入门槛是1万吨标准煤。

碳门槛要求主管部门具有碳排放数据，因此要求相对较高。由于中国在碳市场建立之前，已经具备完善的能源统计体系，因此中国试点碳市场往往以能源使用量为企业纳入门槛。当然，纳入门槛并没有一个公认的绝对值，各国或各地区碳市场往往根据自身发展状况来确定纳入门槛，如表5－2所示。

表5－2 各国或各地区碳市场纳入门槛

地区	纳入门槛
欧盟	20兆瓦的燃烧设施； 产量2.5吨/小时的钢铁行业，产量500吨/天以熟料为原料或产量50吨/天以石灰石及其他为原料的水泥行业，产量20吨/天的玻璃行业，产量75吨/天、砖窑体积超过4m^3且砖窑密度超过300kg/m^3的陶瓷及制砖行业，产量20吨/天的造纸行业，产量20吨/天的石棉行业
美国加州	2.5万吨CO_2
澳大利亚	2.5万吨CO_2
新西兰	0.4万吨CO_2；0.2万吨标准煤
湖北	6万吨标准煤
广东	2万吨CO_2或1万吨标准煤
上海	2万吨CO_2的工业企业；1万吨CO_2的非工业企业
北京	1万吨CO_2
重庆	2万吨CO_2
天津	2万吨CO_2

第三节　配额确定方法

一　历史法[1]

（一）历史法

历史法以企业过去的碳排放数据为依据进行分配，一般选取过去3～5年的均值来减小产值波动带来的影响。历史法对数据要求较为简单，操作容易，但也带来了一些问题。它假设企业的碳排放会一直按照过去的轨迹进行，从而忽略了两个方面的因素：一是在碳交易体系开始之前企业已经采取的减排行动；二是在碳交易体系开始之后，企业还有可能在市场机制的影响下改变行为，进一步进行减排。因此，历史法可能会“鞭打快牛”，不利于激励企业对节能减排技术的研发和引进。大部分碳交易体系在初期采用历史法作为免费分配方法。在欧盟排放交易体系（EU ETS）第一、第二阶段中，绝大部分成员国采用历史法进行分配。东京都碳交易体系也以历史排放量为依据进行配额分配。

（二）历史法的优点

历史法的主要优点是：配额免费发放很大程度上削弱了排放企业抵制参与交易的意愿，同时也刺激了市场主体参与交易的积极性。此外，由于排放主体所获配额总量以其历史排放水平为基准，可以满足企业以往生产的需求，一般情况下不会给企业的经营带来过大的影响。而且由于排放权配额可作为有价值的可转让凭证，企业如果降低了排放量，还可以出售剩余的配额以获得利润，这使企业能够充分享受排放交易市场所赋予的减排灵活性。免费发放配额的“历史法”的上述优点，使其成为立法者和排放企业在市场设立初期接受程度最高的配额发放方式，可以有效避免在碳市场建立初期对经济发展产生过大的负面影响。

（三）历史法的缺点

历史法的分配方式也受到了公平和效率方面的质疑。第一，在历史

---

① 齐绍洲、王班班：《碳交易初始配额分配：模式与方法的比较分析》，《武汉大学学报》（哲学社会科学版）2013年第5期。

法框架下排放权配额的获得基于企业的历史排放水平，那么历史排放越多所获排放配额越高，如果企业之前开展了减排行动，反而会导致所获排放配额绝对数量减少，这被认为是鼓励高排放而打击企业先前的自主减排努力。第二，由于不同行业的排放在一国的排放总量中所占比重不同，其减排潜力存在明显的差异。历史法的分配方式无法体现行业排放和减排潜力的差异化特征，不能很好地调动不同行业减排的差异化努力，也难以充分带动市场更好地配置减排资源。第三，在对待市场新进主体的问题上，历史法也会导致竞争不公。与市场已有主体相比，市场新进主体往往倾向于使用最新的技术，也具有更高的能源效率。然而，在历史法的分配方式下，新进主体获取配额反而更难，从而打击了企业减排的主动性。第四，免费发放有悖于污染者付费的环境法基本原则，同时免费发放的配额包含一定的市场价值，不利于资源流向低碳产业，也不利于低排放技术的研发和推广。

二　标杆法

标杆法的分配思路则完全不同，减排绩效越好的企业通过配额分配获得的收益就越大。典型的标杆法基于“最佳实践”的原则，基本思路是将不同企业（设施）同种产品的单位产品碳排放由小到大进行排序，选择其中前10%作为标杆值（也可以选取前30%或行业平均值，这个比例并不是固定的）。每个企业（设施）获得的配额等于其产量乘以标杆值。因此，单位产品碳排放低于标杆值的企业（设施）将获得超额的配额，可以在市场上出售；而单位产品碳排放高于标杆值的企业（设施）获得的配额不足，将成为买家，从而形成对减排绩效好的企业的奖励。EU ETS 第三阶段开始就将对免费配额的部分推行基于“最佳实践”的标杆分配方法。加州碳交易市场的免费配额也是基于这种标杆法，标杆值等于不同企业单位产品碳排放平均值的90%。

（一）基于产品的标杆

这种方法需要遵循的基本原则是“一产品，一标杆”，而忽略了不同企业在生产相同产品时在技术、燃料、规模、年龄、气候环境和原材料质量等方面的差异。这样才能确保标杆的有效性。在技术可行的情况下，这种方法最受主管部门欢迎。因为这种方法的监管较为容易，监管成本低，对数据的要求也较低，只需设施或者企业的产量数据。但是，这种方法的可行性取决于产品或者工艺的相似性，只有相似性较高的产品才便于比较碳排放。例如，电力和水泥行业设施的工艺及产品相对简单和统一，就有很高的适用性；对于种类较为复杂、工序多样的产品，这种方法的适用性就受到了很大的挑战，如食品行业、医药行业等。

分配的公式如下：

$$A_t = \sum_{\alpha}^{n} 产量_{\alpha,t} \times B_{\alpha} \times AF_{I,t} \times C_t$$

其中：

A_t代表企业或者实施 t 期的配额；

B_{α}代表第 α 种产品的标杆值；

$AF_{I,t}$代表 I 行业 t 期的调整系数；

C_t代表配额下降系数。

这种方法必须考虑的核心问题如下。

第一，标杆值大小。标杆值要反映高效率、低排放的设施，但是样本取自所有纳入企业样本，还是取自全行业，是取最先进的值，还是前百分之多少的值，抑或是行业平均值，时间周期是一年，还是整个历史基期，都是非常关键的，因为标杆值的大小直接决定了企业配额的松紧，是非常核心的变量。

第二，数据来源。需考虑的问题是产量数据还是碳排放数据更优，哪些地理范围的样本需要考虑。数据来源于企业的报告数据、政府部门的检测数据、欧盟等其他碳市场的参考数据、学者研究数据、公司发布的数据。

第三，计量单位。需考虑的问题是应该采用什么样的计量单位来标准化所有产品。例如，对于水泥生产企业来说，是计量其熟料用量，还是水泥或者水泥材料产量；钢铁企业是计量粗钢，还是钢管、钢板等其他钢材制品；对于石油冶炼企业来说，由于在投入、产品、结构方面存在不小差异，是选择以桶计的产量，还是选择所罗门能源密集度指数（EII)，还是碳加权的桶数，都是需要仔细考虑的。分行业计量对象分类见表 5 -3。

表 5－3 分行业计量对象分类

行业	可选择的计量对象
水泥	熟料
	水泥（熟料＋矿物掺和物）
	黏合材料（熟料＋矿物掺和物＋追加的黏合材料）
石油冶炼	成品油桶数
	所罗门能源强度指数（EII）
	碳加权的桶数
平板玻璃	平板玻璃
	容器玻璃
	玻璃纤维
石灰	石灰石生产的石灰
	白云石生产的煅烧白云石
造纸	回收纸
	未涂布纸
	铜版纸
	棉纸
	硬纸板
	盒用纸板
钢铁	用电弧炉生产的钢
	热轧钢板
	镀锌钢板
石油、天然气开采	采用热力技术采的原油桶数
	采用非热力技术采的原油桶数
	天然气产量

第四，排放量。哪些排放源应该被计量，排放如何在企业内部不同的产品和工艺之间划分。

（二）基于能源使用的标杆

分配的公式如下：

$$A_t = (Steam \times B_{Steam} + TE \times B_{Fuel}) \times AF_{I,t} \times C_t$$

A_t代表企业或者实施 t 期的配额；

$Steam$ 代表热力用量；

TE 代表能源用量；

B_{Steam}代表热力消费的标杆值，在确定能源燃烧标杆值时必须选定某种能源类型作为基础标杆，例如，美国加州碳排放权交易体系就选定天然气热力作为基础标杆，取值为0.05307配额/MMBtu，只有使用了比天然气更为低碳的燃料才能获得配额奖励；

B_{Fuel} 代表能源燃烧的标杆值，在确定热力标杆值时必须选定某种能源类型作为基础标杆，假定锅炉效率为85%，例如，美国加州碳排放权交易体系就选定天然气热力作为基础标杆，只有使用了比天然气更为低碳的燃料，或者锅炉效率高于85%，才能获得配额奖励；

$AF_{I,t}$代表 I 行业 t 期的调整系数；

C_t代表配额下降系数。

基于能源消费的标杆对数据要求也比较高，主要包括：

（1）所有工业过程直接点火实施的能源消费；

（2）所有工业过程热力的生产、消费、调入和调出；

（3）所有工业过程用于热力生产、消费、调出而发生的能源消费；

（4）所有工业过程电力的生产、消费、调入和调出；

（5）所有工业过程用于电力的生产、消费、调出而发生的能源消费；

（6）设施的碳排放。

参考资料

广东省碳排放配额管理实施细则（试行）

——（节选）

第二章　配额发放

第八条　省发展改革委根据行业的生产流程、产品特点和数据基础，采用历史法、基准线法等方法核定控排企业和单位配额。控排企业和单位配额为各生产流程（或机组、产品）的配额之和，计算公式如下：

（一）历史法

配额 = 历史平均碳排放水平 × 年度下降系数 × 行业景气因子

（二）基准线法

配额 = 历史平均产量 × 基准值 × 年度下降系数 × 行业景气因子

生产计划和执行管理接受政府统一调节，影响企业竞争力的行业，也可采用以下计算公式：

配额 = 当年度实际产量 × 基准值 × 年度下降系数

第九条　省发展改革委按照省政府批准的配额分配总体方案，每季度组织 1 次有偿配额竞价发放，发放对象为控排企业和单位、新建项目企业。

控排企业和单位每年须按规定的有偿配额比例从省政府确定的竞价平台（以下简称竞价平台）购买足额有偿配额，累计购买的有偿配额量没有达到规定的，其免费配额不可流通且不可用于上缴。控排企业和单位清缴后节余的上年度配额量可抵减当年度该控排企业和单位有偿配额量。除电力行业外的工业行业控排企业有偿配额购买比例原则上不高于 3%；逐步提高电力行业控排企业有偿配额比例，2020 年达到 50% 以上。

第十条　控排企业和单位对配额分配结果有异议的，可向省发展改革委提请复核。省发展改革委委托相应行业配额技术评估小组评议审核后做出书面答复。

第四节　配额分配方法

一　免费分配[①]

免费分配，即政府将碳排放总量通过一定的计算方法免费分配给企业。直观地看，标价出售似乎比免费分配更能达到激励企业减排的目的，因为出售分配使得企业支付了成本，而免费分配的过程中企业没有成本支出，但这种观点忽略了企业的机会成本，如果企业的减排成本低于市场交易的配额价格，则企业可在通过减排达到配额约束后将免费的配额出售并获得收益，在有效交易市场的情况下，免费分配也可以达到减排的约束目

① 齐绍洲、王班班：《碳交易初始配额分配：模式与方法的比较分析》，《武汉大学学报》（哲学社会科学版）2013 年第 5 期。

的。然而，从国际经验来看，大部分碳交易体系都没有采取纯粹的拍卖或纯粹的免费分配。

在配额市场建立初期，免费分配较标价出售更容易推行。由于是无偿取得配额，且剩余的配额又可以到市场上进行交易获得额外收益，因此免费分配在推行过程中最易被现有的碳排放企业所接受。另外，各国温室气体排放约束制度和发展阶段不一致，对于处于国际竞争环境中的本国企业来说，如果竞争对手不需要支付排放成本，本国的企业将会在国际竞争环境中处于劣势地位，而免费配额的发放可以帮助本国企业解决这一问题。

（一）固定的分配模式

历史法可以被看作固定分配模式的一个特例。在历史法下，配额的数量是基于交易体系建立之前企业的排放量或者活动水平来确定的，因此被看作最有经济效率的免费分配方式。固定分配模式可以避免企业通过改变当前的行为，影响其配额分配结果，从而导致额外的运行成本。因为当前行为与配额没有直接联系。但是，这也面临着诸多批评，其中之一就是那些已经关停的企业仍将获得配额，这就引发了对这种模式公平性的批评，这种方法也会激励那些大排放者，因为这些企业的配额最多。此外，还会使一些企业获得意外的财富。历史法理论上易行，对数据的要求量相对于标杆法要小得多，计算方法也相对简单。但是该种方法也存在严重的弊端：第一，依据历史数据进行分配其实相当于是对过去高排放量企业的一种奖励，是对较早采取减排行动企业的不公平“待遇”；第二，长期来看，基准期的数据很可能没有考虑近期企业或经济的发展状况；第三，新进入的企业缺乏历史排放量数据作为配额分配参考。

（二）更新的分配模式

在变动分配模式下，政策制定者可以根据经济或者配额市场状况，更新配额分配，还包括企业进入和退出等方面的更新。这种模式对企业生产成本的影响最小，引发碳泄漏的风险最小。但是，这种模式也会引发新的争论，因为企业为了未来的配额分配，会改变自己的行为，偏离成本最小化的决策原则，引发无效率。

1. 基于产量的更新模式

这种模式往往是未来的配额大小取决于当前的产量水平，这种模式的最大弊端在于容易变成一种生产补贴，产量越大的企业获得的配额越多，因此相比于固定模式或者拍卖模式，企业会选择通过增加产量来增加配额，对碳密集型产品的减排努力影响较弱。

2. 基于标杆的更新模式

这种模式是基于某种特定的工程或者技术标准来设定配额。为了考虑不同行业、不同燃料类型、不同技术的差异，标杆模式也会基于产量来设定，对每一个产业（如水泥）或者工艺过程（如合成氨）或者设施（发电锅炉）设定一个标杆值。这种模式使碳泄漏风险的可能性更大。

标杆法进行免费分配的依据是一定的绩效标准，该标准可能是排放因子，或是每单位产出品、投入品的能源利用成分，或是生产采用的技术，与依据历史排放量分配相比，标杆法能够激励企业采取减排行动。明确绩效标准对于企业确立减排发展方向也有明示作用，采用统一的绩效标准进行核算可以将投资引导向低碳技术企业。该方法的弊端在于，确立绩效标准需要大量的数据作支撑，一方面很多数据难以准确获得，另一方面数据的收集及标准的确立和实施会增加行政成本。

（三）免费分配的优缺点

免费分配的优点。如果对企业实行完全免费分配，则企业只在排放超过配额量的时候才需要从市场购买，如果企业可以有效地实现减排，还可以通过出售配额获得额外的收益，这将在碳交易体系建设初期极大地增强对企业的吸引力。因此，国际上大多数碳交易体系在运行初期对大部分配额采取了免费分配①。对于存在碳泄漏风险的行业来说，免费分配也是一种较好的解决方式。碳泄漏是指碳交易体系导致企业成本增加，从而与来自碳交易体系之外的同行业企业相比竞争力削弱、消费和生产发生转移的情况。对于这些企业来说，免费分配可以有效降低企业的成本。因此，EU ETS第三阶段、澳大利亚碳价格机制都对具有碳泄漏风险的行业进行免费分配。

免费分配的缺点。免费分配也会使碳市场的设计和运行产生一些难

① 齐绍洲、王班班：《碳交易初始配额分配：模式与方法的比较分析》，《武汉大学学报》（哲学社会科学版）2013 年第 5 期。

题。一是政府必须事前制定一套免费分配的计算方法，这是一个艰难的过程。在制定的过程中，一方面需要进行大量的前期研究和数据收集，另一方面，由于不同的计算方法对不同类型的企业影响不同，还需要对不同企业的利益诉求进行协调。二是由于信息不对称，没有一套免费配额的计算方法是绝对完美的，尤其是在碳交易市场运行之后，企业可能会加大节能减排技术的研发力度，产生“引致的技术进步”，从而导致配额的相对超发，影响碳市场中配额的价格。三是企业也可以从出售配额中获得“意外之财”，这是欧盟排放交易体系初期免费分配配额产生的较有争议的后果。部分企业一方面将成本转嫁给消费者，另一方面又出售配额牟利。例如，欧盟最大的碳排放企业之一，德国的莱茵集团（RWE）仅在欧盟排放交易体系的头三年就赚取了高达 64 亿美元的“意外之财”。四是可能会鞭打快牛。

二　有偿分配

（一）标价出售

标价出售就是将每单位配额以固定价格出售给需求企业。理论上，如果政府可以掌握各个企业的减排成本，就可以根据明确的减排目标量确定配额价格，排放企业直接依据排放量支付费用。固定价格出售需要对配额价格进行初始评估，如果设定的价格过高，则会增大企业的生产成本，价格过低又会失去对企业的约束力。由于实践中存在信息不对称的问题，政府很难准确测算企业的减排成本，而且测算中企业存在对政府隐瞒实际减排成本的冲动，使得出售价格难以确定。例如，对于以固定价格出售，澳大利亚政府给出了明确的价格：2012 ~ 2013 年碳价为每吨 23 美元，2013 ~ 2014 年碳价为每吨 24.15 美元，2014 ~ 2015 年碳价为每吨 25.40 美元，只限于当年使用，政府不设定出售碳配额份额的上限[①]。

标价出售最明显的优势是可以增加政府的收入，但同时也增加了企业的成本，降低该企业在国内或者国际市场上的竞争力，因此在实际操作中相对于免费分配不易推行，会受到相关参与者的抵制。虽然出售获得的收

① 孙丹、马晓明：《碳配额初始分配方法研究》，《生态经济》（学术版）2013 年第 10 期。

益会被用于减轻这种负面效应，被用于支持相关减排技术的研究开发，但获得的收入如何有效循环利用仍然是问题，需要建立该收入运用的相应监管体系，以免造成社会福利的损失。

（二）拍卖

拍卖，即政府通过拍卖的形式让企业有偿地获得配额，政府不需要事前决定每一家企业应该获得的配额量，拍卖的价格和各个企业的配额分配过程由市场自发形成。从效率的角度考虑，拍卖比历史法的分配方法更有优势，如果拍卖收益没有被浪费掉，从经济的角度看，拍卖一定比历史法的分配方法更加有效率。相对于历史法，拍卖能够降低税收扭曲效应，在成本分配上提供更大的灵活性，能更好地刺激企业进行技术创新。

目前，排放权交易最大的作用是通过市场手段使排放权从减排成本低的企业流向减排成本高的企业，从而降低全社会的减排成本，提高企业减排的积极性。然而在排放权交易中，排放权转让方和受让方为追求最大收益，均有隐藏其真实治污成本的动机，这使得排放权交易市场存在信息不对称性。由于排放权交易的市场结构是“多对多”的，即允许多个排放权转让方和受让方参与，因此可以借助双边拍卖的理论和方法设计一种排放权交易机制，以激励排放权转让方和受让方披露其真实的减排成本，从而实现排放权的有效分配①。

随着互联网和电子商务的迅速发展，网上拍卖已经成为一种重要的交易机制。网上双边拍卖除继承离线双边拍卖的基本特点外，还具备许多新特点，如投标者分布于世界各地、投标者可在拍卖周期内的任意时间到达拍卖平台投标和离开拍卖平台，同时，拍卖组织者接收到每个投标后须立即针对该投标者做出是否交易以及如何支付的决策。因此，基于网上双边拍卖的排放权交易可消除时间和空间的限制，减少交易成本，扩大市场交易份额，使排放权交易更加公平、公正和有效。

作为一种无形资产，碳排放许可证有其他许可证的共性，如没有固定的成本和价格标尺。拍卖—交易系统虽然解决了碳排放许可证的定价问

---

① 王雅娟、殷志平：《排污权交易的网上双边拍卖机制设计》，《武汉科技大学学报》2015年第2期。

题，但它的配置结果是否实现了“以最低的经济成本达到碳减排目标”的初衷？当拍卖市场的配置结果有效率时，Montgonery 和 Rubin 分别基于静态和动态模型证明了交易市场存在减排的最小成本。然而，当拍卖市场的配置结果缺乏效率时，拍卖后的交易有时达不到有效配置，即使能够达到有效的配置结果，也需要相当长的调整时间。因此，拍卖—交易系统能否降低碳减排成本的关键在于拍卖市场的配置是否有效。

1. 英国式拍卖

英国式拍卖是竞价逐步攀升的拍卖过程。在每一轮竞价过程中，每个竞价人都会同时决定“接受”或“出局”这两种选择中的一种。我们假定，一旦竞价者在某一轮竞价过程中出局，他就再也不能返回拍卖。这样，若 n 个竞价者竞争一个标的物，$n-1$ 个竞价者出局，最后一个竞价者选择接受，则拍卖便告结束，接受方就为胜出者，而按现场接受价支付。如果多于两位竞价者选择“接受”，则拍卖方就将竞价按阶梯上升一个台阶，使拍卖进入下一轮。英国式拍卖竞价过程见表 5-4。

表 5-4　英国式拍卖竞价过程

现价（元）	L 的策略	M 的策略	K 的策略
10	接受	接受	接受
20	接受	接受	接受
30	接受	接受	接受
40	接受	接受	出局
50	接受	出局	出局
60	出局	出局	出局

在这个拍卖过程中，假设价格阶梯为 10 元，每个竞标者的策略集其实仅由两个元素组成：接受或出局。但是，决策可以表达为一个无穷系列形式：$(D_1, D_2, \cdots, D_n)$，这里，D_n表示在第 n 轮拍卖时竞标人的策略选择，而在第 n 轮拍卖时，拍卖价为 $n \cdot 10$ 元。如果 K 竞标人面临拍卖价为 10 元、20 元、30 元时，他都选择“接受”，而一旦拍卖价升至 40 元，他便选择“出局”，则该竞标者的决策序列可表示为：（接受，接受，接受，出局，出局，出局，…）。如果 M 竞标人面临拍卖价为 10 元、20 元、30

元、40元时，他都选择“接受”，而一旦拍卖价升至50元，他便选择“出局”，则该竞标者的决策序列可表示为：（接受，接受，接受，接受，出局，出局，…）。前面两个竞标人（K与M）之间的竞价过程会在价格高于50元时出局，L竞标者赢下标的物，他的支付价等于50元。

2. 荷兰式拍卖

荷兰式拍卖是竞价逐步下降的拍卖过程。假设拍卖从100元起拍，然后按20元一级的阶梯下跌，在每一轮拍卖中，拍卖方喊出一个新价，多个竞标者同时亮出接受或放弃的信号，首先表示接受的竞标人为胜出者，拍卖到此告终，胜出者支付价便是自己所接受的价格。荷兰式拍卖过程见表5-5。

表5-5　荷兰式拍卖过程

现价（元）	L的策略	M的策略	K的策略
100	放弃	放弃	放弃
80	放弃	放弃	放弃
60	放弃	放弃	放弃
40	接受	放弃	放弃
20	接受	接受	放弃
0	接受	接受	接受

第n轮拍卖中的现价为（$120-n\times20$）元。而每一个竞价者的决策序列为（D_1，…，D_6）。

3. 拍卖的优点

拍卖的模式具有显而易见的优点。首先，从经济理论上来说，碳交易市场设计的初衷就是将温室气体排放的外部影响内部化，有效避免企业的寻租行为和获得大笔“意外之财”，拍卖收入可以用来投资发展清洁技术，或是支持企业的节能改造项目。例如，美国区域温室气体减排行动规定拍卖收益必须用于“战略性能源行动”。

欧盟排放交易体系规定配额竞价拍卖所得的收入应当用于降低温室气体排放、开发可再生能源以及其他节能减排的项目和措施。澳大利亚碳价格机制还通过减税和转移支付的方式将所得的一部分收入用来援助受影响的家庭。具体表现如下。

第一是价格发现。当大部分配额是通过行政方式分配时，拍卖承担着价格发现和平滑市场的功能。

第二是透明。拍卖方法并不涉及复杂的计算公式，可以更为清晰地呈现碳排放权的价值。

第三是为低碳技术研发提供资金支持。拍卖收益可以用于支持低碳技术研发，培育低碳产业发展。

第四是更容易处理进入者和退出者。在拍卖机制下，进入者、退出者与在位者都遵守相同的规则。

第五是拍卖为企业采用清洁能源和低碳技术提供了更为明确的激励。

第六是拍卖能够更为清晰地显示企业的减排成本。

4. 拍卖的缺点

然而，拍卖也存在一定的问题，其中最大的顾虑就是拍卖会导致企业负担过重，从而产生对碳交易市场的抵触情绪。企业在生产过程中不可避免地要排放温室气体，如果在碳交易体系建设初期就要求企业购买全部的排放权，可能会对企业造成过重的负担。因此，从拍卖比例较大的碳交易体系来看，其主要针对容易转嫁成本的上游行业进行拍卖。例如，美国区域温室气体减排行动之所以能够对大部分配额进行拍卖，是因为其只覆盖电力行业，欧盟排放交易体系第三阶段对电力行业进行100%拍卖，而新西兰碳排放交易体系为了控制交通运输业，对上游的燃料供应商不提供免费配额。当然，若成本不能完全向消费者转嫁，免费分配模式对企业依然更有吸引力。有研究表明，假若区域温室气体减排行动体系下成本不能完全转嫁，那么采用免费配额分配模式企业的资产价值会上升，而采用拍卖的分配模式，其中半数企业的资产价值会下降①。

拍卖的规则也要根据标的物的属性进行设定，因此碳配额的拍卖也需要根据碳市场的基本属性来进行设定，拍卖模式有很多需要解决的核心问题：

（1）拍卖的频率；

---

① 齐绍洲、王班班：《碳交易初始配额分配：模式与方法的比较分析》，《武汉大学学报》（哲学社会科学版）2013年第5期。

（2）配额拍卖的年份；

（3）拍卖低价的设置；

（4）拍卖平台的确定；

（5）投标者资格和保证金；

（6）对小投标者的消极投标条款；

（7）市场监管；

（8）投标人的收益权审计；

（9）单个投标人获得物的限制；

（10）对公众的信息公开。

虽然在理论上很多学者支持采用拍卖的方法进行分配，但是从社会和政治的角度出发，以拍卖的方法进行分配在短期内全面实行还有些困难，且具体的拍卖细则也需进一步的探索。

三　混合模式

混合模式既可以随时间的推进逐步提高拍卖的比例，即“渐进混合模式”，也可以针对不同行业采用不同的分配方法，本书称之为“行业混合模式”。

案例研究

2014年6月6日，深圳市利用配额拍卖来帮助管控单位进行履约的政策创新，是缓解配额缺口的有益尝试。深圳市碳排放权交易试点要求控排单位在6月30日前向主管部门完成履约义务，即必须上缴与经核证排放量等额的碳排放配额（以及核证减排量）。深圳发改委决定在履约截止日期之前半个月举行首次配额拍卖，说明深圳2014年有部分管控单位存在一定的配额缺口。如何推动存在配额缺口的管控单位顺利购得所需配额以完成履约，是各碳排放权交易试点面临的共同难题。例如，据路透社报道，上海碳排放权交易试点的某电力企业面临40万吨的配额缺口，但在市场上很难找到合适的卖主。

深圳拍卖价格取市场均价的折半，并规定了拍卖的比例（缺口的15%），其设计思路与抵消机制有点类似，即以“一定比例”且“折价”的方式来满足履约需求，能够降低管控单位的履约成本。根据管理办法，深圳每年将对相当于总量至少3%的配额用于拍卖，不过这种拍卖允许投资机构的参与，也对拍卖配额的用途无限制，属于“常规配额拍卖”。其次，深圳设计了“价格平抑储备配额”，这类配额用于防止市场价格过高，以固定价格出售，且只能由管控单位购买用于履约，不能用于市场交易。可以看出，此次配额拍卖兼具“常规配额拍卖”的竞价特点、“价格平抑储备配额出售”的拍卖参与人（管控单位）和最终配额使用（直接履约）特点。这三类拍卖设计方式的不同在于其目的和出发点不同。

资料来源：http://www.tanpaifang.com/tanjiaoyi/2014/0528/32871.html。

国际上不少碳交易体系采用渐进混合或行业混合的模式进行配额分配。渐进混合模式在体系建立初期对全部配额，或绝大部分配额进行免费分配，以减少企业的抵触情绪，在碳交易市场运行一段时间以后，逐步提高拍卖的比例，向完全拍卖过渡。渐进混合模式既可以在初期鼓励企业更多地参与碳交易市场，又可以逐步实现碳交易市场设计的经济学初衷。行业混合模式则充分考虑了不同行业的特征，对容易转嫁成本的行业采用拍卖或有偿分配的方式，对碳密集型和容易受竞争力影响的行业则采用免费分配的方式予以补偿，鼓励其参与碳交易市场。两种混合模式都是可行性较强的折中模式。

国际上现行的主要初始分配方法是以免费分配为主，公开拍卖、标价出售等为辅的混合机制。免费分配占据主导地位是因为考虑到了政策推行之初的一些阻力因素，其实在理论研究中，大多数学者更加青睐公开拍卖，现有的分配格局在过渡时期采用更加易行的免费分配，并逐步过渡到以拍卖为主的分配方法上[①]。混合机制体系介绍见表5-6。

表5-6 混合机制体系介绍

体系名称	履约期	分配方法
澳大利亚碳市场（Carbon Pricing Mechanism）	第一阶段：2012年6月~2015年6月 第二阶段：2015年6月之后	第一阶段：固定价格出售和免费分配 第二阶段：拍卖和免费分配

① 孙丹、马晓明：《碳配额初始分配方法研究》，《生态经济》（学术版）2013年第10期。

续表

体系名称	履约期	分配方法
欧盟排放交易体系（European Union Emission Trading Scheme）	第一阶段：2005～2007 年 第二阶段：2008～2012 年 第三阶段：2013～2020 年	第一阶段和第二阶段是免费分配（国家分配计划 National Allocation Plan）为主，少量拍卖分配为辅，第三阶段电力行业配额全部拍卖分配，免费分配采用基准分配法
新西兰碳排放交易体系（New-Zealand Emission Trading Scheme）	2008 年开始运行，到 2013 年包括废弃物和合成气体行业，到 2015 年农业被纳入该体系	免费分配和固定价格出售
加州总量控制与交易体系（California Cap-and-Trade Scheme）	从 2012 年开始实施	免费分配和拍卖分配
美国区域温室气体减排行动［Regional Greenhouse Gas Initiative（RGGI）］	从 2008 年开始拍卖	拍卖分配

内容提要

（1）配额总量是一国或者地区经济社会在固定时间内（通常为一年），各种排放源能够排放的二氧化碳配额总和，代表允许排放的最大额度。一单位配额代表组织或个人具有排放一吨二氧化碳的权利。

（2）在欧盟碳交易制度下，每个交易期配额总量的确定取决于欧盟承担的国际法律义务或自主减排承诺。在确定配额总量的路径选择上，EU ETS先后实践了自底向上和自顶向下两种层级模式。

（3）历史法以企业过去的碳排放数据为依据进行分配，一般选取过去3～5 年的均值来减少产值波动带来的影响。它假设企业的碳排放会一直按照过去的轨迹进行下去，从而忽略了两个方面的因素：一是在碳交易体系开始之前企业已经采取的减排行动；二是在碳交易体系开始之后，企业还有可能在市场机制的影响下改变行为，进一步进行减排。因此，历史法可能会“鞭打快牛”，也不利于激励企业今后对节能减排技术的研发和引进。

（4）基准线法的分配思路则完全不同，减排绩效越好的企业通过配额分配获得的收益就越大。典型的基准线法基于“最佳实践”的原则，基本思路是将不同企业（设施）同种产品的单位产品碳排放由小到大进行排序，选择其中前10%作为基准线（也可以选取前30%或行业平均值，这个比例并不是固定的）。

（5）免费分配的优点在于如果企业有效地实现减排便可以通过出售配额获得额外的收益；出售分配最明显的优势是可以增加政府的收入，但同时也增加了企业的成本，降低该企业在国内或者国际市场上的竞争力；政府通过拍卖的形式让企业有偿地获得配额，政府不需要事前决定每一家企业应该获得的配额量，将温室气体排放的外部影响内部化，有效避免企业的寻租行为。

思考题

1. 配额总量的确定方法有哪些？请联系我国实际谈谈你的看法。
2. 按照历史法分配配额的缺点是什么？
3. 配额分配的基准线法和历史法各有什么优势？哪个更适合我国国情？
4. 如果政府决定拍卖配额，将在实际工作中遇到什么问题，该如何解决？

参考文献

[1] 方虹、施凤丹：《碳交易市场与中国碳交易定价权》，《产权导刊》2010年第1期。
[2] 曾梦琦：《国际碳交易市场发展及其对我国的启示》，《南方金融》2011年第1期。
[3] 陈波、刘铮：《全球碳交易市场构建与发展现状研究》，《内蒙古大学学报》（哲学社会科学版）2010年第3期。
[4] 付玉：《我国碳交易市场的建立》，南京林业大学硕士学位论文，2007。
[5] 傅强、李涛：《我国建立碳排放权交易市场的国际借鉴及路径选择》，《中国科技论坛》2010年第9期。
[6] 王军锋、张静雯、刘鑫：《碳排放权交易市场碳配额价格关联机制研究——基于计量模型的关联分析》，《中国人口·资源与环境》2014年第1期。
[7] 中国清洁发展机制基金管理中心、大连商品交易所：《碳配额管理与交易》，经济科学出版社，2010。

[8] 高山：《我国碳交易市场发展对策研究》，《生态经济》2013 年第 1 期。
[9] 高天皎：《碳交易及其相关市场的发展现状简述》，《中国矿业》2007 年第 8 期。
[10] 高莹、郭琨：《全球碳交易市场格局及其价格特征——以欧洲气候交易所为例》，《国际金融研究》2012 年第 12 期。
[11] 李布：《欧盟碳排放交易体系的特征、绩效与启示》，《重庆理工大学学报》2010 年第 3 期。

第六章
碳排放权的需求和供给

随着人类对气候变化的重视，很多国家为减少二氧化碳等温室气体的排放，制订了一系列具体的计划和目标，与此同时，利用市场手段进行节能减排的碳排放权交易市场也应运而生了。碳排放权交易将碳排放权作为一种稀缺的资源进行买卖，利用碳交易市场机制配置碳排放权资源，即根据碳市场对碳排放权的需求、供给和竞争引起碳排放权价格变化，从而实现对碳排放权进行分配、组合以及再分配、再组合，通过“价值规律”实现对碳排放权资源的高效配置，最终低成本地实现碳排放总量控制目标。

第一节　碳交易市场概述

一　碳交易的渊源

（一）《联合国气候变化框架公约》

1992 年 5 月 22 日，联合国政府间谈判委员会就气候变化问题达成公约——《联合国气候变化框架公约》。这是世界上第一个为全面控制二氧化碳等温室气体排放以应对气候变化而制定的国际公约，也是国际社会在应对气候变化问题上进行国际合作的一个基本框架。1994 年 3 月 21 日，该公约生效。《联合国气候变化框架公约》的目标是减少温室气体排放，减少人为活动对气候系统的危害。“共同但有区别的责任”原则是《联合国气候变化框架公约》的核心原则，即发达国家率先减排，并向发展中国家提供资金和技术支持。发展中国家在得到发达国家资金和技术支持的情况下，采取措施减缓或适应气候变化。发展中国家只承担提供温室气体源与温室气体汇的国家清单的义务，制订并执行含有关于温室气体源与汇方面措施的方案，不承担有法律约束力的限控义务。《联合国气候变化框架公约》建立了一个向发展中国家提供资金和技术，使其能够履行公约义务的资金机制。

（二）《京都议定书》

《京都议定书》是《联合国气候变化框架公约》（以下简称《公约》）的补充条款，是 1997 年 12 月在日本京都由《联合国气候变化框架公约》参加国三次会议制定的。《京都议定书》（以下简称《议定书》）与《公约》最主要的区别是，《公约》鼓励发达国家减排，而《议定书》强制要求发达国家减排，具有法律约束力。具有法律约束力的《议定书》首次为发达国家设立强制减排目标，也是人类历史上首个具有法律约束力的减排文件。欧盟及其成员国于 2002 年 5 月 31 日正式批准了《京都议定书》。《议定书》于 2005 年 2 月生效。美国布什政府于 2001 年 3 月宣布退出。2011 年 12 月，加拿大宣布退出《议定书》，是继美国之后第二个签署但后又退出的国家。中国于 1998 年 5 月签署并于 2002 年 8 月核准了《议定书》。2013 年 11 月，在《联合国气候变化框架公约》第 19 次缔约方会议暨《京都议定书》第 9 次缔约方会议上，中国《国家适应气候变化战略》正式对外发布。这是中国第一部专门针对适应气候变化的战略规划。1997 年签订的《京都协议书》中规定发达国家有减排责任，而发展中国家没有，在这种情况下，碳的排放权和减排额度成为一种稀缺资源，从而催生了碳交易市场。

二　碳市场体系

从碳市场建立的法律基础来看，碳交易市场可分为强制交易市场和自愿交易市场。如果一个国家或地区政府法律明确规定温室气体排放总量，并据此确定纳入减排规划中各企业的具体排放量，为了避免超额排放带来的经济处罚，那些排放配额不足的企业就需要向那些拥有多余配额的企业购买排放权，这种为了达到法律强制减排要求而产生的市场就被称为强制交易市场。而基于社会责任、品牌建设、对未来环保政策变动等的考虑，一些企业通过内部协议等方式自发进行的碳交易市场，就是自愿碳交易市场，在自愿减排市场上，作为交易标的的碳减排量只要符合某个组织制定的标准或规则即可。各国的自愿减排协议名称不同、组织各异，但是其本质都是由政府倡导，工业行业企业自愿做出节约能源、提高能效、减排温室气体、改善环境方面的承诺，并与政府签订协议，在实现过程中由第三方进行评估审计，并将审计结果公之于众，这样不仅实现了节能环保的目标，而且使行业企业提升了生产、管理、技术水平，降低了成本，提升了效益，也在国际上树立了良好的信誉和形象，主要有芝加哥气候交易所等。

（一）强制体系

1. 政策强制体系

2002 年，英国建立世界上第一个碳排放交易体系，此后出现了澳大利亚新南威尔士州减排交易体系（NSW GGAS），美国区域温室气体减排行动（RGGI），欧盟排放交易体系（EU ETS），西部气候倡议（WCI），新西兰碳排放交易体系（NZ ETS），印度履行、实现和交易机制（IND PAT），美国加州碳排放交易体系（CAL ETS），澳大利亚碳排放交易体系（AU ETS）。当前，国际上仍在运行的强制性温室气体排放交易体系主要有欧盟排放交易体系、美国加州碳排放交易体系、美国区域温室气体减排行动、澳大利亚碳排放交易体系、新西兰碳排放交易体系等。

其中，欧盟排放交易体系是建立时间最早、覆盖地区最广、交易规模最大的跨区域强制总量控制交易体系；美国加州碳排放交易系统是减排强度最高的碳排放交易体系，美国区域温室气体减排行动是迄今为止配额拍卖力度最大的交易体系；澳大利亚碳排放交易体系的碳减排政策多变，受执政党更迭的影响较大；新西兰碳排放交易体系是世界碳排放交易体系中唯一对土地利用行业（Land-use Sectors）设定减排义务的体系。此外，印度 PAT 减排机制虽然规模较小，但作为发展中国家的第一个减排交易体系具有一定的特点和借鉴意义。

上述各类交易体系中交易标的均是配额（Emission Allowance）。配额是根据参与碳交易体系企业或机构的初始排放情况，由碳交易主管部门有偿或无偿发放的可供交易和履约的指标。配额的单位是一吨二氧化碳当量（tCO_2e）。

2. 京都议定书体系

清洁发展机制（CDM）、排放贸易（ET）和联合履约（JI）是《京都议定书》规定的三种碳交易机制。按照《京都议定书》规定，到2010年，所有发达国家排放的包括二氧化碳、甲烷等在内的6种温室气体的数量，要比1990年减少5.2%。但由于发达国家的能源利用效率高，能源结构较为优化，新的能源技术被大量采用，因此发达国家进一步减排的成本高、难度较大。而发展中国家能源效率低，减排空间大、成本也低。这导致了同一减排量在不同国家之间存在不同的成本，形成了价格差。发达国家有需求，发展中国家有供应能力，由此产生国际碳交易。

基于此体系产生的碳交易产品，表现为发达国家与发展中国家在清洁发展机制（CDM）项目上开展的各类交易。清洁发展机制（CDM）项目产生的减排量称为核证减排量（CER），单位是吨二氧化碳当量（tCO_2e）。

受到国际碳市场不景气和中国建立碳交易市场的利好因素影响，自2012年起，众多清洁发展机制（CDM）项目开始转回我国国内进行备案签发。为了区分这些项目的减排量，我们将由这类渠道签发以及新项目备案产生的减排量，称为中国核证减排量（CCER）。

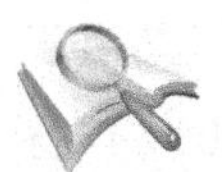

参考资料

在欧盟碳市场EU ETS建立之初，设计者着重考虑碳交易体系对于排放强度降低的现实性作用，采用了完全理想化的市场模型设计了Cap & Trade，认为只要设计的体系配额分配趋紧，市场的流通性就可以保证，更重要的是能够明显地降低体系内的排放强度。

随着市场建设的逐步展开，人们发现初始配额紧缺到一定程度后，碳市场内的流通性会趋近于零。所有获得初始配额的企业都处于配额缺少的状态，而投资人更是需要通过买入配额来完成建仓，市场上无人交易。考虑到既定的配额分配方案已经无法进一步修改，设计者引入了利用CER代替配额完成履约抵消的新机制。强制减排的企业可以通过不超过一定比例的CER来代替配额完成履约抵消，从而为碳市场重新注入活力。

目前，中国碳市场七个试点所采用的设计体系均采用了欧盟EU ETS的框架，并结合了各试点自身特点形成了相应的碳交易体系。其中，形式上对

EU ETS 最完整的一个继承是，各试点均出台了允许一定比例的 CCER 抵消配额完成履约的规则。

资料来源：张益纲、朴英爱《世界主要碳排放交易体系的配额分配机制研究》，《环境保护》2015 年第 10 期。

（二）自愿体系

自愿碳交易体系是相对于强制碳交易体系外的所有碳交易行为的总称，包括自发的、公益的减排量（VER）交易和其他项目交易。

自愿碳交易在全球碳市场这块大蛋糕中，仅占很小的一部分。2009 年自愿碳交易市场的交易量约占全球碳交易市场的 1% 左右，而交易额更是只占全球碳市场交易总额的 0.27% 。

企业自愿减排交易量小，一是因为对自愿减排产品的需求有限，在强制碳市场中有强制性的减排需求作为市场流动性的支撑，而自愿碳市场中却没有这种基于强制义务的需求动机；二是因为自愿碳市场的流动性低，很多买家购买 VER 的目的不是流转获利，而是将其注销以实现碳中和；三是因为在自愿碳市场中，期货、期权等衍生品交易品种很少，交易量也很小。

尽管自愿减排交易的规模与强制碳市场相比可以说微不足道，但其对于全球碳市场的意义却很重大，正如生态公司和彭博新能源财经在《2010 年自愿碳市场报告》中开篇提到的，“如鼠般大小，却如狮一样咆哮”。

首先，自愿减排交易为没有强制碳市场的国家和地区参与全球碳交易这场盛宴预留了一定的席位和空间。最明显的例子是美国，由于美国没有参与《京都议定书》的承诺，又没有国内的碳排放总量控制与交易法令，在以州政府为基础的区域碳市场（如美国区域温室气体减排行动）建立之前，大部分美国企业只能通过自愿减排交易参与碳市场，从此促成了美国芝加哥气候交易所（CCX）模式的兴起。直至今日，美国自愿碳市场都是最活跃的一个组成部分。又如我国，自愿减排交易也发挥了提高公众对碳交易的认识、完善市场基础设施的重要作用。

其次，自愿减排交易为企业、环保团体和个人提供了一个实现公益诉求、履行地球公民义务的优秀平台。强制碳市场的参与者通常为辖区内被纳入强制体系的企业、市场投资人和服务商，但自愿减排者的参与范围极为广泛，任何人和机构都可以从自愿碳市场中购买碳信用。碳信用已经不单是一个交易碳排放权的专业化市场，更是面向公众的强大宣传、教育平台。有鉴于此，近年出现了许多出于CSR（企业社会责任）和PR（公共关系）考量而购买自发的、公益的减排量（VER）的买家。

最后，自愿碳市场具有强大的创新动力和活力。通常它没有强制市场的条条框框，因此各种创新标准、项目类型、商业模式不断涌现。例如，备受气候谈判和民间环保团体关注的减少由砍伐森林和森林退化导致的温室气体排放项目，目前仍是一个只存在于自愿减排交易中的项目；又如，“碳中和”这种越来越受到各国企业和公众关注的自愿减排模式，自1997年问世以来，至今已经实现了从前卫到大众的转变，《新牛津美国字典》甚至将“碳中和”评为2006年年度热词。

三　碳交易市场参与主体[①]

（一）控排企业

控排企业是碳排放配额的实际消费者，其参与的最直接和最主要的原因是政府给予的强制减排义务、履行社会责任，获取一定的收益也是企业参与的原因。

（二）金融中介

金融机构是碳金融市场正常运行的保障，它们并不是碳排放配额的实际消费者，但认同碳排放配额的价值，通过在碳金融市场上的活动获得收益。金融机构的参与，可以发挥活跃市场、提高配额的流动性、促进碳配额实际价格的发现等作用。

（三）政府

政府对整个碳排放市场的运行起着宏观调控的作用。政府决定减排政策的走向、总量目标设定、配额的分配方法、履约以及调控价格等，对整个市场产生直接的影响。政府对碳交易市场的期待是实现整个社会温室气体排放量的减少和减排成本的降低。

---

① 《碳排放权交易市场强制性情况分析》，http://www.tanpaifang.com/tanguwen/2016/0302/51039.html。

（四）碳交易所

碳交易所作为独立的服务机构，为碳交易的各方搭建了一个平台，将控排企业、个人投资者、机构投资者等高效有序地汇集在一起。相对于场外交易，碳交易所有固定场所，有规范的成员资格，有严格可控的规则制度，有明确的交易产品，不再是交易双方通过私下协商进行的一对一交易，从而可以降低减排成本，传导减排政策，实现碳融资，推动低碳发展。

（五）第三方核查机构

第三方核查机构是一种服务机构，主要是对控排企业为申请配额而提交发改委的碳排放报告和报告数据进行审查、拆穿，避免虚报、谎报，确保排放报告数据的真实性。核查的范围较广泛，主要集中在以下几个排放量较大的行业：热力生产供应、火力发电、水泥制造、石化生产等。为保障碳排放权交易机制的高效运作、碳排放交易的有序进行，碳排放权交易核查机构的职能须科学、公正地展开。

四　交易产品

（一）配额交易

配额交易（Allowance-based Trade）指买方直接购买卖方已经获得的碳排放许可配额。这些许可配额是政府部门在《京都议定书》或者其他国内“总量管制和交易制度”之下创建和分配（或拍卖）的指标。不同碳市场之间并不兼容，因此不同的碳市场具有不同的交易品种。例如，《京都议定书》规定的“分配数量单位”（Assigned Amount Units，AAUs）、欧盟排放交易体系规定的“欧盟指标”（European Union Allowances，EUAs）、北京市碳排放权电子交易平台规定的“碳排放配额”（Beijing Emission Allowance，BEA）、湖北碳排放交易中心规定的“湖北配额”（Hubei Emission Allowance，HBEA）。这种配额交易既具有一定的灵活性，又履行了环保责任，使得法定的参与者能够通过交易，以较小的成本达到减少温室气体排放的要求。

（二）项目交易

项目交易（Project-based Trade）指买方购买来自某温室气体减排项目活动的排放信用，也就是相对于不存在这个项目而言，项目的执行能够产生额外的经核证的温室气体减排量。主要指买卖双方交易《京都议定书》"清洁发展机制"和"联合履约"项目所产生的"核证减排量"（CER）和"减排单位"（ERU）。

中国核证减排量（CCER）指的是采用经国家主管部门备案的方法学，由经国家主管部门备案的审定机构审定和备案的项目产生的减排量，单位为"吨二氧化碳当量"（tCO_2e）。自愿减排项目减排量经备案后，在国家登记簿登记并在经备案的交易机构内交易。

目前，"总量管制和交易制度"允许购入一定比例项目产生的"碳信用"来帮助达到排放的合规性，这被称为"抵扣"。一般来说，只要签发了以项目为基础的信用额，并最终交付了该信用和满足了减排要求，这些信用实质上就等同于许可配额。以项目为基础的信用具有一定的风险，如法规要求、项目开发和执行问题，以及审批时间和费用方面的交易成本。

第二节　碳排放权的需求

一　碳排放权需求

碳排放权的需求是指购买者在一定时期内，在各种可能价格水平上愿意并且能够购买的排放权数量。这里所说的需求是一种有效需求，它要具备两个条件：购买意愿和购买能力。这两个条件缺一不可。无购买意愿但有购买能力的不形成需求；有购买意愿但无购买能力的也不形成需求。

随着排放权成为一种稀缺资源，它就具有了价值。因此，不仅生产企业有实际排放需求，还有个人和机构投资者的交易需求及投资投机需求。

（一）碳排放权实际排放需求

碳排放权的实际排放需求就是企业在生产过程中二氧化碳等温室气体的实际排放量。为了减少温室气体排放，达到减缓全球变暖的目标，一般情况下企业从政府获得的总的排放额度比总的实际排放量要小，并且是呈逐步下降趋势的。也就是说，不是所有的实际排放量都会得到额度配给，所以企业必须在排放额度的约束下优化生产，如果排放量高于排放额度，就只能去市场购买。当然，企业都希望得到尽可能多的允许排放量，一方面可以使生产过程面临更小的约束，另一方面可以把剩余的配给通过交易市场兑换成收益。这就需要政府严格把控配额分配和后期监管。

（二）碳排放权交易需求

交易需求是实际排放需求和政府配给额度的差额，如果由于种种原因实际排放需求大于配给的额度，则企业为了避免超额排放的罚款，需要从市场上按照市场价格购进一定的碳排放权，以抵消超额排放的温室气体；如果实际排放需求小于配给的额度，则企业存在排放权额度盈余，可以在市场上按市场价格把这部分额度出售给其他企业获取利润，有的交易所也允许把这部分额度保留下来，用于抵减后期的超额排放需求。无论从市场上买进还是卖出排放权，都是一种交易行为，所以这部分需求也称为交易需求。

（三）碳排放权投资需求

投资指的是特定经济主体为了在未来可预见的时期内获得收益或是资金增值，在一定时期内向一定领域的标的物投放足够数额的资金或实物的货币等价物的经济行为。随着碳排放权成为稀缺资源，它具有了投资价值。

在全球碳排放权日益趋紧的情况下，如果企业预期未来的实际排放需求有明显的上升迹象，并且预期的交易价格高于当期的市场价格，那么，投资需求将产生碳排放权的贮存行为。碳排放权的贮存量包括排放主体提前买进的排放权，或部分交易所允许的当期剩余排放权保留量，以满足未来超额排放额度的需求。

（四）碳排放权投机需求

碳排放权投机主体并不关注碳排放权本身，而只是关注它的价格变化，他们在碳排放权市场上买进或者卖出一定数量的碳排放权，等价格变动到自己预期的既定目标后，再将排放权卖出或者买进以追求差额利润，投机需求的规模取决于投机主体对排放权价格和风险的预期。投机需求的主体主要是活跃在金融市场上的一些闲散资金。随着碳排放权交易市场的日益扩大，很多资金开始进入碳排放权市场，这造成了碳价格的过度波动，需要政府加强监管①。

---

① 冯亮明、肖友智：《企业碳排放权需求变量及其影响分析》，《福建农林大学学报》（哲学社会科学版）2007 年第 5 期。

在四种碳排放权需求当中，实际排放需求是基础，起着决定性的作用，交易需求、投资需求和投机需求是引致的需求。一般来说，实际排放需求的增加将导致交易需求和投资需求的增加，反之亦然。

二　碳排放权需求与普通商品需求的差别

碳排放权需求主要是由于环境容量资源的有限性和碳排放权的行政分配性使得碳排放权摆脱了公共物品的特性，由此导致的碳排放权的稀缺性使其具备商品的价值，也就是说，碳排放权是一种新的商品，这种商品及对其产生的需求，是法律制定者试图用市场化的手段降低温室气体减排成本并采纳某种监管结构的结果。普通商品的需求源于人们可以从消费的商品中得到商品的使用价值，商品能够给消费者带来效用，所以消费者对这种普通的商品有需求。碳排放权需求和普通商品需求最本质的区别是，碳排放权需求是政府通过行政强制手段创造出来的，如果没有政府的强制性，人们不会对碳排放产生需求。但是普通商品的需求是该商品能够带来某种效用，它不是创造出来的，而是实际存在的使用价值。

三　影响碳排放权需求的因素

碳价格。一般来说，碳价格越高，碳排放权的需求量越小；相反，碳价格越低，需求量越大。

企业节能减排技术。随着企业节能减排技术水平的提高，企业对碳排放权的需求会逐渐减少。

能源价格。当能源价格发生改变时，减排企业会利用相对更加廉价的能源，不同的能源所产生的碳排放存在差异，从而影响企业对碳排放的需求。例如，电厂、钢铁冶炼及水泥企业是碳交易市场最主要的碳排放需求者，煤炭价格上升，电厂会选择方便廉价的天然气或石油发电，导致电厂释放的碳排放量下降，碳排放市场需求减少；反之，天然气价格上升，煤炭价格下降，电厂会选择燃煤发电，释放的碳排放量增加，使碳排放市场需求量急剧增加。

投资机构购入待未来出售的配额。在节能低碳越来越成为全球共识的条件下，相关产业的前景也被看好。碳金融作为节能低碳产业之一，也受到投资机构的关注。除了在该市场上获得盈利外，获得“先行者”优势、熟悉和抢占市场也是投资机构的目标。这样会增加对碳排放权的投资需求。

对碳价格的预期。当减排企业预期碳价格在下一期上升时，就会增加对碳排放权的现期需求量；当减排企业预期碳价格在下一期下降时，就会减少对碳排放权的现期需求量。

四　需求曲线

一般来说，在不同的价格水平上，购买者对碳排放权的需求量是不同的。往往是价格越高，需求量越小，价格越低，需求量越大，需求量与价格呈反向变化关系。即需求量随价格上升而减少，随价格下降而增加，这就是需求定理。这条定理适用于一般碳排放权，具有普遍性。

如果以碳排放权本身的价格为自变量（用 P 表示），以需求为因变量（用 Q^d 表示），则可用函数关系即需求函数 $Q^d=f(P)$ 来描述它们之间的关系。需求函数可简单表示如下：

$$Q^d = a - bP \text{（其中 a、b > 0）}$$

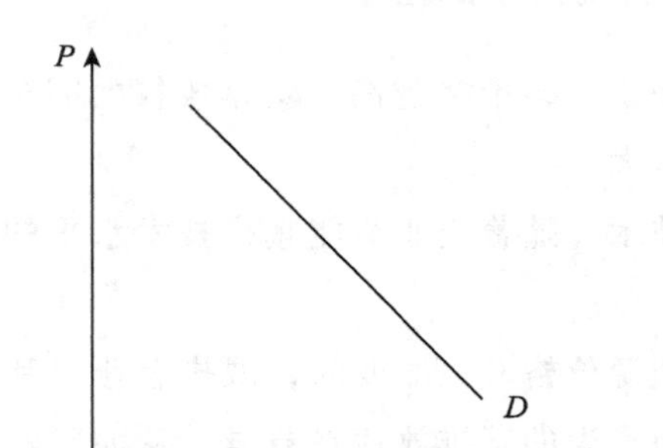

图 6－1　需求曲线

需求与价格的关系也可以反映在图 6－1 的需求曲线上。在图 6－1 中，横轴表示碳排放权的需求量 Q^d，纵轴代表价格 P，D 为碳排放权的需求曲线。从曲线的形状来看，它是向右下方倾斜的，表明碳价格与碳排放权的需求量是反向相关的。

第三节　碳排放权的供给

一　碳排放权供给的来源

碳排放权作为一种稀缺的资源可以进行交易，就必定有碳排放权的提供者，碳排放权的供给是指政府或出售者在一定时期内，在各种可能的价格水平下愿意并且能够出售的碳排放权数量。经济学意义上的碳排放权供给也同样是一种有效供给，出售者既要有提供碳排放权的意愿，又要有提供出售的能力。碳排放权的供给包括政府配额总量的供给、调剂余缺的供给、风险投资的供给和项目交易的供给。

（一）政府配额总量供给

市场上的供给，即配额总量主要由政府决定，二氧化碳排放配额是指排放单位在特定区域、特定时期内可以合法排放二氧化碳的总量限额，代表的是各企业（单位）在相应履约年度的二氧化碳排放权利，是碳排放权市场交易的主要标的物。在现行的交易制度下，一般是政府按照某种规则，如历史排放法等，分配给企业的配额。政府在当期发放的配额总量与政府的控排目标紧密相关。如果政府实施强有力的控排目标，那么政府配额总量可能趋紧，这样会增加企业的减排成本。如果政府可能有其他政治和经济上的考量，实施相对较弱的控排目标，那么政府配额总量可能会较多，甚至过剩，这样可能不仅压低了排放权的交易价格，也抑制了投资新能源技术的动机。

（二）调剂余缺的供给

在生产的过程中，有些企业通过技术创新和工艺改造等措施产生的减排收益大于购买排放指标，还有一些无强制减排义务的新能源等企业会出售手中的减排指标，于是产生供给。如果企业通过采取技术改进等手段降低了二氧化碳排放总量，则多余的配额就可以拿到市场上进行交易，这是碳排放权交易的主要供给，长期占据全球碳交易量的 80% 以上。比如，2009 年“总量管理与交易”模式下的碳交易量和交易价值额均占全球碳交易的 85%。其中，欧盟排放交易体系交易规模最大，其次为美国的温室气体交易机制“区域温室气体倡议”（RGGI），它是美国境内首个强制性的、基于市场的“总量管制和交易”的二氧化碳减排计划，是由美国东北部和大西洋沿岸中部的10个州共同建立的，以拍卖的形式进行交易，一般一个季度拍卖一次。另外，澳大利亚的国家信托（NSW）和美国的芝加哥气候交易所（CCX）也有一定规模的交易量。

（三）风险投资的供给

一些企业、金融机构和中间投机商，利用其发达的金融工具和网络手段，了解碳市场的价格走势，低价买进，在适当的时候高价卖出，从中获取超额利润，这种行为往往属于长期投资行为，属于风险投资的供给①。

（四）项目交易的供给

项目交易（Project-based Transactions）的供给是指因进行减排项目而产生的减排单位间的交易所产生的供给，如清洁发展机制下的“排放减量权证”、联合履行机制下的“排放减量单位”，就主要是通过国与国合作的减排计划产生的减排量的供给，通常以期货方式预先买卖。

二　碳排放权供给与普通商品供给的区别

第一，碳排放的供给最初来源于政府的配额分配，当政府减排目标趋紧时，碳排放权的配给相对较少，即供给较少；当政府减排目标趋松时，碳排放权的配给相对较多，即供给较多。因此，碳排放的供给是政府通过法律、行政手段创造出来的，政府是最初碳排放供给的提供主体。而普通商品的供给是厂商（生产者）投入生产要素生产出来的。第二，从成本方面来看，因碳排放权是一种无形虚拟的商品，所以其主要成本不同于一般商品的生产成本，而是由巨额的交易成本和减排成本构成的。

三　碳排放权供给的影响因素

碳价格。一般来说，碳价格越高，对碳排放权的供给量越多；相反，碳价格越低，供给量越小。

---

① 李年君：《我国企业碳排放权供求因素分析》，http://blog.sina.com.cn/s/blog_723496910100xgdh.html。

政府的减排目标。当政府在当期发放的配额总量与政府的控排目标紧密相关，政府的减排目标很强时，就会减少碳排放权的配额供给；当政府的减排目标不强时，就会增加碳排放权的配额供给。

历年积累下的多余配额。欧盟和我国各试点的机制，都允许当年清缴后剩余的配额在一定的时段内存储使用。这为企业经营碳资产提供了更多的选择，由于存在对未来生产规模扩大、减排成本上升或碳配额价格上升的预期，企业可以选择不出售当期多余的配额，而留至以后使用，从而减少了当期碳排放权的供给。

当期核证减排量。核证减排制度是碳排放权交易制度的延伸。通过严格的方法学和认证流程，对节能减排项目的减排量进行认证后，企业可将其拿到碳交易市场上出售。对于项目实施方来说，可以得到成本的一部分补贴，甚至因此获益，由此可以鼓励企业更多地选用节能减排技术；对于排放单位来说，当企业碳排放量超过自身碳配额时，除了在市场上购买配额外，还可以选择购买核证减排量抵消，从而实现了减排成本的降低。尤其当市场上配额紧张、碳价上升时，核证减排量将成为提供配额来源、稳定碳价的重要手段[①]。

碳价格的预期。当投资者预期碳排放权的价格在下一期会下降时，就会增加对碳排放权的现期供给数量，导致碳排放权的供给增加。当投资者预期碳排放权的价格在下一期会上升时，就会减少对碳排放权的现期供给数量，导致碳排放权的供给减少。

四　供给曲线

一般说来，在不同的价格水平上，供给量水平也是不同的。往往是价格越高，供给越多；价格越低，供给越少。供给量与价格呈正相关关系，即供给量随价格上升而增加，随价格下降而减少，这就是供给定理，是生活中普遍存在的规律[②]。

---

① 《影响碳价格波动和行情走势的因素》，http://mt.sohu.com/20160826/n466173981.shtml。

② 但也有例外，如劳动者对于劳动的供给量，在劳动价格（即工资）达到一定水平后，会趋向减少。

如果以价格为自变量（用 P 表示），以供给量为因变量（用 Q^S 表示），则价格与供给之间的这种对应关系可以用供给函数来描述，如下：

$$Q^S = f(P)$$

需要说明的是，为简明起见，微观分析中大多使用线性的供给函数：

$$Q^S = -c + dP\ (\text{其中}, c、d > 0)$$

价格与供给的关系还可以通过供给曲线更直观地体现出来。在图 6-2 中，纵轴表示价格，横轴表示供给量，供给曲线为 S。通常情况下，供给曲线是向右上方倾斜的。

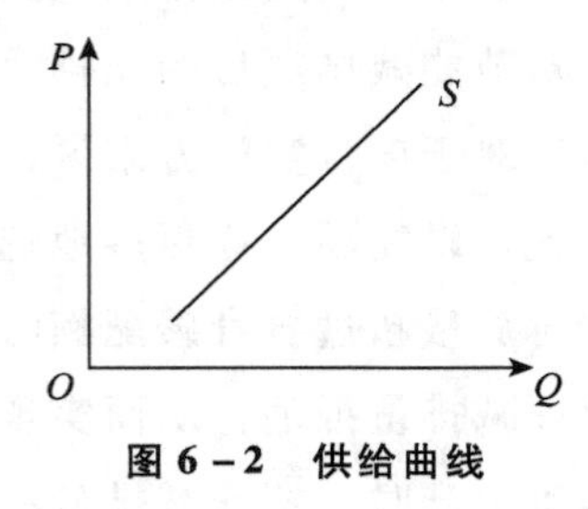

图 6-2 供给曲线

第四节 碳排放权的需求、供给和均衡价格

一 均衡价格及其形成

碳排放权和其他的普通商品一样，它的核心价格也是由市场中的供给与需求两种力量共同决定的，即均衡由供给与需求共同决定。均衡价格是指碳排放权的市场需求量与市场供给量相等时的价格。在均衡价格下相等的供求量被称为均衡数量。当市场机制完全发挥作用时，尽管短期碳价可能有波动，但从长期看，碳价应该为均衡价格。在几何意义上，均衡价格出现于需求曲线与供给曲线的交点，即均衡点。如图 6-3 所示，纵轴表示碳排放权价格 P，横轴表示供求数量 Q，D 与 S 分别表示供给曲线与需求曲线；当两条曲线相交时，均衡点 E 即表示碳排放权供给与需求相等时的均衡价格 P_0 与均衡数量 Q_0。

那么，碳排放权均衡价格是如何形成的？它是通过市场供给与需求的

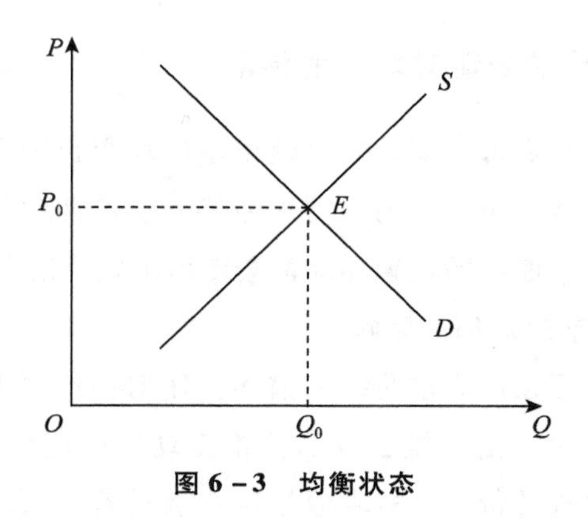

图 6－3　均衡状态

自发调节作用而形成的。当市场价格背离均衡价格时，通过供求力量的对比，市场有自动恢复均衡的趋势。

如图 6－4 所示，当碳排放权价格高于均衡价格 P_0时，碳排放权市场供给大于市场需求，即有过剩的碳排放权供给。此时价格会下降，一直下降到等于 P_0，供给与需求相等，碳市场恢复到均衡状态，达到均衡点 E。第二种情形，碳排放权价格低于均衡价格 P_0，则碳市场供给小于市场需求，即市场供给存在缺口，不能满足碳排放权的需求。此时会促使价格上升，直到等于均衡价格，实现供求相等，市场也再次恢复到均衡点 E。

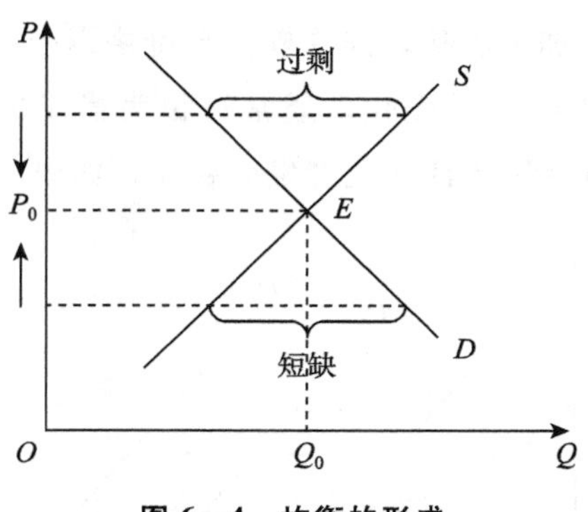

图 6－4　均衡的形成

供过于求价格趋于下降，供不应求价格趋于上升，这一规律普遍的存在于各种经济现象以及日常的生活中，碳排放权的供求关系同样影响其价格的变化，遵循这一规律。

二　供给与需求变动对均衡的影响

碳市场中供给与需求是变动的，碳市场的均衡也因此是变化的。由于碳排放权的均衡价格是由碳市场的需求曲线和供给曲线的交点决定的，于是，需求曲线和供给曲线的位置移动都会使均衡碳价格水平发生变化。

（一）需求变动对均衡的影响

碳市场的需求可以用需求曲线来描述，任何一条碳市场需求曲线都表示在其他条件不变时，由碳排放权的价格变动所引起的需求数量的变动，具体表现为碳排放权的价格—需求数量组合点沿着一条既定的需求曲线的运动。

事实上，在碳排放权的价格保持不变时，还有其他一系列因素会影响该碳市场的需求数量。这些其他的因素通常包括能源价格、企业节能减碳技术水平、对碳价格的预期等。例如，电厂、钢铁冶炼及水泥企业是碳交易市场上最主要的碳排放需求者，煤炭价格上升，电厂会选择方便廉价的天然气或石油发电，导致电厂释放的碳排放量下降，碳排放市场需求减少；反之，天然气价格上升，煤炭价格下降，电厂会选择燃煤发电，释放的碳排放量增加，使碳排放市场需求量急剧增加。又如，当企业预期碳排放权的价格在下一期会上升时，就会增加对碳排放权的现期需求数量，导致碳排放权的需求增加了。除碳排放权自身价格以外的这些其他因素变化所导致的碳市场需求数量的变化，通常被称为需求的变动，在几何图形中，需求的变动表现为需求曲线位置发生移动，如图6－5所示。

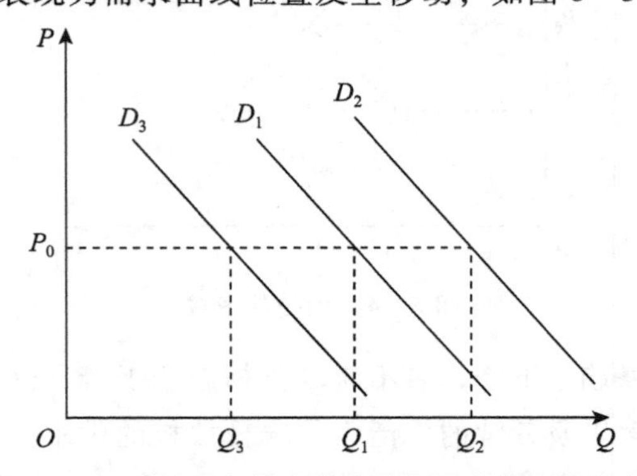

图6－5　碳排放权需求的变动和需求曲线的移动

假设碳市场供给曲线不发生变动，当碳排放权需求的变动，会影响均衡的价格水平。如图6－6（a）所示，需求曲线D_0与供给曲线S相交于E_0点，决定了均衡价格P_0与均衡数量Q_0。当需求增加，需求曲线由D_0向右平移至D_1时，需求水平整体增加了$Q_0Q_0^a$，意味着碳市场上存在供不应求的缺口，这将迫使碳市场价格由P_0逐渐上升到P_1。在此过程中，碳排放权需求会由于碳价格上升而由Q_0^a下降到Q_1，碳排放权的供给则由Q_0上升到Q_1，最后实现新的均衡，即点E_1，对应的均衡价格为P_1，均衡数量为Q_1。很明显，$P_1>P_0$，$Q_1>Q_0$。这表明，随着碳排放权需求的增加，均衡价格上升，均衡数量也会增加。同样的道理，如图6－6（b）所示，如果碳排放权需求减少，需求曲线由D_0向左平移至D_2，新的均衡点为E_2，对应的均衡碳价格为P_2，均衡数量为Q_2。很明显，$P_2<P_0$，$Q_2<Q_0$。这表明，随着碳排放权需求的减少，均衡价格与均衡数量会减少。

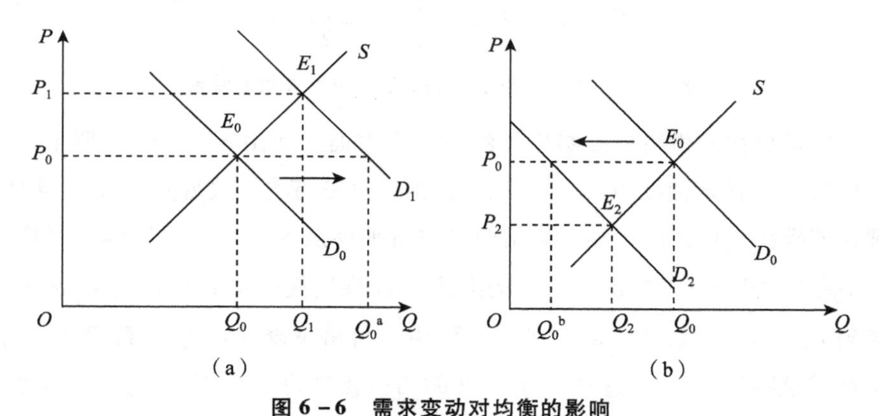

图6－6　需求变动对均衡的影响

（二）供给变动对均衡的影响

碳市场的供给可以用供给曲线来描述，任何一条碳市场供给曲线表示在其他条件不变时，由碳排放权的价格变动所引起的供给数量的变动，具体表现为碳排放权的价格—供给数量组合点沿着一条既定的供给曲线的运动。事实上，在碳排放权的价格保持不变时，还有其他一系列因素会影响该碳市场的供给数量。这些其他的因素通常包括政府的配额、投资者的多寡、对碳价格的预期等。在影响碳排放权供给的成本因素中，碳排放权又具有特殊性，因为碳排放权是一种无形虚拟的商品，所以其主要成本不同于一般商品的生产成本，而是由巨额的交易成本和减排成本构成的。除碳排放权自身价格以外的这些其他因素变化所导致的市场供给数量的变化，通常称为供给的变动。例如，当投资者预期碳排放权的价格在下一期会下降时，就会增加对碳排放权的现期供给数量，导致碳排放权的供给增加。在几何图形中，碳排放权供给的变动表现为供给曲线位置发生移动，如图 6－7 所示。

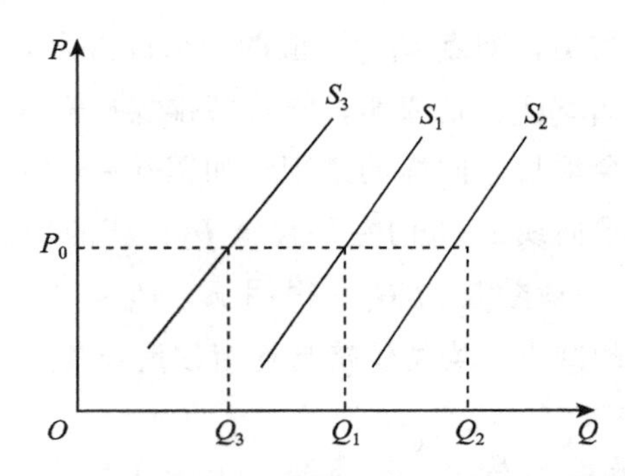

图 6－7　碳排放权供给的变动和供给曲线的移动

碳排放权的供给是影响均衡的另一个方面。如图 6－8（a）所示，供给曲线 S_0 与需求曲线 D 相交于 E_0 点，均衡价格与均衡数量分别为 P_0 与 Q_0。现在若碳排放权供给增加，供给曲线向右平移至 S_1，则供给整体水平增加了 $Q_0Q_0^a$，即碳市场有供大于求的剩余，这将迫使碳市场价格由 P_0 逐渐下降到 P_1。在此过程中，碳市场供给将由于价格下降而由 Q_0^a 下降到 Q_1，碳市场需求则从 Q_0 上升到 Q_1；最后新的均衡再次得以实现，即点 E_1，对应的均衡价格与均衡数量分别为 P_1 与 Q_1。可以清楚地发现，$P_1 < P_0$，$Q_1 > Q_0$。因此，碳排放权供给增加会引起价格下降，均衡数量增加。

同样的道理如图 6－8（b）所示，如果碳排放权供给减少，供给曲线向左移至 S_2，均衡点因此变为 E_2，均衡价格上升为 P_2，均衡数量下降为 Q_2。可以看出，当供给减少时，碳价格会上升，均衡数量会减少。

综上所述，在其他条件不变的情况下，碳排放权需求变动分别引起均衡价格与均衡数量的同方向变动；供给变动分别引起均衡价格反方向变动和均衡数量的同方向变动。如图 6－9 所示，这就是经济学中的“供求定理”，在碳市场中同样适用。另外，供给与需求同时发生变动对均衡的影响又可以分多种情况，读者可以根据上述方法进行推导。

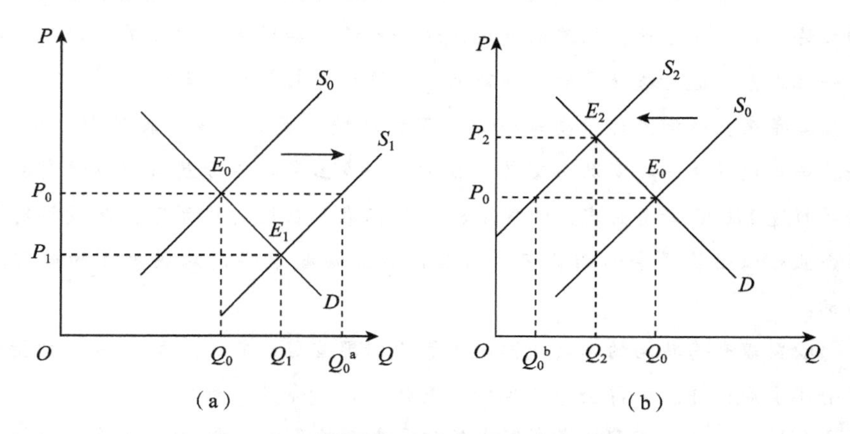

图 6－8　碳排放权供给变动对均衡的影响

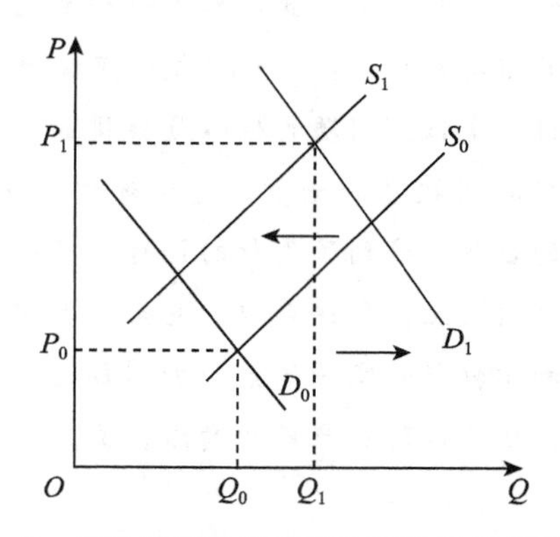

图 6－9　供给与需求同时发生变动对均衡的影响

案例研究

欧洲碳排放交易市场目前遭遇了巨大的困难。由于欧债危机冲击，经济活动多年来疲弱无力，工业活动减少，对排放权购买的需求减少，欧盟碳交易市场正深陷困境，市场价格不断下跌，未来难期。

2008 年下半年以来，碳排放许可指标的价格开始逐步下滑。当年 8 月时，碳排放许可的价格每吨在 40 美元以上，高昂的价格促使一些企业开始增加使用绿色的清洁能源、更新设备，或者采取其他措施来减少碳排放的影响。

不过这种正面效应没有能持续至今。2013 年上半年，碳交易市场上的碳排放许可价格几乎达到崩溃的境地，这一价格已经跌到每吨 4 美元以下。伦敦一位在欧洲进行碳交易的交易商表示，该市场未来无法确定。

多年来，欧洲始终以全球领先的保护环境、反对气候变暖的形象出现，并将碳排放作为一种商品来交易。然而，许多国家都指责欧盟碳排放交易体系对超过 11000 家企业实施的碳排放交易标准。在这种体系下，碳减排有效的企业可以出售多余的碳许可，而其他企业则被迫强制购买更多的碳许可指标。

欧盟碳交易市场的不景气同时也影响到那些曾经将该市场作为一种指标的全球企业，并且使得全球合作打击气候变暖的争论再起。经过多次峰会的讨论和协商，目前有 190 多个国家的官员表示将承担起在 2015 年减少碳排放的责任。然而，指责的人士则表示，欧盟作为一个共同体，自身都难以实现一个总量管制和交易的市场目标，显然对抗气候变暖十分困难。

欧盟碳价格为何持续走低？问题的核心是碳排放许可的供过于求。从需求上看，企业由于节能减排技术的进步，对于碳排放许可的需求开始减少。从供给方面看，太多的企业享受到了免费的许可。有些企业甚至永远都不需要为排放许可付费，这些企业囤积许可权，甚至将其出售牟利。交易体系方面，欧洲的交易体系和比较新的交易体系如加利福尼亚等地有所不同，欧洲交易市场没有设立价格底线以防止市场的崩溃，提升排放许可价格的过程十分复杂。

资料来源：http://finance.china.com.cn/roll/20130508/1448204.shtml。

第五节　政府对碳价格的调控和管理

一　碳价格波动的影响

碳排放权价格根据市场供需关系合理波动，从而释放碳价格信号，反映碳减排成本，最终形成总量控制、价格变动、技术进步和减排成本降低之间的周期性良性循环。但是如果碳交易价格波动比较频繁、波动幅度较大、价格走势不易确定，则会造成一些负面影响。碳排放权价格的大幅波动会给参与交易的排放企业造成过重的成本负担。根据碳排放权交易的总量控制和配额交易机制，配额不足的企业应在履行配额交付日前向市场购买与实际排放量匹配的碳排放权配额。碳排放权价格的大幅上涨，会给这部分企业带来超出预期的成本支出，从而使生产成本大幅上升，产品价格的市场竞争力削弱。同时，区域性碳排放权市场交易价格的明显差异，也使得不同区域内企业的碳配额生产成本产生明显差异，不利于区域间企业公平地参与市场竞争。碳排放权价格大幅度波动增加了企业风险控制和管理难度。一方面使企业面临的经营风险激增，增加了企业风险控制和管理难度；另一方面，不能给企业长期减排提供明确的市场价格信号，妨碍企业研发低碳产品和使用低碳工艺、设备和技术开展生产以节能减排，不利于企业做出长期减排的投资决策。同时，影响企业参与碳排放权市场交易的积极性，最终不利于全社会长期减排目标的实现。因此，应通过一系列有效的调控措施使碳排放权交易价格总体保持平稳趋势，特别是新建立的碳市场，要避免碳排放权交易价格的剧烈波动，实现碳排放权交易市场的平稳运行。

二　碳价格调控的政策手段

碳市场供求定理告诉我们，在没有非市场因素的干扰下，无论碳市场的需求还是供给如何变动，碳市场总会自发调节并最终实现供求相等的均衡。但在现实生活中，政府有时会对碳市场进行干预与调控。如果碳交易市场价格过高或过低，政府就会通过制定一个认为是合理的价格来达到预期的经济目标。这种对碳市场价格的干预会产生怎样的影响？可以结合前面学习的碳供求理论，进行分析。

（一）最低限价

最低价格也称支持价格，是政府为了扶持碳市场的有效运行而规定的高于市场均衡价格的价格。如图 6－10（a）所示，碳市场均衡时的价格与数量分别为 P_0与 Q_0。现在政府规定高于均衡价格的支持价格 P_1，这对市场的影响如何呢？由于价格上升，碳排放权供给者愿意提供更多的碳排放权 Q_2，但购买者对碳排放权的需求量因为价格上升而下降到 Q_1，由此产生碳市场失衡，供给大于需求，碳排放权供给过剩。政府设定最低限价的目的是维护碳市场的稳定，防止碳市场交易价格低于某一个特定的价格水平而导致碳市场的崩溃。要想继续维持这种支持价格，政府可能采取收购过剩的碳排放权、增加储备等措施来消化掉过剩的供给。

（二）最高限价

最高价格也称限制价格，是政府规定的低于碳市场均衡价格的价格。在图6－10（b）中，碳市场均衡价格与均衡数量分别为P_0与Q_0。当政府对市场进行干预，规定低于均衡价格的限制价格P_2时，需求增加至Q_2，而供给减少至Q_1，由此形成碳排放权短缺、市场供不应求的局面。在限制价格下，政府必须采取计划配给来供应碳排放权，并会出现购买者排队购买甚至抢购或黑市交易的现象。

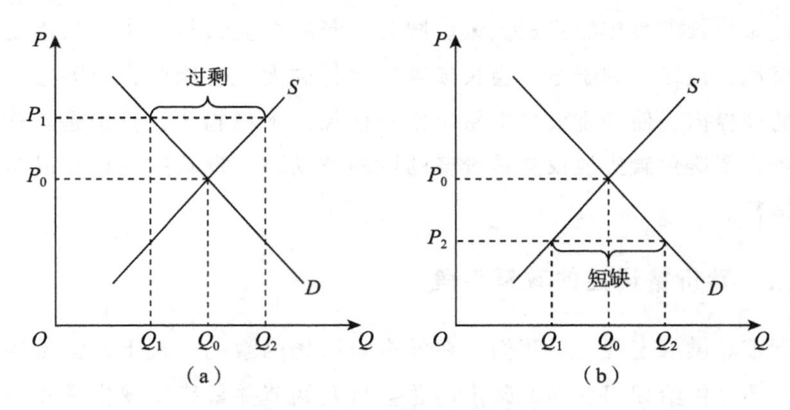

图6－10　价格政策对市场的影响

（三）低价拍卖

政府可以直接指定一个最高价格和最低价格，减排主体可以直接从政府那里以最高价格或者是最低价格购买配额。

政府设定最低价格是为了防止碳价格低于某一个特定的价格水平而导致碳市场的崩溃，拍卖最低价格允许减排主体以这一最低的价格购买配额。拍卖底价在温室气体减排行动计划，加利福尼亚、澳大利亚和魁北克碳市场中都加以了运用。拍卖底价是一个非常强烈的价格信号，是政府建立市场预期的重要一步。一般而言，当市场上没有清晰的参考价格时，就可以考虑设置底价。例如，加州碳市场设置了底价，拍卖底价是政府建立市场预期的辅助工具，是在二级市场供求关系尚未建立时候的一种过渡手段。但从长期来看，随着二级市场的成熟、供求关系的确定，底价政策应该逐渐放松或退出。

为了防止碳价格过高对减排企业带来较大的成本压力以及维护碳市场的稳定，政府可能会指定一个最高限价，减排主体可以以这一最高的限价直接从政府那里购买配额。例如，加利福尼亚和魁北克碳市场都采用了最高限价的方法。

（四）价格区间

政府可能对碳价格有一个心理的预期，政府可以通过对配额储备进行调节，从而维持某一个预期的价格。例如，为了保持市场上适度的配额数量，维持碳价的稳定，有的试点地区实行了配额储备制度。如深圳和北京设置了配额回购制度，北京、深圳、广东、湖北四地还预留了一部分配额作为调控配额。当市场上的配额过多时，可以进行吸收，以避免碳价大幅下跌；当配额紧缺时，可以放出，以避免碳价过快上升，甚至有价无市，给企业造成压力。

参考资料

在我国碳交易试点中，《深圳市碳排放权交易管理暂行办法》（以下简称《管理办法》）第一个提出了价格控制的详细办法，总体来说就是一个用固定价格限制最高价和用减少供给防止过低价的组合措施。《管理办法》第十八条规定：主管部门应当建立市场调节储备配额制度。市场调节储备配额以固定价格出售给控排单位，以增加市场供给、抑制价格快速上涨。市场调节储备配额只能用于履行本单位的配额提交义务，不能用于市场交易。这一规定类似于加州市场的“天花板”价设置，当市场价格过高时，政府能够以较低价满足企业履约需求。此外，第十九条则设置了配额回收机制：主管部门每年应当按照预先设定的规模和条件从市场回购配额，以减少市场供给、抑制价格剧烈下跌。通过配额价格保护机制回购的配额数量每年不得高于当年度有效配额数量的10%。

资料来源：http://finance.eastmoney.com/news/1350，20131105334711070.html。

内容提要

（1）碳排放权交易是指把温室气体排放权作为一种稀缺的资源进行买卖和交易，利用市场手段进行节能减排。碳交易市场机制配置碳排放权资源是根据碳市场对碳排放权需求、供给和竞争引起碳排放权价格变化从而实现对碳排放权进行分配、组合以及再分配、再组合，通过“价值规律”实现对碳排放权资源的高效配置，最终低成本地实现碳市场排放总量控制目标。

（2）《联合国气候变化框架公约》和《京都议定书》是碳交易的渊源；碳市场体系分为强制市场体系和自愿市场体系，碳交易市场参与主体主要包括排放企业、金融机构和政府；碳市场按照交易对象分为配额交易市场和项目交易市场两大类，根据组织形式分为场内交易和场外交易，根据法律基础划分为强制交易市场和自愿交易市场。

（3）碳排放权需求类别包含碳排放权实际排放需求、碳排放权交易需求、碳排放权投资需求和碳排放权投机需求。在四种碳排放权需求当中，实际排放需求是基础，起着决定性的作用，交易需求、投资需求和投机需求是引致需求。

（4）碳排放权的需求是指购买者在一定时期内，在各种可能的价格水平上愿意并且能够购买的排放权数量。往往是价格越高，需求量越小，价格越低，需求量越大，需求量与价格呈反向变化关系。影响碳排放权需求的因素主要包括碳价格、能源价格、企业节能减排技术、投资机构购入待未来出售的配额、对碳价格的预期等。

（5）碳排放权供给的来源包括政府配额总量供给、调剂余缺的供给、风险投资的供给和项目交易的供给。碳排放权的供给是指政府或出售者在一定时期内，对于某碳排放权在各种可能的价格水平下愿意并且能够出售的数量。碳排放权供给的影响因素主要包括碳价格、政府的减排目标、历年积累的多余配额、当期核证减排量、碳价格的预期等。

（6）碳排放权和其他的普通商品一样，它的核心价格也是由市场中的供给与需求两种力量共同决定的，即均衡由供给与需求共同决定。均衡价格是指碳排放权的市场需求量与市场供给量相等时的价格。在均衡价格下相等的供求量称为均衡数量。在其他条件不变的情况下，碳排放权需求变动分别引起均衡价格与均衡数量的同方向变动；供给变动分别引起均衡价格反方向变动和均衡数量的同方向变动。

（7）碳排放权价格根据市场供需关系合理波动，从而释放碳价格信号，反映碳减排成本，最终形成总量控制、价格变动、技术进步和减排成本降低之间的周期性良性循环。但是如果碳交易价格波动比较频繁、波动幅度较大、价格走势不易确定，则会给参与交易的排放企业造成过重的成本负担以及增加企业风险控制和管理难度。

（8）政府对碳价格的调控包括直接定价和间接定价。直接定价是指政府可以直接指定一个最高价格和最低价格，减排主体可以直接从政府那里以最高价格或者最低价格购买配额。间接定价是指政府可能对碳价格有一个心理的预期，政府可以通过对配额储备进行调节，从而维持某一个预期的价格。

思考题

1. 碳交易市场参与的主体有哪些？各自在市场中的地位和作用怎么体现？
2. 影响碳排放权需求和供给的因素有哪些？
3. 碳排放权的供给和需求与西方经济学中一般商品的需求与供给有什么区别？
4. 从碳排放权交易市场的基本理论出发，结合我国正在试点的七省市碳排放权交易，分析其各自交易特点。

参考文献

[1] 刘英、张征、王震：《国际碳金融及衍生品市场发展与启示》，《新金融》2012 年第 10 期。

[2]《减缓行动在中国：监测、汇报和核查》，世界资源研究所，2009。

[3] 王锐：《碳排放权交易的市场定价》，哈尔滨工业大学硕士学位论文，2010。

[4] 肖志明：《碳排放权交易机制研究——欧盟经验与中国抉择》，福建师范大学博士

学位论文，2011。
[5] 赵娜：《碳排放权交易定价问题研究》，中央民族大学硕士学位论文，2011。
[6] 吉宗玉：《我国建立碳交易市场的必要性和路径研究》，上海社会科学院博士学位论文，2011。
[7] 荆克迪：《中国碳交易市场的机制设计与国际比较研究》，南开大学博士学位论文，2014。
[8] 胡桂珍：《我国碳排放权交易市场及定价研究》，湖南大学硕士学位论文，2012。
[9] 钟劲松：《我国发展碳交易市场策略研究》，《价格理论与实践》2010 年第 7 期。
[10] 罗胜：《国碳排放权交易市场问题与对策分析》，《中国—东盟博览》2011 年第 1 期。
[11] 马万柯：《论碳交易市场定价权》，《现代商贸工业》2009 年第 2 期。
[12] 方虹、施凤丹：《碳交易市场与中国碳交易定价权》，《产权导刊》2010 年第 8 期。
[13] 曾梦琦：《国际碳交易市场发展及其对我国的启示》，《南方金融》2011 年第 1 期。
[14] 陈波、刘铮：《全球碳交易市场构建与发展现状研究》，《内蒙古大学学报》（哲学社会科学版）2010 年第 3 期。
[15] 陈德敏、谭志雄：《重庆市碳交易市场构建研究》，《中国人口 · 资源与环境》2012 年第 6 期。
[16] 付玉：《我国碳交易市场的建立》，南京林业大学硕士学位论文，2007。
[17] 傅强、李涛：《我国建立碳排放权交易市场的国际借鉴及路径选择》，《中国科技论坛》2010 年第 9 期。
[18] 高山：《我国碳交易市场发展对策研究》，《生态经济》2013 年第 1 期。
[19] 高天皎：《碳交易及其相关市场的发展现状简述》，《中国矿业》2007 年第 8 期。
[20] 李布：《借鉴欧盟碳排放交易经验构建中国碳排放交易体系》，《中国发展观察》2010 年第 1 期。
[21] 李承智、潘爱玲、谢涤宇：《我国碳排放权交易市场价格波动问题探讨》，《价格理论与实践》2014 年第 8 期。

第七章
碳交易产品与规则

碳交易产品与交易规则是碳交易体系的核心内容。市场各参与人通过参与市场交易，形成市场认可的价格，从而明确全社会减排的目标。可以说，碳交易体系从制度设计到最终实现全社会节能减排的目的，都是通过交易的过程来实现的。

不同的碳市场中，交易产品和交易规则不尽相同。不同的产品和规则最终形成的市场所反映的情况和产生的效应也大不相同。本章立足于碳市场交易标的物与交易规则的解析，通过部分实例进行讲解。读者可以更多地通过资料查找，结合实际情况对照本章内容进一步地加深和巩固。

第一节　碳金融概述

碳金融（Carbon Finance）是指所有服务于减少温室气体排放的各种金融交易和金融制度安排。不同的研究机构对碳金融有着不同的界定，但大部分研究者赞同碳金融有广义和狭义之分。一般而言，狭义的碳金融是指市场层面的碳金融，即以碳排放权为标的金融现货、期货、期权交易。广义的碳金融则是机构层面，泛指所有为减少温室气体排放服务的金融制度和交易活动。

一　碳金融的起源

碳金融的兴起源于《联合国气候变化框架公约》（*United Nations Framework Convention on Climate Change*，UNFCCC）及其补充条款《京都议定书》

（*Kyoto Protocol*）①，要求 UNFCCC 中附件 I 的国家（即发达国家）2008～2012 年将 GHG（Green House Gas，温室气体）的排放在 1990 年基础上减少 5.2%，发展中国家则不承担有法律约束的减排义务；同时还确定了三种灵活机制使发达国达到各自所承担的减排义务，即联合履约机制 JI（Joint Implementation）②、国际排放贸易 IET（International Emission Trading）③ 和清洁发展机制 CDM（Clean Development Mechanism）④。这一规定以及三种机制，使温室气体减排量成为可以交易的无形产品，直接促进了全球碳金融市场的发展，其中蕴含的巨大商机促使许多国家、地区、多边金融机构、企业、个人等相继成立了碳基金，在全球范围内展开碳减排或者碳项目投资，并购买或者销售从项目中所产生的可计量的真实的碳信用指标。

有别于传统金融，碳金融具有以下三个独特之处：一是以碳排放权为标的的交易活动，其本质是“碳交易 + 金融属性”；二是特定价值取向的金融行为，不以经济效益为终极目标，而是以良好的环境效应和社会效应为重心，支持低碳经济的发展；三是综合性强，需融合环境科学、地球科学、气象学等多种学科。

二　全球碳金融蓬勃发展

碳金融市场作为新兴的金融市场，被认为是应对全球气候变化、保护生态环境以及优化环境资源配置效率最佳的经济手段。碳金融创新，是推进碳交易市场发展的重要手段，是优化碳资产配置的有效途径。随着气候变暖问题的日益严重，旨在减少碳排放的碳金融与碳金融市场得到了迅速发展。

2015 年 2 月 10 日，国际碳行动合作组织（ICAP）发布题为《ICAP 2015

---

① 《联合国气候变化框架公约》及其补充条款《京都议定书》是对保护全球环境、实现可持续发展具有里程碑意义的国际协议。其中，《京都议定书》第一次提出了对有关缔约国具有法律约束力的限制和减少温室气体排放的义务。

② 联合履行机制。主要是指发达国家之间项目级的合作，其所实现的温室气体减排抵消额，可以转让给另一发达国家缔约方，但同时须在转让方的允许排放限额上扣减相应的额度。

③ 国际排放交易机制是京都议定书下第十七条所确立的合作机制，允许发达国家分配数量单位（Assigned Amount Units，AAU）和其他京都信用（包括 CER 和 REU）交易。

④ 清洁发展机制是《京都议定书》中引入的灵活履约机制之一。核心内容是允许发展中国家的减排项目产生的核证减排量（CER）转让给发达国家。

年全球排放交易体系现状报告》（Emissions Trading Worldwide: ICAP Status Report 2015），其中指出，截至2015年，四大洲总共有17个各具特色的碳排放交易系统（ETS）在运行，这些地区的GDP合计占全球GDP的40%。其中，在2012～2014年间，亚洲总共推出9个新的ETS，使得该地区成为排放交易的新枢纽；2015年1月韩国推出全国ETS，中国也计划于2017年启动全国碳市场。在全球碳排放交易系统不断增加的同时，碳定价机制的覆盖面也正稳步扩大，这意味着未来全球碳金融市场的规模有望进一步增大，全球碳金融市场的发展将会日趋完善。世界银行2012年预测，到2020年全球碳金融市场交易总额有望达到3.5万亿美元，超过石油成为世界第一大市场；到2050年，甚至有望达到15万亿～30万亿美元的规模。

第二节　碳金融产品的介绍

一　碳金融产品的分类

碳金融的发展不过十来年，作为新兴领域，存在巨大的潜力，也存在着许多未知还有待深入探讨的问题。由于目前对于碳金融及其产品等没有完全统一的界定，故研究者对碳金融产品的种类和划分方式有着不同的观点。本书将全球碳金融产品分为碳金融现货交易产品和碳金融衍生产品两大类，前者包括碳信用和碳现货产品，后者包括碳远期、碳期货、碳期权和结构性产品，详见表7－1。在所有的碳金融产品中，碳基金和碳衍生产品所占的市场份额最大，是最常见的碳市场交易产品。

表7－1　全球碳金融产品分类

碳金融现货交易产品				碳金融衍生产品			
碳信用			碳现货产品	碳远期	碳期货 碳期权	结构性产品	其他
配额	项目	自愿	碳基金、 绿色信贷、 碳保险、 碳股票	远期 合约	标准化 期货、 期权合约	与某标的 挂钩的 结构性 理财产品	证券化产品、 碳债券、 套利工具
EUA、 AAU	CER、 ERU	VER					

资料来源：杜莉等《低碳经济时代的碳金融机制与制度研究》，中国社会科学出版社，2014，第122页。

二 碳金融现货交易产品

经过近十年发展，碳金融产品的规模在不断扩大，种类日趋丰富。表7-2展现了国外主要的碳排放交易及其碳金融产品的发展简况。

表7-2 国外主要的碳排放交易及其碳金融产品

区域	名称	碳金融产品
欧洲	欧洲气候交易所（ECX）	EUA、EUR和CER类期货期权类产品
	欧洲能源交易所（EEX）	电力现货、电力、EUA
	北欧电力库（NP）	电力、EUA、CER
	BlueNext交易所	EUA和CER的现货和衍生品
	Climex交易所	EUA、CER、VER、ERU和AAU
美洲	绿色交易所（Green Exchange）	EUA、CER、RGGI、SO_2和NO_x配额和加州碳排放配额CCAS，此外还有VER/VCU、REC
	芝加哥气候交易所（CCX）	北美及巴西的六种温室气体的补偿项目信用交易
	芝加哥气候期货交易所（CCX）	规范、结算的废弃排放量配额和其他环保产品方面的期货合约
大洋洲	澳大利亚气候交易所（ACX）	CER、VER、REC
	澳大利亚证券交易所ASX	REC
	澳大利亚金融与能源交易所（FEX）	环境等交易产品的场外交易（OTC）服务
亚洲	新加坡贸易交易所（SMX）	碳信用期货以及期权
	新加坡亚洲碳交易所（ACX-exchange）	远期合约或已签发的CER或VER的拍卖
	印度多种商品交易所有限公司（MCX）	两款碳信用产品合约——CER和CFI
	印度国家商品及衍生品交易所有限公司（NCDEX）	CER

资料来源：王遥、刘倩《2012中国气候融资报告：气候资金流研究》，经济科学出版社，2013。

（一）碳信用

碳信用（carbon credit）是指温室气体排放权，在经过联合国或联合国认可的减排组织认证的条件下，国家或企业以增加能源使用效率、减少污染或减少开发等方式减少碳排放，因此得以进入碳交易市场的碳排放计量单位。

碳信用的计量单位是碳信用额，碳信用额是《京都议定书》里的一个经济工具。每个信用额相当于一吨未被排放到大气中的二氧化碳。它们只能通过京都议定书里规定的机制生成。根据这些机制，共有三类不同的信用额。

ERU（Emission Reduction Unit）：如果东道国是附件一中的经济转型国家，则合作机制称为联合履行机制（JI），项目所产生的减排量称为减排单位，即 ERU。

CER（Certified Emission Reduction）：如果东道国是发展中国家（非附件一国家），则合作机制称为清洁发展机制（CDM），项目所产生的减排量称为核证减排量，即 CER。

AAU（Assigned Amount Unit）：IET 是基于温室气体排放量的机制，是在附件一国家之间进行的交易，即如果一个附件一国家的温室气体排放量超过了允许的范围，那么它可以从其他附件一国家购买分配数量单位（AAU）。AAU 是附件一国家根据其在《京都议定书》中的减排承诺能够得到的排放配额，每 1 个单位 AAU 即可排放 1 吨 CO_2[①]。

（二）碳现货产品

1. 碳基金

国际组织，特别是世界银行，是碳金融产品开发最为积极且富有经验的组织，其开发的碳金融产品除了发挥产品本身的功能外，还希望通过实践成为各国学习的范例。世界银行开发的主要减排金融工具为碳基金，以资助具有减排潜力的国家和企业，采取相应的技术手段，尽量减少碳排放，缓解全球气候变暖的趋势。世界银行的碳基金业务始于 1999 年建立 2000 年开始运作的规模为 1.80 亿美元的原型碳基金 PCF（Prototype Carbon Fund）。此后，世界银行先后设立了 15 只碳基金，按照 2012 年 12 月 31 日的汇率计算，前十只碳基金规模共计 23 亿美元，这些基金支持了 75 个国家 145 个项目活动。自 2000 年以来，这些举措通过其资助的项目帮助减少相当于 1.87 亿吨的二氧化碳排放。世界银行六个最新的碳工具（包括碳伙伴基金、森林碳伙伴基金、伙伴市场准备、碳倡议发展、生物碳基金、森林

① 李博：《碳金融对产业结构调整的影响机理分析》，吉林大学硕士学位论文，2011。

景观和试点拍卖工具）的目标是扩大减排量的规模，关注以市场为基础的碳初步行动的准备工作，减少最不发达国家的能源获得渠道，以及减少砍伐森林和森林退化的碳排放。目前全球基金组建与管理模式分类如表 7－3 所示。

表 7－3　全球碳基金组建与管理模式分类

碳基金的主要管理模式	具体类型	主要案例
政府与私人机构	由开发银行管理经营	西班牙碳基金、KIW 碳基金、世行原型碳基金、生物碳基金、意大利碳基金
	由私人机构管理经营	日本碳基金、巴西社会碳基金、NEFCO 碳基金、可持续资本碳基金、多国碳信用基金
政府部门	由开发银行管理经营	荷兰 CDM 碳基金、荷兰－欧盟碳基金、IFC 荷兰碳基金、荷兰温室气体减排合作基金
	由私人机构管理经营	生态安全丹麦碳基金、奥地利 CDM 项目与 CER 碳基金、奥地利 JI/CDM 项目计划
	由政府部门管理经营	埃及碳基金、瑞典碳基金、丹麦碳基金、芬兰 JI/CDM 碳基金
私人机构	由私人机构管理经营	欧洲碳基金、气候变化碳基金、ICECAP、排放交易碳基金

资料来源：碳基金课题组编著《国际碳基金研究》，化学工业出版社，2013。

经过十余年的发展，碳基金呈现如下发展趋势。一是金融机构投资者的参与程度逐渐提高，表现为自 2005 年开始，越来越多的银行和投资银行等金融界机构通过申购或参与设立及管理的方式进入碳基金市场，如高盛、JP 摩根以及美林银行等。二是国际金融危机促进了碳初级市场的兼并和重组，自 2008 年开始，部分碳信用买家如投资银行和金融中介机构纷纷通过收购项目业主进入碳金融市场，扩展其金融活动边界。三是新兴碳信用采购策略不断出现。自 2008 年起部分投资者更愿意购买碳信用组合，即持续性地向已经购买过碳信用的项目注入资金和技术获取碳信用，而不是简单地与新的 CDM/JI 项目签订购买协议获取碳信用[①]。

未来全球碳基金发展的机遇广阔，主要动力来源于两个方面。一是不

① 杨星、范纯：《碳金融市场》，华南理工大学出版社，2015。

断扩大的国际碳市场发展为碳基金提供了广阔的发展空间。2015 年 2 月 10 日，国际碳行动合作组织（ICAP）发布题为《ICAP 2015 年全球排放交易体系现状报告》（Emissions Trading Worldwide：ICAP Status Report 2015）的报告，该报告通过综合专家观点和大量数据，对全球排放交易体系（ETS）趋势进行了分析和预测，评估结果指出 ETS 在全球的发展取得成功。加上之前的中美气候变化联合协议，这些举动为 UNFCCC 谈判达成全球气候协议注入了新鲜的推动力。良好的发展势头也为碳基金的更好发展奠定了坚实的基础。二是全球主要经济体在减排立场上逐渐趋于一致。

中美双方于2014 年 11 月 12 日共同发表了《中美气候变化联合声明》，宣布了各自 2020 年后的行动目标，中国将力争实现温室气体排放量从 2030 年左右开始减少；美国则承诺，确保 2025 年温室气体排放量较 2005 年下降近四分之一。俄罗斯计划在 1990 年至 2030 年间减少温室气体排放量 25% ~30%。日本新目标宣称，到 2030 年日本的温室气体排放量将较 2013 年减少 20% 左右。加拿大 2009 年哥本哈根协议承诺，到 2020 年比 2005 年削减温室气体 17%。而来自加拿大环境部门的数据显示，如果不采取进一步措施，2020 年温室气体不但不能减少，反而会超出既定排放量 20%。

2015 年 12 月，巴黎气候变化大会通过了全球气候变化的新协议——《巴黎协议》。不同于《京都议定书》只规定了发达国家在 2020 年前两个承诺期的减排承诺，《巴黎协定》包括了发达国家和发展中国家，对 2020 年以后全球应对气候变化的总体机制做出了制度性的安排。《巴黎协定》采取“自下而上”模式促进全球减排，各国提出国家自主贡献目标，不再强制性地分配温室气体减排量。《巴黎协定》要求各国每 5 年更新一次国家自主贡献目标，根据国情逐步提高国家自主贡献目标，尽最大可能地减排。中国已承诺在 2030 年左右达到二氧化碳排放峰值，同时 2030 年单位国内生产总值二氧化碳排放要比 2005 年下降 60% ~65%。

2. 碳债券

欧洲投资银行在 2007 年发行了第一只“绿色债券”开启了碳债券发行的第一步。随后，世界银行、美国财政部、标准普尔与点碳公司、国际金融公司等相继发行绿色债券。碳债券的成功发行和筹资使许多国家意识到该模式有助于吸引私人资本支持政府节能减排项目，随着发行方的增多，碳债券的目标、形式也越来越多样化。

世界银行是绿色债券的积极推动者，其2015年6月发布的《绿色债券影响报告》（*Green Bond Impact Report*）的数据显示，截止到2014年6月30日，世界银行已经发行了以18种货币计价的100只绿色债券，共募集资金84亿美元。依据明确定义的绿色债券标准，上述债券募集的资金已用于77个符合绿色债券标准的项目。77个项目投资总计137亿美元遍布世界不同地区的不同行业。其中，对中国的两个提高工业能效的项目预计每年减少1260万吨当量的二氧化碳排放，相当于每年减少270万辆乘用车的使用。

3. 碳保险

碳保险以《联合国气候变化框架公约》和《京都议定书》为前提，基于两个国际条约对碳排放的安排而存在，或是保护在非京都规则中模拟京都规则而产生的碳金融活动的保险。目前国际金融提供的碳保险服务主要针对交付风险。2009年，澳大利亚的保险承保机构斯蒂伍斯·艾格纽（Steeves Agnew）首次提出了碳损失保险概念，该保险覆盖因不可抗力和特定意外事故导致森林无法实现已核定的碳减排量所产生的履约风险。当因上述事件造成碳汇持有者的损失时，保险公司将根据投保者的要求为其提供澳洲联邦政府的在线国家碳核算产品或其他独立的核定单位。

三　碳金融衍生产品

全球很多碳交易所都已经推出碳期货、碳期权等金融衍生产品，我国碳金融市场发展还处在起步阶段。

（一）碳互换

根据欧盟的指令，EU ETS的参与者可以利用刚从《京都议定书》CDM和JI机制下获得的CER与EUR履行在EU ETS下的义务，实现CER和EUR之间的互换、CER与EUA之间的互换以及EUR与EUA之间的互换。碳互换的推出使得市场参与者获得了更多的灵活性，加速了国际碳交易市场的一体化。碳互换的本质可以看作是一系列碳远期合约的组合，如债务与碳信用互换交易制度，其本质就是以不同期限的固定债务的本金和利息去交换未来相应时间的特定数量的碳排放权，实质上就是一系列碳远期合约的组合。

（二）碳远期

碳远期合约本质上与一般的远期交易无异，是以碳额度或碳排放权为基础资产的一种特殊的远期合约。碳远期交易源于金融市场上的投资者对自己所持有的碳资产保值或者避险等需求，由于碳交易市场的碳排放价格除受供需因素影响外，还受到诸如能源市场波动、政治事件、极端天气、宏观经济等因素的影响，价格波动剧烈。目前市场上，有限排、减排需求的国家参与的 CDM 项目产生的核证减排量（CER）大部分采用碳远期的形式进行交易。2007 年 11 月，新加坡与日本签订了新加坡的第一份碳交易合约，该合约约定新加坡的 Eco-Wise 公司将在 2008 年到 2012 年间交付 95000 单位的 CER 给日本的 Kansai 电力公司，合约的标的物为新加坡政府于 2006 年 3 月批准的京都议定书机制下的 CDM 减排项目所产生的 CER，以远期的形式进行交割结算，每单位碳信用的价格为 8～12 欧元。

（三）碳期货

2004 年，欧洲气候交易所（ECX）在芝加哥气候交易所（CCX）和伦敦国际原油交易所（IPE）成立，该电子交易平台推出了欧洲市场上首个碳期货合约。2005 年 4 月，ECX 推出第一只欧盟碳排放配额期货（EUA），成为欧洲范围内第一家设立碳排放权期货品种的交易所。随后，芝加哥气候交易所、欧洲气候交易所、欧洲能源交易所（EEX）相继推出核证减排量（CER）期货合约，其中位于伦敦的洲际交易所（ICE）是最大的碳期货交易平台。表 7－4 显示的是国际上主要的碳期货产品。

表 7－4　国际上主要的碳期货产品及特点

产品	特点说明
碳排放配额期货（EUA Futures）	此产品由交易所统一制定，实行集中买卖，规定在将来某一时间和地点交割一定质量和数量的碳排放指标期货的标准化合约。其价格是在交易所内以公开竞价的方式达成的
经核证的碳减排量期货（CER Futures）	可规避 CER 价格大幅波动带来的风险。在清洁发展机制之下，由发达国家提供资金和技术支持，在发展中国家投资开发 CDM 项目，实现经核证的碳减排量（CER）

续表

产品	特点说明
减排单位期货（ERU Futures）	减排单位可以转让给另一个发达国家缔约方，同时在转让方的分配数量（AAU）上扣减相应额度，项目双方为了避免 EUA 价格波动的风险，通常运用减排单位期货进行对冲和套期保值
碳金融期货合约（CFI Futures）	主要在芝加哥气候交易所、芝加哥气候期货交易所、欧洲气候交易所上市交易。是基于配额下的碳信用，每单位 CFI 代表 100 吨二氧化碳当量，现货可在芝加哥气候交易所交易
区域温室气体排放配额期货（RGGI Futures）	在芝加哥气候期货交易所、美国绿色交易所、ICE 交易所等上市交易，为多家碳排放管制下电厂和投资商提供套期保值的工具
加利福尼亚限额期货（CCA Futures）	以加州政府限定碳配额 CCA 为标的，对未来出售或买入的配额进行保值的金融产品。2013 年碳交易正式实行，二级市场碳衍生品逐步丰富

资料来源：笔者根据相关信息整理。

全球的主要碳期货交易所包括欧洲气候交易所（ECX）、芝加哥气候交易所（CCX）、芝加哥气候期货交易所（CCFE）、欧洲能源交易所（EEX）、洲际交易所（ICE CEX）、北欧电力交易所（Nord Pool）、美国绿色交易所（Green X）和印度碳交易所（MCX NCDEX）等。

（四）碳期权

2006 年 10 月，欧洲气候交易所（ECX）推出第一只 EUA 期权，作为公认的工业基准合约在 ICE 欧洲期货交易所（原伦敦国际石油交易所）上市。期权目前交易的基础资产类别包括碳排放配额期权合约（EUA Options）、经核证减排量期权合约（CER Options）、区域温室气体排放配额期权合约（RGGI Options）、碳金融期权合约（CFI Options）等，见表 7 –5[①]。

表 7 –5　国际主要的碳期权产品

产品名称	产品说明
碳排放配额期权（EUA Options）	以欧盟碳排放体系下 EUA 期货合约为标的，持有者可在到期日或之前履行该权利
经核证减排量期权（CER Options）	通过清洁生产机制产生的 CER 的看涨期权或看跌期权。由于国际碳减排单位一致且认证标准及配额管理规范相同，市场衍生出了 CER 和 EUA 期货的价差期权

① 张淼淼：《中国碳金融发展模式》，首都经济贸易大学硕士学位论文，2011。

续表

产品名称	产品说明
减排单位期权（ERU Options）	在联合履约机制（JI）下，以发达国家之间项目开发产生减排单位（ERU）期货为标的的期权合约
区域温室气体排放配额期权（RGGI Options）	美国区域温室气体应对行动计划下，以二氧化碳排放配额期货合约为标的的期权合约。RGGI 期权合约为美式期权，期权将在 RGGI 期货合约到期日前第三个月交易日满期，最小波动值为每排放配额 0.01 美元。合约自 2008 年 8 月开始在纽约商业交易所（NYMEX）场内的 CMEGlobex 电子平台交易进行交易
碳金融期权（CFI Options）	以 CFI 期货为标的的期权合约。碳排放金融工具—美国期权（CFI－US Options）以开始于 2013 年的温室气体排放期货合约为标的，该温室气体排放限额必须符合一个潜在准予的联邦美国温室气体总量控制和排放交易项目
加利福尼亚限额期权（CCA Options）	以加州政府限定碳配额 CCA 期货为标的的期权合约
核发碳抵换额度期权（CCAR-CRT Options）	以 CRT 期货为标的的期权合约。气候储备（CRTs）是由气候行动宣布基于项目的排放减少和加利福尼亚气候行动登记的抵消项目减量额度

资料来源：杨星、范纯编著《碳金融市场》，华南理工大学出版社，2015。

第三节　我国碳金融发展的现状

2017 年将是全国碳交易市场启动之年，业界认为该市场规模将高达 1000 亿元；预计到 2020 年，每年碳排放许可市场价值将达到 600 亿～4000 亿元，现货市场将达到 10 亿～80 亿元，我国有望成为超过欧盟的全球最大的碳排放交易市场。与诱人的前景形成强烈反差的是，目前我国七大碳交易试点的年交易额仅几亿元；即使相对高履约率、高活跃度的北京，在 2014 年活跃度最高的 6 月也只达到 0.87%，远低于欧洲 EU ETS 和美国 RGGI 市场 4.8% 以上的碳交易活跃度。企业履约不积极、碳资产流动性差等现实障碍仍待解决。要活跃碳市场，除了扩大现货市场自身交易规模之外，引入专业机构、激活碳金融、发展碳资产管理业务、开发新交易品种，以资本市场操作思维挖掘碳市场潜力，是未来碳市场发展的必然趋势。因此，我国碳金融的发展与碳交易体系的发展息息相关。

碳金融产品的发展取决于碳金融市场的成熟和完善程度，碳金融市场的发展与碳减排市场的建设密切相关，虽然目前我国这两大市场尚处于起步阶段，但正历经着快速发展。目前我国主要的碳金融产品主要有：CDM远期交易、碳信贷产品、碳基金、碳保险产品、低碳理财产品、碳互换等，与国际金融产品的种类和数量相比仍存在较大的差距。郑勇和林伯强及黄光晓等认为我国缺失碳金融衍生产品，将导致缺失碳排放定价权，因而需建立具有中国特色的碳金融体系，推出包括各类碳排放额度的碳金融衍生产品，并通过这些碳金融衍生品的交易来影响国际碳交易市场的价格形成，掌握国际碳交易市场定价的主动权，引导全球碳减排活动向有利于中国的方向发展。

伴随着我国碳交易市场的从无到有，不断的成长，在政府的大力推动下，政府机构和金融机构也相继开发出了一系列碳金融产品。

一　CDM远期交易

清洁基金（简称CDM）是由国家批准设立的按照社会性基金模式管理的政策性基金，其宗旨是支持国家应对气候变化工作，促进经济社会可持续发展。作为国家财政支持绿色低碳的一支重要创新力量，CDM通过连接政府与市场、财政与金融，与财政主流工作相结合，探索采用多种PPP工作模式，撬动了大量社会资金支持低碳产业发展。CDM交易本质上是一种远期交易，具体操作思路为买卖双方根据需要签订合约，约定在未来某一特定时间、以某一特定价格购买特定数量的碳排放交易权。CDM远期交易已经成为我国碳金融市场最主要的交易工具。CDM资金的来源包括四个渠道：一是通过CDM项目转让温室气体减排量所获得收入中属于国家所有的部分；二是基金运营收入；三是国内外机构、组织和个人捐赠；四是其他来源。收取CDM项目国家收入是清洁基金当前的主要资金来源。

《中国清洁机制发展基金年报（2013）》的数据统计显示，2013年我国共有862个新CDM项目注册成功，897个项目1167批次CER获得签发，合计1.62亿吨二氧化碳当量。截至2013年12月31日，我国累计有3777个CDM项目注册成功，1368个项目3867批次CER获得签发，累计8.65亿吨二氧化碳当量。从款项金额来看，清洁基金收取565笔国家收入款项，折合人民币12.6亿元；截至2013年12月31日，清洁基金累计收取了2486笔国家收入款项，折合人民币133.9亿元。2013年度，清洁基金安排了2.1亿元资金，用于支持126个赠款项目；截至2013年12月31日，清洁基金累计安排了约7.1亿元资金，用于支持364个赠款项目；项目内容涉及国家与地方应对气候变化战略和政策研究、温室气体统计核算体系建设、碳市场机制研究、技术与标准开发、行业与地方能力建设、社会公众宣传等方面。

二　碳信贷产品

2013年全球共发行了110亿美元绿色债券[①]，而截至2014年11月规模就已经达到2013年的3倍。绿色债券可以分为三种类型：一为气候项目直接融资（项目债券、市政收益债券）；二为气候项目再融资（项目债券、资产支持债券），对新融资有一定替代；三是通过发行人整体资产负债表支持的债券进行间接融资或再融资用于绿色领域（包括主权债券、公司债券、一般市政债券和金融机构债券等）。

2015年初，银监会和国家发改委于1月13日联合印发《能效信贷指引》，能效信贷是指银行业金融机构为支持用能单位提高能源利用效率，降低能源消耗的信贷融资，以落实国家节能低碳发展战略，促进能效小信贷持续健康发展。重点服务领域包括与工业节能、建筑节能、交通运输节能等节能项目、服务、技术和设备有关的领域；信贷方式包括用能单位能效项目信贷和节能服务公司合同能源管理信贷两种信贷方式。

从银行业整体公布的数据来看，近些年银行绿色信贷增速迅猛，截至2014年底，21家银行业金融机构绿色信贷余额达6.01万亿元，占各项贷款的9.33%。

其中，建设银行发布统计消息显示，2015年上半年，该行绿色信贷余额5998.49亿元，占各项贷款的6.32%，较年初新增1127.32亿元，增速为23.15%；节能减排效益显著，折合减排标准煤1904.09万吨，减排二氧化碳当量4424.37万吨，减排COD14.63万吨，减排氨氮、二氧化硫、氮氧化物分别为1.37万吨、10.17万吨、1.42万吨，节水83.33万吨。截至2015年3

① Boulle, B., Kidney, S., Oliver, "Bonds and Climate Change: The State of the Market in 2014", London: CBI and HSBC, 2014.

月末，兴业银行也已累计为3928家企业提供绿色金融融资6242.52亿元，绿色金融融资余额达3165.05亿元。中小银行中，恒丰银行也表示，该行北京分行在7个多月的时间内，共计发放绿色信贷十余笔，金额合计13亿元。但由于缺乏统一的监管标准，银行在绿色信贷上依旧“各自为政”，部分存在信息披露的数据类型不完整、贷款流向监管不易等问题。同时，对于中小银行而言，信贷规模受限，也受到银行贷款周期等方面约束，对于绿色金融往往有心无力①。

兴业银行代表了我国银行业在碳金融领域的最高水平，作为中国首家和唯一一家赤道银行，通过9年以来不懈深耕绿色金融，已成为中国绿色金融倡导者和先行者。在绿色金融融资服务方面，兴业银行逐步形成包括十项通用产品、七大特色产品、五类融资模式及七种解决方案的绿色金融产品服务体系。十项通用产品包括固定资产贷款、项目融资、流动资金贷款、买方信贷、订单融资、委托贷款、金融租赁、并购贷款、债务融资工具、股权融资服务。七大特色产品包括合同能源管理项目未来收益权质押融资、合同环境服务融资、国际碳资产质押融资、国内碳资产质押融资、排污权抵押融资、节能减排贷款、结构化融资。五类融资模式包括节能减排设备制造商增产融资模式、公用事业服务商融资模式、特许经营项目融资模式、节能服务商融资模式、融资租赁公司融资模式②。

2015年8月，湖北再次出现凭借碳排放权质押获得的贷款，此次的贷款企业依旧是宜化集团，贷款金额则上升到1亿元，成为国内最大单笔碳排放权质押贷款，其距离第一笔单纯使用国内碳排放权配额作为质押担保的贷款成功还不到一年的时间，表明金融市场对碳市场充满信心。

三　碳基金

我国碳基金领域位于发展的初级阶段，2016年全国碳金融市场启动后极有可能进入快速发展期。鄢德春认为碳基金通过集聚公共资金和（或）

① 毛宇舟：《绿色信贷占比仍仅为个位数，银行呼吁绿色金融债券开闸》，http://money.163.com/15/0825/06/B1RG95UA00253B0H.html。

② 叶敏：《中国商业银行环境与社会风险管理研究——基于绿色信贷的视角》，中央财经大学硕士学位论文，2012。

社会资金，在一级市场上购买碳信用，向基金参与方分配碳信用或回报利润，有的碳基金不仅在一级市场上购买碳信用，还参与项目的前期融资和碳信用注册过程的管理，如世界银行和亚洲开发银行的碳基金[①]。在我国目前的碳金融产业初创阶段，碳基金的角色尚处于空缺阶段，这为碳基金领域的先行者提供了商业机遇。碳基金课程组认为尽管当前中国碳基金、中国绿色碳基金、中国清洁发展机制基金等基金从名称来看都可被称为碳基金，但实际上并不能自主地进行碳减排量的买卖交易，故并不是真正意义上的碳基金，只能称为“准碳基金”，因为其也是为促进碳减排和低碳发展而专门设立并且与 CDM 密切联系的基金[②]。2014 年 11 月，华能集团与诺安基金在湖北共同发布了全国首只经监管部门备案的“碳排放权专项资产管理计划”基金，成为我国首只真正意义上的碳基金，规模为 3000 万元，将全面参与湖北碳排放权交易市场的投资。以下简要介绍我国目前拥有的碳基金、“准碳基金”的情况。

（一）中国绿色碳汇基金会

中国绿色碳汇基金会（China Green Carbon Foundation）由中石油和嘉汉林业等企业倡议建立，前身是 2007 年成立的“中国绿色碳基金”（China Green Carbon Fund）。原始基金数额为人民币 5000 万元，来源于中国石油天然气集团公司捐赠；总部位于北京。自 2010 年成立以来，已获得境内外捐赠资产 4 亿多元人民币，先后在中国 20 多个省（区、市）资助实施和参与管理的碳汇营造林项目达 120 多万亩。

基金致力于推进以应对气候变化为目的的植树造林、森林经营、减少毁林和其他相关的增汇减排活动，普及有关知识，提高公众应对气候变化的意识和能力，支持和完善中国森林生态补偿机制[③]。

（二）中国清洁发展机制基金

中国清洁发展机制基金（China Clean Development Mechanism Fund, CDMFUND）于 2006 年 8 月经国务院批准建立，于 2007 年 11 月正式启动

---

① 鄢德春：《中国碳金融战略研究》，上海财经大学出版社，2015。

② 碳基金课题组编著《国际碳基金研究》，化学工业出版社，2013。

③ 《国内三大碳基金：中国核证减排量（CCER）开发基金》，http://www.wuhaneca.org/view.php? id=3127。

运行，管理中心位于北京，它是政策性与开发兼顾的、开放式、长期性、公益性和不以营利为目的国家基金；它的成立是中国政府高度重视气候变化问题，积极参与应对气候变化国际合作，并利用国际合作成果创新应对气候变化工作模式的重要里程碑。2010 年 9 月 14 日，经国务院批准，财政部、国家发展和改革委员会等 7 部委联合颁布《中国清洁发展机制基金管理办法》，基金业务由此全面展开。

国家与项目实施机构减排量转让交易额分配比例如下。①氢氟碳化物（HFC）类项目，国家收取转让温室气体减排量转让交易额的 65%；②己二酸生产中的氧化亚氮（N_2O）类项目，国家收取转让温室气体减排量转让交易额的 30%；③硝酸等生产中的氧化亚氮（N_2O）项目，国家收取温室气体减排量转让交易额的 10%；④全氟碳化物（PFC）类项目[①]，国家收取温室气体减排量转让交易额的 5%；⑤其他类型项目，国家收取温室气体减排量转让交易额的 2%。国家从 CDM 减排量转让交易额中收取的资金，用于支持与应对气候变化相关活动，由 CDMFUND 管理中心根据《中国清洁发展机制基金管理办法》收取。截至 2012 年 12 月 31 日，清洁基金已累计收取 CDM 项目国家收入约 121.5 亿元，其中 2011 年度收取 20.2 亿元。

（三）中国碳减排证卖方基金及其他碳基金

1. 中国碳减排证卖方基金

从实践来看，中国碳基金（China Carbon）是全球第一家卖方减排证交易中心，总部设在荷兰，其核心业务是为中国 CDM 项目的减排量进入国际碳市场交易提供专业服务，特别是为欧洲各国政府、金融机构、工业用户同中国的 CDM 开发方之间的合作和碳融资提供全程服务，欧洲用户通过中国碳基金采购碳减排证[②]。

中国碳基金作为碳减排证卖方基金，其特点有以下几个方面。①是全球第一家卖方减排证交易中心，对项目源有强大的控制能力，有强大的中

---

① 蒋玉芳：《论中国 CDM 项目：现状、问题及对策》，对外经济贸易大学硕士学位论文，2012。

② 雷立钧、梁智超：《国际碳基金的发展及中国的选择》，《财经理论研究》2010 年第 3 期，第 50 ~ 54 页。

国和欧洲 CDM 团队；②合作伙伴和投资机构包括荷兰合作银行、Ecofys、Climate Focus 等知名企业以及荷兰和奥地利等政府 CDM 计划；③包括水电、风电及其他形式、方法产生的减排证；④可以向减排证用户提供有保障的供货计划；⑤可以向碳减排证项目公司提供 7～21 年碳融资计划和多种方式的融资；⑥提供现货、远期或多种货源的组合交易；⑦公司注册地在京都议定书签字国，在欧洲多国开设减排证账户。

2. 中国核证减排量（CCER）开发基金

CCER 的开发是个复杂而艰巨的过程，涉及项目开发、风险评估、审定、核查、上会及项目退出等诸多环节，只有形成一个统一的业务操盘主体，深入参与到 CCER 的开发投资中去才能真正为中国碳市场服务。目前国内已经在北京、上海和深圳有三家碳基金开始运作。

一是华碳基金。华碳基金成立于 2014 年 1 月 6 日，隶属于中科华碳（北京）信息技术研究院旗下内部私募基金，是国内首家开展扶持开发 CCER 碳减排指标的碳基金，该基金依托于中国碳排放交易网（www.tanpaifang.com），并于成立当日启动了“中国碳资产开发扶持计划”，除了帮助企业开发碳指标，给予优质项目资金扶持和技术支持以外还可以收购碳指标，目前已经扶持三个光伏电站项目，期待更多的优质碳减排项目加入进来为碳市场增砖添瓦。

二是上海碳元基金管理公司。上海宝碳全资子公司上海碳元基金管理公司成立于 2014 年 4 月 25 日，基金管理公司在募集、投资、管理、退出等主要环节中充分考虑了行业特点，在风险控制及信息披露等方面都进行了合法合规的完善设计。上海宝碳是一家专注于气候变化和低碳领域的领军型企业，致力于发展成为国内外领先的低碳综合服务商，推动中国的低碳发展和与国外的低碳交流。

2014 年 12 月 30 日，海通资管与上海宝碳新能源环保科技有限公司（简称“上海宝碳”）在上海环境能源交易所的帮助和推动下成立规模 2 亿元的专项投资基金——海通宝碳 1 号集合资产管理计划（简称“海通宝碳基金”）。海通宝碳基金是迄今为止国内最大规模的中国核证减排量（CCER）碳基金，其提升了碳资产价值，填补了碳金融空白，所具有的突破性和创新性对整个碳金融行业有着深远的意义和影响。海通宝碳基金由海通资管对外发行，海通新能源和上海宝碳作为投资人和管理者，对全国范围内的CCER进行投资。海通宝碳基金的成立有助于活跃碳市场，激发更多金融机构掀起碳市场的投资热情，加大资金对新能源和节能减排项目的支持力度，为全国碳市场的发展提供坚实基础。

三是嘉碳开元基金。深圳在2014年6月路演了我国国内首只私募碳基金——“嘉碳开元基金”，该基金的规模为4000万元，运行期限为3年，认购起点为50万元，保守收益率为28%，若以掉期方式换取配额并出售，按照配额价格50元/吨计算，乐观的收益率可达45%。另一只同时路演的还有“嘉碳开元平衡基金”这只私募碳基金产品，其规模为1000万元，运行期限为10个月，以深圳、广东、湖北三个市场为投资对象，该基金的认购起点为20万元，保守年化收益率为25.6%，乐观估计则为47.3%。上述两只基金的交易标的为碳配额和CCER。所谓碳配额，即为政府分配给各控排企业的，企业依法向大气排放一定数量二氧化碳等温室气体的权利，当企业实际排放量超出所得配额，超出部分需在碳交易市场上购买，支出超排放成本，反之，则可在市场上出售，获得减排收益，由此实现国家对温室气体排放的总量控制。CCER则是中国温室气体自愿减排量，由于采用了新能源或新技术带来节能减排效果的项目，经第三方机构认证，国家发改委签发产生，可用于抵扣控排企业的碳排放指标。

3. 其他基金

包括国家低碳产业基金、浙商诺海低碳基金、湖北节能创新（股权）投资基金（碳谷基金）、国龙碳汇基金等。

但2013年9月《21世纪经济报道》证实，我国通过CDM能在国际市场上交易的森林碳汇项目只有5个，市场上类似“国龙碳汇基金”的项目涉嫌做假，是典型的传销，简介中的“双轨”加“级差”是传销术语。中国科学院院士、中国绿色碳汇基金会碳汇研究院院长蒋有绪曾公开表示，由于人们对应对气候变化的国际活动以及国际碳贸易产生的背景和条件、碳市场的规则不清楚，目前社会上存在诸多对于林业碳汇的认识误区，这些误区被一些不法集资者利用并宣传扩大，形成投资陷阱。对于公众对碳汇林概念理解的偏差，蒋有绪将其归纳为三点：一是有些地方，只要造林都说成是碳汇林；二是有一些企业、组织或者个人为了达到某种目的而故意炒作碳汇林或者过分夸大碳汇林的经济收益；三是有的企业或个人到处动员造林企业或造林大户，把自己造的林地交给他们命名为碳汇林，并宣传可以高价卖出碳汇，获得高回报。在我国，碳基金还存在发展无序的现象，这主要是因为目前相关法律未有效跟进、公众对碳排放权交易和碳基金的不熟悉给不法分子留下可乘之机。

四　碳保险产品

我国绿色保险刚起步不久，2007 年由原国家环境保护总局和中国保险监督管理委员会联合发布的《关于环境污染责任保险工作的指导意见》开启了保险行业进入环境保护领域的里程碑。

环境污染责任保险是以企业发生污染事故对第三者造成的损害依法应承担的赔偿责任为标的的保险。它是一种特殊的责任保险，是在第二次世界大战以后经济迅速发展、环境问题日益突出的背景下诞生的。在环境污染责任保险关系中，保险人承担了被保险人因意外造成环境污染的经济赔偿和治理成本，使污染受害者在被保险人无力赔偿的情况下也能及时得到给付①。

2013 年 1 月，环保部和中国保监会联合发文，指导 15 个试点省份在涉及重金属企业、石油化工等高环境风险行业推行环境污染强制责任保险，首次提出了“强制”概念，但该文件现阶段仍属于“指导意见”。目前已有中国人民财产保险股份有限公司、中国平安保险（集团）股份有限公司和华泰财产保险股份有限公司等 10 余家保险企业推出环境污染责任保险产品。2014 年，全国有 22 个省（自治区、直辖市）近 5000 家企业投保环境污染责任保险，涉及重金属、石化、危险化学品、危险废物处置、医药、印染等行业。

五　低碳理财产品

国外的低碳理财产品在银行的大力推动下得到了迅猛的发展，对于银行而言，不仅顺应时代潮流扩大了业务范围，而且能够提升企业形象，增强竞

① 魏亮：《环境污染强制责任险的实施困境及发展建议》，《商界论坛》2014 年第 9 期，第 189 ~ 189 页。

争力。

在低碳理财产品的开发方面，兴业银行再次走在国内银行的前列。2010年，兴业银行联合北京环境交易所在京推出国内首张低碳主题认同信用卡——中国低碳信用卡，目前有风车版与绿叶版两种类型。低碳信用卡片具有以下特色：可降解，时尚又绿色；个人碳信用，溯源可查询；电子化账单，便捷且环保；国内首创信用卡碳减排量个人购买平台；特设“低碳乐活”购碳基金，倡导绿色刷卡理念。兴业银行还推出多项优惠策略，刺激支持低碳信用卡的发行，保障用户多项权益，促进节能减排。此后，中国光大银行、中国农业银行、中国银行也陆续模仿兴业银行推出了类似低碳概念的信用卡，推动了低碳消费理念与实践，取得了良好的社会效益。

六　碳债券

碳债券是指政府、企业为筹集低碳经济项目资金而向投资者发行的、承诺在一定时期支付利息和到期还本的债务凭证，其核心特点是将低碳项目的CDM收入与债券利率水平挂钩。碳债券根据发行主体可以分为碳国债和碳企业债券[①]。

碳债券出现的时间比碳排放权质押贷款更早，但由于针对节能项目发行的碳债券存在开发周期长、成本较高、资金回报慢等多种问题，使得发行难度比较大，所以目前市面上流通的碳债券都是由实力比较雄厚企业发行的，对中小企业而言门槛太高，所以目前的发展并不尽如人意。

我国的第一只碳债券在2014年5月由中广核风电有限公司在银行间交易商市场发行，总金额10亿元，发行期限为5年，主承销商为浦发银行和国开行。该债券利率由固定利率与浮动利率两部分组成，其中浮动利率部分与发行人下属5家风电项目公司在债券存续期内实现的碳（CCER）交易收益正向关联，浮动利率的区间设定为5BP到20BP。

七　其他

随着我国碳市场交易日益活跃，2015年以来碳金融产品的创新加速，

---

① 牛建锋：《中国碳金融创新研究》，中国社会科学院研究生院，2010。

碳互换、碳远期产品都有了新的突破，甚至带有互联网金融思维的众筹也被首次引入碳减排行动中。尽管目前仅是个案，但能够带来良好的示范和社会影响。

（一）碳互换和碳远期

2015 年 6 月 15 日，中信证券股份有限公司、北京京能源创碳资产管理有限公司以“非标准化书面合同”形式开展掉期交易，并委托北京环境交易所负责保证金监管与合约清算，成为我国首笔碳排放权场外掉期合约交易，交易量为 1 万吨。

2015 年 8 月 27 日，我国第一笔担保型 CCER 远期合约在京签署，此次合约的标的项目是山西某新能源项目，预计每年产生减排量 30 万吨，为非标准化合约。而此次担保型 CCER 远期合约买方为中碳能投，该买家此前曾在北京完成第一笔履约 CCER 交易；卖家为山西某新能源公司；此合约中引入了第三方担保方——易碳家，其通过持有的线上碳交易撮合平台整合的千万吨级的碳资源为该合约提供担保，保证该笔 CCER 量能够在履约期前及时签发与交付。此次担保交易为易碳家的创新产品“碳保宝”，属于首次应用，该交易通过引入担保方降低交付环节的不确定性，为交易双方有效降低了风险。

（二）众筹

2015 年 7 月 24 日，我国首个基于中国核证减排量（CCER）的碳众筹项目——“红安县农村户用沼气 CCER 开发项目”在湖北碳排放权交易中心正式发布，项目用时 5 分钟完成众筹，筹集资金 20 万元。项目发起人是汉能碳资产管理（北京）股份有限公司，项目在武汉火焰高众筹网站上发布，众筹的资金将用于支付开发红安县减排量所产生的各项费用支出。资助这一项目的投资人，可根据投资金额的不同获得荣誉证书、项目 CCER 减排量、红安县革命红色之旅等回报。该项目资金将用于红安当地 11740 户户用沼气池的 CCER 项目开发，计划开发 CCER 23 万吨，预计通过湖北碳市场交易实现当地农民增收 300 万元[①]。众筹作为互联网金融的模式之一，被引入 CCER 项目开发，通过碳市场与众筹模式的结合，在获得良好

① 《地方动态》，《中国经贸导刊》，2015。

的环境效应的同时，还能够让更多的机构、更多的人参与到环保中来，扩大影响，可谓一举多得。

第四节 碳交易规则

交易的过程，是碳资产权属的转移过程。涉及权属转移，必然要进行货币和碳排放权的交割。由于碳资产属于虚拟碳排放权，目前基本采用电子交易方式进行交易即类似于股票交易的方式进行碳资产权属的交割，当然在某些地区仍存在着书面协议的交割方式。这些不同的交易方式通过各交易所发布的交易规则来实现。

一 挂牌公开交易

挂牌公开交易，是通过电子交易平台按照相应的交易规则进行公开交易的方式。以目前碳市场中存在的交易方式来看，主要分为挂牌点选和协商议价两种。

（一）挂牌点选

挂牌点选，即出让方将标的物以固定价格标出，竞买方根据价格预期购买；或者竞买方按照价格预期标出买单，出让方根据需求选择成交的方式。交易结构为一对一。

目前，国内七个试点中采用此类方式交易的有北京、天津、重庆等试点地区。该交易方式类似传统的产权交易模式，交易平稳、有序。

优点是完全符合《国务院关于清理整顿各类交易场所切实防范金融风险的决定》（国发〔2011〕38号）、《国务院办公厅关于清理整顿各类交易场所的实施意见》（国办发〔2012〕37号）的要求，没有政策风险；缺点是市场流动性较差，而且从以往的交易数据分析，也出现过低于最高买价的买单被点选成交或是高于最低卖价的卖单被点选成交，不能较为真实地反映市场的供需情况和价值趋向。

从北京环境交易所实时行情来看，买卖双方根据自身价格预期，申报买单或卖单，所有买卖需求信息公开。

（二）协商议价

协商议价，即买家按照自己价格预期挂出买单，卖家按照自己价格预期标出卖单，然后按照一定方式排序后，进行一对多或者多对一的撮合成交方式。

目前，国内七个试点中采用此类方式交易的有湖北、上海等试点地区。该交易方式类似于股票的交易方式，交易流动性较强。

优点是能够较为真实地反映市场供需情况和价值趋向，注重市场的流动性；缺点是由于该体系依托的是传统金融体系，由于目前碳市场的发展程度和市场参与人的参与程度与传统金融市场相距甚远，还未能发挥与传统金融市场相同的功能。而且由于要严格按照国发37、38号文规定执行，不能连续交易，市场参与人恶意操纵市场价格的情况可能出现。

从湖北碳交中心实时行情可以看出，买卖双方分别根据自身预期在市场上挂出买单或卖单，系统根据情况进行协商交易。该成交方式流动性明显优于挂牌点选。

参考资料

湖北碳排放权交易中心碳排放权交易规则（试行）（节选）

第十九条　协商议价转让是指在本中心规定的交易时段内，卖方将标的物通过交易系统申报卖出，买方通过交易系统申报买入，本中心将交易申报排序后进行揭示，交易系统对买卖申报采取单向逐笔配对的交易模式。

协商议价成交原则为，当买入价格高于卖出价格时，按最低卖出价格协商成交；议价按申报价格高低、时间先后、数量多少的顺序进行排列。当买入价格低于卖出价格时，不安排协商。

第二十条　协商议价按下列方式进行。

（一）协商议价采用非连续交易方式。每个交易时段分为申报时段、议价时段和揭示时段，每个交易时段为5分钟。

（二）申报时段为4分钟。市场参与人向本中心交易系统申报交易的标的、价格、数量等。

（三）议价时段和揭示时段为1分钟。

交易时段内，本中心实时揭示5个最高买入价与5个最低卖出价；议价截止后，本中心揭示成交信息。

（四）未能协商成交的申报，仍保留于交易系统中，继续参加后一交易时段的交易。

（五）未成交的可以撤销交易申报，撤销指令经交易系统确认后方为有效。

……

第二十三条 定价转让分为公开转让和协议转让。

第二十四条 公开转让是指卖方将标的物以某一固定价格在本中心交易系统发布转让信息，在挂牌期限内，接受意向买方买入申报，挂牌期截止后，根据卖方确定的价格优先或者数量优先原则达成交易。单笔挂牌数量不得小于10000吨二氧化碳当量。

挂牌期截止时，全部意向买方申报总量未超过卖方挂牌总量的，按申报总量成交，未成交部分由卖方撤回；意向买方申报总量超过卖方总量的部分则不予成交。

二 协议转让

协议转让是一种线下签署交易协议、线上交割的交易方式。买卖双方通过线下协商确认买卖协议，然后在交易平台上进行交割。

协议转让是对于线上交易的一种补充方式。由于买卖双方可能根据自身需求达成了严重偏离当时市场价格的成交意向，如果在线上成交，则可能对市场造成不良影响。因此，产生了协议转让的交易方式，双方通过协议转让的方式进行标的物交割，交易数据不计入二级市场的数据统计中，不会对市场价格造成影响。

协议转让的交易结构为一对一，且相互指定对方为唯一交易对手。

三 场外交易

场外交易是买卖双方签署交易协议，然后完成场内或场外交割的交易方式。根据交易标的的属性，场外协议可以分为实时交割和延期交割。场外交易形式主要存在于VER交易市场中。

实时交割是经第三方机构核证后，对确实产生的交易标的进行交易交割的方式。VER交易均采用此类交易方式。

案例研究

2009年8月5日，恰逢北京奥运会成功开幕一周年，天平汽车保险股份有限公司作为绿色社会责任的践行者，购买奥运期间北京绿色出行活动产生的8026吨碳减排指标，用于抵消该公司自2004年成立以来至2008年底全公司运营过程中产生的碳排放。

延期交割是对于还未实际产生的交易标的，买方向卖方提前锁定该标的的交易方式。延期交割多用于CCER市场。

2014年8月，北京某企业向内蒙古某风力发电企业购买其风力发电项目产生的CCER，用于2015年度履约。双方签订了CCER交易协议，该CCER权属上虽然已经完成转换，但CCER此时并未抵达买方的账户。需要等到该风电项目CCER在国家登记簿生成以后，划转至交易所完成交易后才是实际意义上完成交割。

此交易方式针对的是目前尚未形成正规交易市场的交易品种，如VER等；以及需要通过国际交易完成的CDM项目交易。

四　碳交易决策

市场的价格是各市场参与主体最为关注的，只有把握市场价格趋势，才能从中获得收益。由于碳市场的体系庞大，结构复杂，不能仅靠经验来判定其价格走势，或是盲目跟随市场风向进行投资。

从碳交易体系的几个重要组成元素分析，影响市场价格的因素主要包括以下几个方面。

（一）政策导向

碳市场作为政策形成的虚拟市场，受政策因素影响尤为关键。政策的发布驱动价格的上涨或下跌，如政府宣布减排时间节点、减排目标、总量控制上限、提前达到排放峰值等，均属于市场利好。政府调低GDP增长预期、大规模淘汰落后产能等属于利差。具体需要结合市场实际情况分析。

例如，国家发改委公布《全国碳排放权交易管理暂行办法》（以下简称《管理办法》），对于市场来说就是加速市场统一、推动市场价格趋同的利好因素。《管理办法》中对于未履约企业的惩处措施，将是推动市场价格上行的关键。

政府宣布提前达到总量峰值，属于利好。市场总量已达到上限，长远来看，假设企业排放稳定，市场内配额逐年减少，将推动市场价格上涨。

（二）实体经济运行情况

实体经济的重要组成是企业的生产运营，企业作为重要的市场主体，决定了市场配额的终端需求。企业配额需求上升，市场价格上涨；企业配额需求降低，市场价格下跌。

实体经济处于较高的增长率上，则企业排放增加，配额短缺，大量配额缺口将造成配额价格上行；实体经济下行，则企业排放降低，配额盈余将对市场造成影响，价格下行。

（三）配额分配

碳交易市场中，企业初始配额的数量是按照一定的分配方案，参考企业原始排放数据或是根据行业产品标杆选取标杆值计算得出的。因此，人为的配额分配也是决定市场价格的重要一环。

企业配额分配松紧会影响市场需求，分多了，市场供给过剩，价格下行；分紧了，市场需求旺盛，价格上涨。

（四）企业减排的边际成本

企业采用减排技术会在一定程度上降低企业实际排放，降低企业单位产品能耗。如果企业采用减排技术的成本高于市场上购买配额的成本，理想状态下，企业会选择购买配额完成履约任务。如果企业采用减排技术的成本低于购买配额的成本，那么企业会选择投入减排技术以完成减排目标。

一般来说，碳市场的价格与参与市场企业减排的边际成本有较强的相关性，但不是唯一因素。

（五）投资人参与程度

从市场发展经验来看，无论是什么交易品种、处于何种价格区间，只要投资人足够多、资金规模足够大，对市场价格的影响都是极其恐怖的。从股市的经验来看，大规模资金宣布入市，大盘指数便会一路飘红。市场的炒作决定了价格的走势。

（六）其他因素

除上述因素外，由于碳市场的性质，还有以下几个方面决定了市场价格。

1. 企业数据填报

企业的排放数据是由第三方核查机构根据企业的报表或是凭证等，综合计算、交叉验证得出的。如果企业根据自身需求，伪造、变更相关凭证数据，就会对市场造成一定影响。

2. 核查过程

第三方核查机构的核查是根据企业提供的数据计算得出的。计算过程中，可能由于方法选用、关键值取值、小数点进位等各种人为因素变化，而出现偏差，从而形成与真实排放数据异同的实际数据。

3. 人为恶意操纵

有利益的地方，必然会有人的参与。部分投资者利用市场监管或政策漏洞，进行市场恶意操纵，对价格、走势进行影响，会造成市场价格的暴涨或暴跌。

内容提要

（1）碳金融（Carbon Finance）是指所有服务于减少温室气体排放的各种金融交易和金融制度安排。狭义的碳金融是指市场层面的碳金融，即以碳排放权为标的的金融现货、期货、期权交易。广义的碳金融则是机构层面的，泛指所有服务于减少温室气体排放的各种金融制度安排和金融交易活动，包括低碳项目开发的投融资、碳排放权及其衍生品交易和投资，以及其他相关的金融中介活动。

（2）碳信用（Carbon Credit）是指温室气体排放权，指在经过联合国或联合国认可的减排组织认证的条件下，国家或企业以增加能源使用效率、减少污染或减少开发等方式减少碳排放，因此得到可以进入碳交易市场的碳排放计量单位。

（3）碳现货产品包括碳基金、碳债券、碳保险等，碳债券是指政府、企业为筹集低碳经济项目资金而向投资者发行的、承诺在一定时期支付利息和到期还本的债务凭证。碳期权目前交易的基础资产类别包括碳排放配额期权合约（EUA Options）、经核证减排量期权合约（CER Options）等。

（4）交易的过程是碳资产权属的转移过程。涉及权属转移，必然要进行货币和碳排放权的交割。由于碳资产属于虚拟碳排放权，目前基本采用电子交易方式进行交易，即以类似于股票交易的方式进行碳资产权属的交割，主要方式有挂牌公开交易、协议转让和场外交易三种。

（5）碳交易决策的影响因素包括政策导向、配额分配、实体经济运行情况、企业减排的边际成本、投资人参与程度等其他因素。碳市场作为政策形成的虚拟市场，受政策因素影响尤为关键。政策的发布驱动价格的上涨或下跌，如政府宣布减排时间节点、减排目标、总量控制上限、提前达到排放峰值等，均属于市场利好。

思考题

1. 碳交易产品为什么同股票交易市场一样，相对于其他各类交易产品更具金融产品属性？
2. 充分考虑市场流动性因素，你认为哪种交易方式能够形成功能较为完善的碳交易市场以达到节能减排的目的？
3. 为什么目前碳交易市场的碳金融创新多是依托传统金融市场的各类产品？
4. 碳交易规则的设计决定了市场的交易。请结合案例分析。

参考文献

[1] Boulle, B., Kidney, S., Oliver, "Bonds and Climate Change: The State of the Market in 2014", London: CBI and HSBC, 2014.

[2] Climate Policy Initiative, "The Landscape of Climate Finance 2014", November 2014.

[3] William Nordhaus, "Climate Clubs: Overcoming Free-riding in International Climate Policy", *American Economic Review* (4) 2015.

[4] 杜莉等：《低碳经济时代的碳金融机制与制度研究》，中国社会科学出版社，2014。

[5] 碳基金课题组编著《国际碳基金研究》，化学工业出版社，2013。

[6] 鄢德春：《中国碳金融战略研究》，上海财经大学出版社，2015。

[7] 杨星、范纯：《碳金融市场》，华南理工大学出版社，2015。

[8] 中央财经大学气候与能源金融研究中心：《2014 年中国碳金融发展报告》，2014。

[9] 中国清洁机制发展基金：《中国清洁机制发展基金年（2013）》，2014 年 6 月 9 日。
[10] 马晓明、蔡羽：《中国低碳金融发展报告》，北京大学出版社，2014。
[11] 王苏生、常凯：《碳金融产品与机制创新》，海关出版社，2014。
[12] 刘华、郭凯：《国外碳金融产品的发展趋势与特点》，《银行家》2010 年第 9 期。
[13] 易兰、李朝鹏、徐缘：《碳金融产品开发研究：国际经验及中国的实践》，《人文杂志》2014 年第 10 期。
[14] 王雪磊：《后危机时代碳金融市场发展困境与中国策略》，《国际金融研究》2012 年第 2 期。

第八章
履约与抵消机制

碳交易流程主要分为五个部分，即排放数据报告、第三方核查、配额分配、买卖交易和履约清算。履约机制的设计目的是加强碳市场的可信性，敦促企业在规定时间内按照配额进行履约。企业能否按时履约可以反映各试点配额发放是否合理、MRV体系是否规范、市场运行是否顺利等。抵消机制是受碳排放约束的企业预期实际碳排放将超过其持有的碳排放配额时的常规三种选择之一，即企业借助碳抵消机制，购买主管部门核准的一些特定类型项目产生的减排量，用以抵消企业的实际碳排放量。此外，抵消机制在一定程度上可能会引发碳泄漏问题，从而使得整体减排的效果大打折扣。履约与抵消机制的制度设计对于碳交易的顺利进行有着特别重要的意义。

第一节　履约机制概述

一　履约的内涵和流程

（一）内涵和目的

履约，即指控排企业按照规定上缴与上年度碳排放量等量的配额，履行其年度碳排放控制责任。从参与人角度而言，配额清缴及确认这个步骤涉及控排企业和碳交易主管部门两方，控排企业需按时清缴配额；而碳交易主管部门则需要确认配额清缴，对配额清缴进行汇总分析，最后公布配额情况等。从政府监管角度来看，建立碳市场交易的关键包括确定参与企业、分配配额和确保企业履约三个环节，而确保履约实现更是重中之重。表8－1显示的是2014年我国五大碳交易试点首次履约相应的截止时间。

表8－1　我国五大碳交易试点首次履约时间

试点	提交检测计划	提交排放报告	提交核查报告	履约
深圳	——	3月31日（包括碳排放报告和统计指标数据报告）	4月30日（碳排放核查报告）；5月10日（统计指标数据核查报告）	6月30日
上海	12月31日	3月31日	4月30日	6月1日至6月30日
北京	4月15日	4月15日	4月30日	6月15日（宽限期为10个工作日）
广东	暂未规定	3月15日	4月30日	6月20日（第一年推迟到7月15日）
天津	11月30日	4月30日（第一年4月15日前提交排放报告，核查报告提交时间推迟到6月20日）		5月31日（第一年推迟到7月25日）

资料来源：孟兵站《中国碳交易试点关于履约及抵消机制的实践经验等》，2015年6月。

表8－2则展现了五大碳交易试点的首次履约结果。根据我国碳交易试点平台已有的两次履约实践可知，试点一般难以在规定履约期内完成。第一次履约期为2014年7月，当时国内五个已有的试点（北京、上海、深圳、广东、天津）进行首次履约，但仅有上海、深圳试点在法定期限内完成履约，其他三地均延后。例如，北京碳市场于当年6月27日正式结束履约，而在此前，根据北京市发改委发布的《关于开展碳排放权交易试点工作的通知》，北京试点的履约时间为6月15日之前，但在6月18日时，北京市发改委发布了《责令重点排放单位限期开展二氧化碳排放履约工作的通知》，公布了257家未按规定完成履约企业的名单，而北京试点纳入的企业共有490家，履约率未达一半。由于湖北和重庆于2014年刚开市，因此将2014年的配额履约推迟至2015年，而其他5个碳交易试点在第一年履约结果均较为理想，表明五个碳交易试点运转良好。

表 8-2　我国五大碳交易试点首次履约的结果

试点	履约截止日期	履约率	履约情况公布	处罚情况
上海	6 月 30 日	100%（199/199）	6 月 30 日公布履约率	无
深圳	6 月 30 日（责令补交期限到 7 月 10 日）	99.4%（631/635）	7 月 3 日公布履约单位（631 家）和未履约的企业（4 家）名单	4 家企业在 7 月 10 日前已全部补交，无处罚
广东	7 月 15 日	98.9%（182/184）	7 月 15 日公布履约率，8 月 6 日公布未履约的企业（2 家）名单	未履约的 2 家企业被处罚
天津	7 月 25 日	96.5%（110/114）	7 月 28 日公布履约率，8 月 15 日公布履约企业（110 家）和未履约的企业（4 家）名单	无
北京	6 月 15 日（责令补交期限到 6 月 27 日）	97.1%（403/415）	6 月 19 日公布未按时履约单位名单（257 家），9 月初公布主动履约率	未履约的 12 家单位被处罚

注：五个试点未履约控排单位数量合计 22 家，占五个试点控排单位总数（1539 家）的 1.4%。

资料来源：孟兵站《中国碳交易试点关于履约及抵消机制的实践经验等》，2015 年 6 月。

从 2015 年 6 月开始，五大碳排放交易试点进入第二个履约期，湖北和重庆则为第一个履约期。七大试点 2015 年的履约概况见表 8-3。

表 8-3　我国七大碳排放交易试点 2015 年履约概况

试点	履约概况	成效
北京	试点重点排放单位共计 543 家，比上年增加了 128 家，包括京冀跨区域碳排放交易体系中河北承德市的 6 家水泥企业。而履约率则由上年的 97%，提高至 100%。从履约过程来看，与上年相比，北京市责令整改的重点排放单位数量大幅降低，从第一个履约期的 257 家减少至 2015 年的 14 家单位	根据北京市发改委初步测算，通过碳排放权交易市场，重点排放单位 2014 年二氧化碳排放量同比降低了 5.96%，协同减排 1.7 万吨二氧化硫和 7310 吨氮氧化物，减少 2193 吨 PM10 和 1462 吨 PM2.5
上海	2015 年 6 月 30 日，上海 190 家试点企业全部按照经审定的碳排放量完成 2014 年度配额清缴，上海碳市场再次刷新纪录，成为国内唯一一个连续两年圆满完成履约的试点地区	截至 2015 年 6 月 30 日，上海碳市场配额累计成交量 414.3 万吨，国家核证减排量（CCER）累计成交量 201 万吨，居试点碳市场首位

续表

试点	履约概况	成效
广东	2014 年度 184 家控排企业中，仅有 1 家未按时履约，但该企业在责令整改期内完成履约任务，广东碳市履约率达 100%。而上年，广东有 2 家企业未完成履约，企业履约率为 98.9%，配额履约率为 99.97%	数据显示，广东控排企业 2014 年总体碳排放总量比 2013 年下降约 1.5%，4 个控排行业（电力、水泥、钢铁、石化）中有约 60% 的企业单位产品碳排放强度有所下降
深圳	深圳 2015 年 636 家管控企业中，仅有 2 家企业未按时完成履约，履约率为 99.7%。而上年，645 家控排企业中，有 4 家未按时完成履约	工业增加值增长了 1051 亿元，上升 42.6%；制造业碳强度较 2010 年下降了 33.5%；万元工业增加值二氧化碳排放强度呈现大幅下降趋势，较“十一五”末下降幅度达到 33.5%，管控企业超额完成了“十二五”期间碳排放强度下降的目标要求
天津	2014 年度碳排放履约工作再次延后。112 家纳入企业中，履约企业 111 家，履约率为 99.1%。而 2013 年度，在 114 家纳入企业中，履约企业 110 家，履约率为 96.5%	2015 年 3 月 30 日，天津天丰钢铁有限公司与中碳未来（北京）资产管理有限公司，在天津排放权交易所完成国内首笔 6 万吨控排企业购买中国核证减排量线上交易，标志着控排企业通过市场化手段实现低成本履约已经进入操作阶段。4 月 29 日，天津排放权交易所完成国内最大单中国核证减排量交易，交易量为 50 万吨
湖北	碳市延迟履约 1 个月，截至 7 月 10 日，湖北 138 家控排企业已有 112 家企业在登记系统内提交足额配额，并完成履约，占企业总数的 81.16%	湖北 138 家控排企业二氧化碳排放减少 781 万吨，同比降低 3.19%
重庆	重庆的首年履约实为 2013、2014 年度合并履约，履约最后期限为 7 月 23 日，比原计划推迟 1 个月，截至 7 月 13 日，履约率已达 70%	—

资料来源：据公开信息整理。

中央财经大学气候与能源金融研究中心主任王遥认为目前我国碳排放交易市场存在“由于准备工作并不充分，政策设计、能力建设等基础工作不够扎实，一些试点在第一年履约期后，频繁修订相关政策和调整交易制度，缺乏政策连续性”的问题，碳交易得以实施的基础是必须要有强制法律约束力的保障。各试点地区中，只有深圳、北京和重庆通过了地方立法，对排放单位的约束力相对较强。其他试点地区基本以政府规章进行规制，个别试点地区如天津仅以部门文件为依据。天津处罚力度最轻，仅使用限期改正和3年不享受优惠政策。其他试点地区虽使用了不同程度的罚款措施，但惩罚力度有限，因此法律约束力较弱。

（二）履约的流程

一般情况下，碳排放权交易履约周期为一年，纳入企业需要遵守一系列的事项和规定日期。第一个时点上，企业在规定日期前将本企业的下年度碳排放监测计划报告给有关部门；第二个时点上，企业将碳排放报告连同核查报告以书面形式一并提交有关部门；第三个时点上，通过企业在等级注册系统所开设的账户注销至少与上年度碳排放等量的配额，履行遵约义务。天津市碳排放权交易试点的履约流程见图8-1。

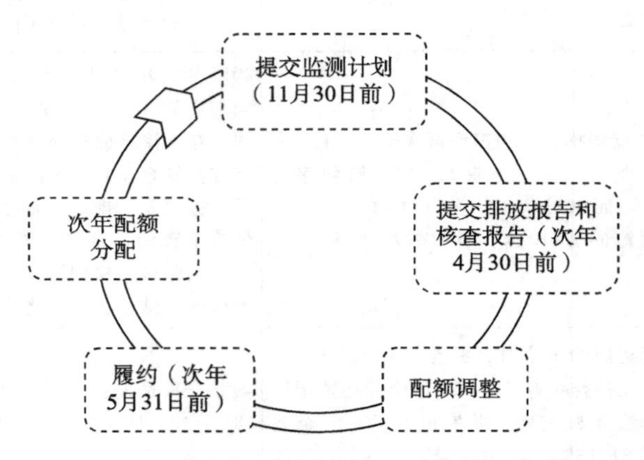

图8-1　天津市碳排放权交易试点的履约流程

二　未履约企业的惩罚

惩罚机制是碳排放交易体系得以正常运转和环境目标得以实现的重要保障之一，没有保障的市场将无法正常运转，市场参与者的违约成本低则会导致市场参与度大受影响。

未履约企业受到的处罚措施包括两种方式：一种是补偿，即未能足额提交配额的企业在下一年补交一定额度的配额，即使企业缴纳了罚款也不能免除其递交适量配额的义务，补偿的配额可以等于配额缺口量，也可以是其数倍；另一种是罚款，指未完成履约的企业需要按照罚款标准额乘以配额缺口量来向管理机构缴纳费用，而罚款标准一般为配额市场价格的数倍。目前我国七大试点未能按时履约的惩罚机制详见表8-4，可见各个试点的处罚规定也存在较大的差异，上海的处罚力度明显大于其他地区，使企业违约成本大幅增加。但从总体来看，罚款的数额对于企业而言并没有很强的约束力，法律约束力明显不足。吴宏杰认为惩罚力度一定要增强，才能避免造成“隔靴搔痒”的现象，可以考虑 100 ~ 300 元/吨不等的罚款，或者在下一个履约年度扣除上一年未缴配额的 3 ~ 5 倍。通过增加企业的违约成本，调动企业参与碳减排的积极性①。

表 8 – 4 各试点惩罚机制

试点省市	惩罚机制
深圳	未在规定时间内提交足额配额或核证减排量履约的，由主管部门责令限期内补交与超额排放量相等的配额；逾期未补交的，由主管部门从其登记账户中强制扣除，不足部分由主管部门从下一年度配额中直接扣除，并处超额排放量乘以履约当月之前连续六个月碳排放权交易配额平均价格 3 倍的罚款，同时采用信用曝光、财政限制、绩效考评、法律追责等方式对未履行遵约义务的管控单位进行处罚
上海	对未履约企业处以 5 万元以上 10 万元以下罚款，将其违法行为计入信用信息记录，向工商、税务、金融等部门通报，并通过政府网站或者媒体向社会公布，取消其享受当年度及下一年度本市节能减排专项资金支持政策的资格，以及 3 年内参与本市节能减排先进集体和个人评比的资格
北京	对未履约企业按照市场均价（场内交易前六个月均价）的 3 至 5 倍处于处罚
广东	在下一年度配额中扣除未足额清缴部分 2 倍配额、处以 5 万元罚款、将履约情况和企业的诚信体系挂钩，及时向社会曝光违约企业的信息，对于未完成履约义务企业的新建项目，不得通过最终审批
天津	不能享受优惠政策
湖北	对未履约企业按照市场均价 1 倍以上 3 倍以下，但最高不超过 15 万元的标准处以罚款，下一年度配额分配中予以配额双倍扣除，建立碳排放黑名单制度，将未履约企业纳入信用记录，将国有企业碳排放情况纳入绩效考核评价体系，并建立通报制度
重庆	按照清缴期届满前一个月配额平均交易价格的 3 倍予以处罚

资料来源：吴宏杰编著《碳资产管理》，北京联合出版公司，2015，第 29 页。

可见，目前超额排放企业的履约成本高而违约成本相对较低，如何一方面设置多元化的惩罚手段，一方面制定更多的激励履约措施，最大限度

① 吴宏杰编著《碳资产管理》，北京联合出版公司，2015。

地调动企业减排的积极性，将是考验政府执行力和公信力的重要一环。

2015 年是中国七个试点碳市场全部启动后的首个履约年。2015 年 6 月，中国的 10 个碳交易品种均有交易，而在 7 月仅 5 种产品有交易，上海、重庆在 7 月份无交易。其中，北京市场由于节能监察大队开始对未履约企业进行处罚，7 月上旬交易量仍较大，价格一度上升至 70 元/吨以上，但在中下旬由于缺乏交易量支撑，价格一路下跌至 58 元/吨。而广东试点则在履约前一周跌破 50 元/吨，在月末升回 70 元/吨，但上升行情缺乏交易量支撑。天津试点也一度跌至 20 元/吨，其协议交易也一度跌至 17 元/吨，履约过后略有回升，但交易量也很小。深圳、湖北走势则较为平稳①。

欧盟 EU ETS 作为世界上首个跨国界的碳交易体系，其三个发展阶段的履约方式和惩罚机制可以为我国统一碳交易市场的建立提供一定的借鉴（见表 8－5）。

表 8－5　欧盟 EU ETS 三阶段履约方法和惩罚机制

项目	第一阶段（2005～2007 年）	第二阶段（2008～2012 年）	第三阶段（2013～2020 年）
履约方法	企业提供的排放配额不低于其排放量	企业提供的排放配额不低于其排放量	企业提供的排放配额不低于其排放量
考核周期	1 年	1 年	1 年
惩罚机制	每超额排放一吨罚款 40 欧元	每超额排放一吨罚款 100 欧元，差额部分配额在下一考核期内仍需要补交	每超额排放一吨罚款 100 欧元，差额部分配额在下一考核期内仍需要补交；政府下一年度分配总量配额时扣减 1.08 倍差额数量的配额

第二节　抵消机制

一　抵消机制概述

《碳排放权交易管理暂行办法》（发改委令 2014 年第 17 号）规定，碳

① 陈志斌：《七月履约热情消退，市场回归平静》，中创碳投碳讯，2014。

排放权交易是指交易主体开展的碳排放配额和国家核证减排量的交易活动。碳排放权配额由政府主管部门根据总量控制目标确定并组织发放，核证减排量则由控排主体自行在碳市场中购买用以抵消碳排放量。主管部门对核证减排量的使用规定被称为抵消机制（offset）[①]。

（一）国内外履约抵消机制概况

1. 国际履约抵消机制

国际上投入运行的碳排放交易体系均有自身的碳抵消机制，对项目所在地区、类型做出了具体规定（见表8-6）。

表8-6　国际碳排放交易体系碳抵消机制设计的地域范围和项目类型

碳排放交易体系	地域	类型
美国区域温室气体排放行动	9个成员州的行政区域之内	垃圾填埋甲烷气体捕捉和消减
		农业肥料管理减少甲烷排放
		林业碳汇
		建筑物能效改善（天然气、石油和丙烷燃烧方面）
		电力部门的三氟化硫减排
美国加利福尼亚州碳排放交易体系	加利福尼亚州行政区域范围	美国森林资源计划项目
		城市森林项目
		家禽家畜养殖领域的甲烷气管理
		化工领域的消耗臭氧层物质消减项目
加拿大魁北克碳排放交易体系	魁北克省行政区域范围内	农业肥料管理减少甲烷排放
		垃圾填埋甲烷气体捕捉和消减
		化工领域的消耗臭氧层物质消减项目
东京市碳排放总量控制和交易体系	东京	没有进入碳排放交易体系的中小设施的减排量
	埼玉县	埼玉县碳排放体系的多余配额
		埼玉县签发的中小设施的减排量
	日本	可再生能源产生的减排量（太阳能、风能、热能和水电等）
	日本	东京意外大型设施的额外减排量

---

① 李卓、李晓芬：《浅谈碳排放权交易体系中抵消机制的运用》，《资源节约与环保》2015年第11期，第133～134页。

续表

碳排放交易体系	地域	类型
欧盟、瑞士、新西兰	《京都议定书》附录 B 国家	联合履行机制（JI）项目的多种项目类型
	发展中国家	清洁发展机制项目（CDM）涉及的项目类型（排除了少量特定类型）

资料来源：鄢德春著《中国碳金融战略研究》，上海财经大学出版社，2015，第 47～48 页。

2. 国内履约抵消机制

我国碳排放交易机制允许七大试点使用中国《温室气体自愿减排交易管理暂行办法》规范下的自愿减排交易活动产生的国家核证减排量抵消其碳排放。

表 8－7 显示了我国七个碳交易平台试点的抵消机制设置，我国七个试点履约时间均集中在每年的 5～6 月，按照时间顺序依次为：天津和湖北的履约时间为每年 5 月 31 日，北京为 6 月 15 日，重庆在 6 月 20 日前，广东为 6 月 20 日，深圳和上海为 6 月 30 日。目前除了湖北外，其他地区都可以储存 CCER。

表 8－7 国内七个试点抵消机制设置

试点省市	CCER 抵消使用限制	履约时间	储存	项目类型限制	其他限制
深圳	10%；不得用于抵消的 CCER 类型：控排单位在深圳市碳排放量核查边界范围内产生的 CCER	6 月 30 日	允许	—	—
上海	5%	6 月 30 日	允许	—	不能使用在其自身排放边界范围内的 CCER
北京	5%；北京辖区内开发的资源减排项目须至少占 50%。抵消额度中省外项目不超过 50%	6 月 15 日	允许	非来自减排氢氟碳化物、全氟化碳、氧化亚氮、六氟化硫气体的项目及水电项目的减排量	必须为 2013 年 1 月 1 日后实际产生的减排量 限制非来自本市行政辖区内重点排放单位固定设施的减排量

续表

试点省市	CCER 抵消使用限制	履约时间	储存	项目类型限制	其他限制
广东	10%；抵消额度中广东省项目占 70% 以上	6 月 20 日	允许	—	—
天津	10%	5 月 31 日	允许	—	—
湖北	10%；抵消额度中 100% 必须来自省内减排项目，并且纳入碳排放配额管理的企业组织边界范围外	5 月 31 日	不允许	—	—
重庆	8%；减排项目应当与 2010 年 12 月 31 日后投入运行（碳汇项目不受此限）	6 月 20 日前	允许	属于以下类型之一：节能和提高能效；清洁能源和非水电可再生能源；碳汇；能源活动、工业生产过程、农业、废弃物处理等领域减排	必须为 2010 年 12 月 31 日后投入运行的减排项目

资料来源：根据相关资料整理。

综观七大试点，湖北是目前唯一一个完全要求使用中国核证减排量（CCER）进行抵消的市场；并独创具有湖北特色的“城市补偿农村、工业补偿农业、排碳补偿固碳”的生态补偿机制。

齐绍洲和程思认为制度设计体现了新兴经济体不完全市场条件下 ETS 的广泛性、多样性、差异性和灵活性。其中，在抵消机制上，允许采用一定比例的 CCER 用于抵消碳排放，同时充分考虑了 CCER 抵消机制对总量的冲击以及环境友好性等因素，通过抵消比例限制、本地化要求、CCER 产出时间和项目类型的规定，控制 CCER 的供给。两者建议在抵消机制方面，需要重点考虑以下四个方面的问题：首先，考虑到 CCER 对碳市场供求关系的冲击，CCER 抵消比例不宜过高，应控制在 5% ~10% 的范围内；其次，考虑地区差异，适度扩大来自中西部欠发达地区的 CCER 抵消比例；再次，需考虑 CCER 项目的时间限制，避免早期 CCER 减排量充斥碳市场；最后，考虑环境友好性和 CCER 整体供给情况，限制用于抵消的 CCER 的项目类型，如水电项目，同时，丰富抵消机制中减排量的来源种类，探索

CCER需求主体的多元化，鼓励林业碳汇项目，也可将节能项目碳减排量纳入抵消项目[①]。

二　抵消机制的优势和挑战

抵消机制在各国各地区的设计呈现多样化，但一般都有着共同的优势，面对着相似的挑战。

（一）抵消机制的优势

抵消机制可以在不影响体系整体环境完整性的前提下提供碳排放交易系统以外的信用资源，开放抵消机制扩大了市场上的减排方案选择，使交易更加灵活，有助于增加市场流动性和提升活跃度。同时，抵消机制也是影响市场供给量和碳价的重要补充机制，其规模和范围也会影响控排主体之外的企业参与程度。合适的抵消方式的选择可能会以比限额下更低的成本获得，允许在合规下使用抵消一般能减少实体的合规成本，可以潜在激发更大的减排雄心。具体而言，抵消机制有以下四大优点。

一是成本控制。抵消机制允许覆盖主体寻求成本有效的减排机会，如农业、林业、交通、建筑和废物处理等在碳排放交易体系以外的部门，而这些部门也是具有减排潜力的，或者可以较低的成本增加碳汇。通过降低合规成本支持碳减排体系的延续性和稳定性。

二是对未覆盖在内的部门设立减排激励。如果某部门被认为纳入碳排放权交易体系不太可行，抵消机制就可以创造一种减排激励，并支持资金流入这些部门进行投资。

三是未覆盖部门产生共同利益。允许抵消常会带来经济、社会和环境的综合利益，包括更好的空气质量、恢复退化的土地、更好的水域管理等。

四是增强其他未被覆盖部门和国家参与市场机制碳减排的能力。抵消计划可以使新的部门和国家参与气候减缓行动，从事技术创新和学习市场机制。

（二）抵消机制的挑战

在使用抵消机制时需要充分考虑一些潜在的问题，以确保环境的完整

---

① 齐绍洲、程思：《中国碳排放权交易试点比较研究》，http://www.yndtjj.com/news1_74962.html。

性和避免不良影响。

一是配额价格的压力。抵消机制成本控制的必然结果是降低价格和削弱对覆盖部门减排行动的激励。

二是高昂的交易成本。抵消计划相关的交易成本可能比较高，因为他们规模小、数量庞大，或者昂贵，难以管理。

三是逆转风险。在抵消的一些类型中，也十分有必要慎重管理碳排放减少的逆转风险，例如，如果森林或者其他碳汇建立，但被隔离的碳随后又被释放回大气。

四是泄漏和泄漏保护。抵消可能产生碳泄漏，如转换行为、市场泄漏和投资泄漏。转换行为可能发生，例如，避免毁林和森林退化项目，在一个大范围的森林中，支付一个地区保护森林的项目而无法保护其他区域，社会可能就会砍伐未被保护的林区。

五是分配问题。抵消的使用也可能带来分配的问题，类似于资金流动到其他部门或者投资低碳技术和活动的司法管辖区，以及排放较少的相关共同利益体。

案例研究

2015 年，中国核证减排量（CCER）正式被纳入交易履约体系。7 个试点陆续公布了各自的《碳抵消管理办法》，由于各试点对项目的技术类型、项目来源地、减排量的产出时间和抵消上限都进行了不同规定，CCER 入市交易的政策出现高低不一的门槛。随着我国 CCER 交易市场快速发展，出现了一系列值得深思的现象。一是 CCER 供需不平衡。CCER 市场需求除了自愿减排交易外，主要用于试点碳市场碳排放权履约。二是 CCER 交易不透明。目前，试点碳市场采用公开交易和协议交易的方式开展 CCER 现货交易，大宗交易以协议交易为主，个别试点碳市场 CCER 交易存在“做市”行为。三是 CCER 等量不同质。截至 2015 年底，CCER 总量最大四类项目分别是风力发电（31%）、水力发电（28%）、生物质利用（10%）和甲烷/沼气利用（8%），而来自造林和再造林、废弃物处置、交通运输、建筑行业项目的相对很少，并且主要来自新疆、湖北、云南和内蒙古自治区等中西部省区获备案的第一类项目和第三类项目。随着全国碳市场建设发力提速，重点排放单位、投资机构不但开发 CCER 的热情不减，还积极参与 CCER 交易，加之 2013～2015 年备案的 CCER 集中在 2015 年入市，可能引发了上述现象。因此，必须从加强调控 CCER 备案管理和交易监管等方面入手，推动 CCER 交易健康发展。一是加强 CCER 备案管理；二是加强 CCER 交易监管；三是加强 CCER 市场流通。另外，还应尝试将 CCER 交易与扶贫、低碳技术推广、减缓气候变化等国家重大战略政策相结合，通过 CCER 交易引导资金和技术流向。

资料来源：http://xianhuo.hexun.com/2016-04-28/183591056.html。

第三节 碳泄漏

一 碳泄漏的渠道和程度

碳泄漏是指，由于碳减排政策增加了碳密集型产业的生产成本，因此有可能导致生产活动和温室气体排放从管控较严的发达国家转移到管控较松的发展中国家。碳泄漏既抵消了实施减排政策的国家的减排效果，又影响发达国家的就业和经济绩效。从理论上讲，碳泄漏主要通过三个渠道产生：第一是投资渠道，由于碳减排政策增加了能源密集行业的生产成本，因此这些行业倾向于以投资的方式从实施碳减排政策的国家转移至未实施碳减排政策的国家，这种现象被称为“污染天堂效应”（pollution haven effect）。污染天堂效应取决于能源密集型产品的国际竞争程度和可替代性。第二种形式的碳泄漏通过竞争渠道产生，同样是由于碳减排政策提高了能源密集型行业的生产成本，如果生产者通过提价的方式将生产成本转嫁给消费者，就会在世界市场上失去竞争力；如果不转嫁成本，更高的生产成本就会侵蚀企业的利润率，甚至会导致停产。总之，减排国家的企业在世界市场上的市场份额下降，非减排国家的企业在世界市场上的份额上升，结果导致碳泄漏。碳泄漏的第三种形式是能源价格渠道：减排政策导致了减排国家对化石能源的需求下降，进而导致能源价格下降，使得非减排国家对化石能源的需求量增加，结果碳排放提高。

碳泄漏的大小通常用碳泄漏率来衡量，所谓碳泄漏率，是指因减排政策导致的非减排国家碳排放量的提高与减排国家碳排放量的降低之间的比值。如果用 $\Delta CO_2{}^{NA}$ 表示减排国家的减排政策导致的非减排国家碳排放量的增加，$\Delta CO_2{}^{N}$ 表示减排国家的减排政策导致的碳排放量的下降，那么碳泄漏率可以表示为：

$$\text{碳泄漏率} = \frac{\Delta CO_2{}^{NA}}{|\Delta CO_2{}^{N}|} \times 100\%$$

影响碳泄漏率的因素有很多，但是碳泄漏率的大小主要取决于两个参数：化石能源的供给弹性与国内产品和进口产品之间的可替代性。第一个参数通过能源价格渠道影响碳泄漏的大小。碳泄漏的大小与化石能源的供给弹性呈反方向变化：化石能源供给弹性越小，碳泄漏程度越大。这是因为化石能源的供给弹性越小，则供给曲线越陡峭，所以当减排国的碳减排政策导致化石能源需求减少时，化石能源的价格就会明显下降，则非减排国对化石能源的消费量就会增加，碳排放量也因此提高。

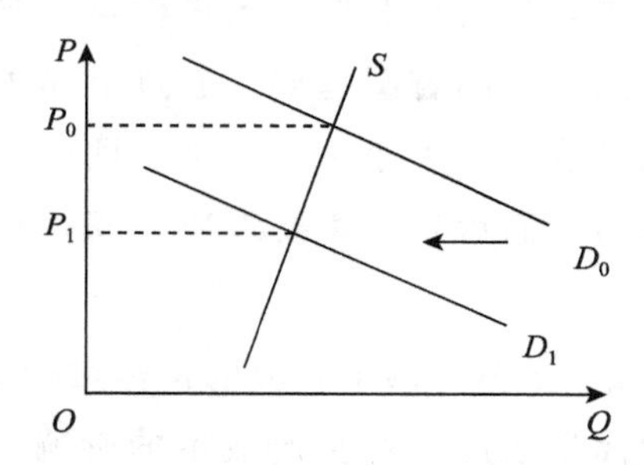

图 8－2　碳减排与化石能源价格变化

第二个参数通过竞争渠道发挥作用，国内产品和国外产品之间的可替代性越强，碳泄漏程度也越强。这是因为当一国产品的价格因碳减排政策而提高时，国内产品与国外产品的可替代性越强，对国外产品，特别是非减排国产品的需求就会增加，碳泄漏的程度也就越高。

目前对碳泄漏率的估算主要包括事后评估和事前预测。相对而言，目前对碳泄漏的事后评估较少，并且也没有证实碳泄漏的存在。对碳泄漏的事前预测一般基于可计算的经济模型。碳泄漏的一般均衡估计值（对整体经济的影响）介于 5% 和 15% 之间。局部均衡的估计值介于 0 和 100% 之间，差异较大。

二　碳泄漏的行业评估

不同行业的碳密集程度不同，贸易强度不同，则碳泄漏程度也不同，在行业层面对碳泄漏进行评估，识别碳泄漏风险较高的行业，有助于制定有针对性的政策，降低碳泄漏对减排政策和行业竞争力产生的负面影响。

由于特定的行业对能源需求的变化不可能会对能源价格造成明显的影响，所以行业碳泄漏主要通过竞争渠道和投资渠道产生。对于特定行业来说，碳泄漏的路径为：减排政策增加了企业的生产成本（直接的碳成本或者间接的电力成本），如果企业有比较强的成本转移能力，即通过提高价格将成本转移给购买者且市场竞争力不会受到影响，那么就不会有明显的碳泄漏发生，但是如果企业面临激烈的国际市场竞争，那么企业的成本转嫁能力就会大打折扣。一旦企业无法将上升的成本转移出去，利润率就会下降。在短期，企业可能会削减生产，在长期，企业可能会将生产转移至国外。总之，国内相关行业的市场份额会下降，国外相同行业的市场份额会上升，并同时伴随着碳泄漏。通过上述碳泄漏的路径可以发现，一个行业碳泄漏可能性的大小主要取决于两个因素，成本的上升程度以及转嫁成本的能力，而后者又主要取决于国内行业在世界市场中所面临的竞争度。

因此，欧盟委员会主要基于两个相应的指标对行业的碳泄漏风险做出评价，第一个评价指标是碳成本对生产成本的影响，新的交易体系指令2009/29/EC 规定，如果交易体系使得直接成本和间接成本的提高超过总附加值的30%，那么该行业就会被认定为碳泄漏风险较高的行业。第二个评价指标是该部门与欧盟之外国家之间的贸易强度，2009/29/EC 将贸易强度定义为出口和进口之和除以营业额与进口量之和，如果某一行业的贸易强度超过30%，那么该行业也会被认定为碳泄漏风险较高的行业。此外，2009/29/EC 还规定，如果碳强度超过5%并且贸易强度超过10%，那么该行业也会被认定为有较高的碳泄漏风险。根据这两个评价指标，欧盟委员会已经确定和发布了碳泄漏风险较高的行业清单（European Commission, 2010），并且每5年更新一次，绝大多数重工业都被纳入清单内。

参考资料

一份中美专家合作的最新研究指出，作为“世界工厂”，世界最大碳排放国中国是全球“碳泄漏”程度最高的国家，其四分之一的工业碳排放来自出口产品的生产。目前的碳减排责任是按照排放的生产国而不是消费国来分配的，这样就造成了国际碳泄漏问题。由于出口产品附加值低、技术水平相对落后，并且工业体系依赖煤为主的化石能源，中国所生产单位出口产品的环境代价，亦即碳排放强度，是其进口产品的8倍。在贵州、宁夏和内蒙古等内陆落后地区，生产相同价值产品所造成的环境代价是其进口产品的30倍以上。中国被转移碳排放最高的省份包括山东、江苏、广东、河北和浙江。这些省都是制造业大省，主要出口金属及非金属制品、化学产品和仪器设备，出口产业都是高能耗产业。劳动力成本等因素导致发展中国家往往在制造业上有相对优势，全球产业链在资本效率等考虑下也更倾向于将工厂建在发展中国家。但发展中国家技术相对落后，导致碳排放强度远高于在拥有更高技术的发达国家生产同一产品时所产生的碳排放强度。这一悖论将最终导致全球二氧化碳排放量的整体性上升。

资料来源：http://www.ecoteda.org/news/show.php? itemid = 17933。

三　碳泄漏的解决方法

碳泄漏的原因是单边减排政策导致减排国家的相关行业生产成本上升，在国际市场上的竞争力优势受到损害，因此要解决碳泄漏无外乎两种政策选择：缓解国内相关行业的碳成本压力，提高进口商品的碳成本，即免费配额和边境调整两种措施。这两种政策措施的最终目的都是为国内承担减排责任的企业以及国外未承担减排责任的企业创造一个公平竞争的环境。

（一）免费配额

免费配额是世界上大多数碳排放权交易体系在建立初期的主要配置方法。因为与拍卖相比，免费配置能够降低企业的碳成本，所以可以在一定程度上解决碳泄漏问题，也更容易获得政治上的支持。

在应对碳泄漏方面，欧盟的做法比较有代表性。从政策实践上来看，为了缓解碳泄漏问题，在利用基准法进行配额的免费配置时，欧盟对碳泄漏风险较高的行业与碳泄漏风险较低的行业进行了区别对待。那些被认定为碳泄漏风险比较高的行业或者子行业中的设备，如果达到了基准水平，将在2013年至2020年期间根据其历史排放量获得所需要的全部免费配额；对于未达到基准水平的设备，其获得的免费配额将低于实际排放量的一定比例。与之相对的是，那些被认定为碳泄漏风险不明显的行业中的设施，如果达到了基准水平，将在2013年获得其所需配额的80%的免费配额，且这一比例在2020年将会降至30%，同样，对于没有达到基准水平的设备，其获得的免费配额的比重比达到基准水平的设备低一定比例。

（二）边境调整

碳减排政策增加了减排国家相关企业的生产成本，使得承担减排责任国家的企业在国际市场上处于不利的竞争地位，边境调整正是为了纠正这种扭曲，保证承担减排责任的国内生产者与未承担减排责任的国外竞争者公平竞争的贸易政策。边界调整包括两种形式，其一是要求进口商购买碳排放配额，如美国众议院2009年通过的Waxman-Markey法案针对碳泄漏问题制定了具体的条款，如果在2018年1月1日之前就气候变化问题尚未达成国际共识，那么美国将会建立一个国际配额储备项目（international reserve allowance programme），自2020年开始，进口商在进口该项目所覆盖行业的商品时，需要从项目中得到适当的排放配额，否则就不允许进口。

其二是碳关税或碳边境税。碳边界税又可以分为两种形式，如果减排国家既对来自非减排国的进口商品征收碳关税又对本国的出口商品实行税收减免，则称为完全调整；相反，如果减排国家只对来自非减排国的进口商品征收碳关税，而不对本国的出口商品实行税收减免，则称为部分调整。

大致上讲，边界调整能够在一定程度上降低竞争渠道产生的碳泄漏，但是由于边界调整不能影响非减排国家的国内生产决策，所以无法解决能源价格渠道产生的碳泄漏问题，而能源价格渠道是碳泄漏的最主要的形式，所以，总体上来讲，碳边境税从抑制碳泄漏的角度来讲并不十分有效[①]。

① 刘亚飞、孙永平：《碳泄漏：理论与政策综述》，《湖北经济学院学报》2014年第5期，第50~56页。

内容提要

（1）履约机制的设计目的是加强碳市场的可信性，敦促企业在规定时间前按照配额进行履约，要求受管制的企业所提交的配额量必须与其排放量相一致，否则就会受到处罚。企业能否按时履约将可以反映各试点配额发放是否合理，MRV 体系是否规范，市场运行是否顺利等。

（2）履约指控排企业按照规定上缴与上年度碳排放量等量的配额，履行其年度碳排放控制责任。从参与人角度而言，配额清缴及确认这个步骤涉及控排企业和碳交易主管部门两方，控排企业需按时清缴配额；而碳交易主管部门则需要确认配额清缴，对配额清缴进行汇总分析，最后公布配额情况等。从政府监管角度来看，建立碳市场交易的关键包括确定参与企业、分配配额和确保企业履约三个环节，而确保履约实现更是重中之重。

（3）惩罚机制是碳排放交易体系得以正常运转和环境目标得以实现的重要保障之一，没有保障的市场将无法正常运转，市场参与者的违约成本低则会导致市场参与度大受影响。

（4）未履约企业受到的处罚措施包括两种方式：一种是补偿，即未能足额提交配额的企业在下一年补交一定额度的配额，即使企业缴纳了罚款也不能免除其递交适量配额的义务；补偿的配额可以等于配额缺口量，也可以是其数倍；另一种是罚款，指未完成履约的企业需要按照罚款标准额乘以配额缺口量来向管理机构缴纳费用，而罚款标准一般为配额市场价格的数倍。

（5）抵消机制是受碳排放约束的企业预期实际碳排放将超过其持有的碳排放配额时的常规三种选择之一，即企业借助碳抵消机制，购买主管部门核准的一些特定类型项目产生的减排量，用以抵消企业的实际碳排放量。另外两种分别为企业加大自身的企业节能减排的投资和管理投入，实现企业自身的减排，从而实现企业实际碳排放量不多于企业拥有的碳排放配额量；或是在市场上购买其他企业多余的碳排放额。

（6）碳泄漏主要通过三个渠道产生：投资渠道、竞争渠道、能源价格渠道。碳泄漏的原因是单边减排政策导致减排国家的相关行业生产成本上升，在国际市场上的竞争力优势受到损害，因此要解决碳泄漏无外乎两种政策选择：缓解国内相关行业的碳成本压力，提高进口商品的碳成本，即免费配额和边境调整两种措施。

思考题

1. 履约和抵消机制在碳排放交易中有何重要意义？
2. 抵消机制的优势和面临的挑战分别有哪些？
3. 碳泄漏的主要渠道有哪些？
4. 解决碳泄漏的方法有哪些？

参考文献

[1] ICAP& PMR，"Emission Trading in Practice：A Handbook on Design and Implication"，World Bank Group，March 8th，2016.
[2] 孟兵站：《中国碳交易试点关于履约及抵消机制的实践经验等》，2015 年 6 月。
[3] 钱国强：《碳交易机制概述与中国碳市场建设》，2015 年 6 月。
[4] 吴宏杰编著《碳资产管理》，北京联合出版公司，2015。
[5] 中央财经大学气候与能源金融研究中心：《2014 年中国碳金融发展报告》，2014。
[6] 鄢德春著：《中国碳金融战略研究》，上海财经大学出版社，2015。
[7] 齐绍洲、程思：《中国碳排放权交易试点比较研究》，http://www.yndtjj.com/news1_74962.html。
[8] 《浅谈碳排放权交易体系中抵消机制的运用》，《资源节约与环保》2015 年第 11 期。

第九章
碳会计与碳资产管理

低碳经济时代，碳排放权交易制度作为配置资源的基础性制度，通过确定碳排放的权利与责任以及市场的定价与交易，已被实践证明是行之有效的低成本减排机制。然而，国内外碳排放权交易会计的研究现状却表明，目前的研究存在研究不系统、逻辑关系不清晰等缺陷，从而使碳排放权交易会计成为国内外会计理论研究中的重大难题。针对目前的研究现状，本文在借鉴国内外已有研究成果的基础上，系统探讨了“总量与交易机制”和“基准与信用机制”下所特有的会计确认、计量和报告问题。

第一节　碳会计概述

根据国内外碳排放权交易会计研究现状综述可知，目前国内外一方面对碳排放权交易的相关会计问题缺乏系统的研究，无法反映其对企业的综合财务影响；另一方面，对排放权本质认识的差异，形成了不同的观点，导致了实务中会计处理方法的多样化。针对此现状，本节在阐述碳会计产生历史背景的基础上，将系统研究总量与交易机制以及基准与信用机制下配额与碳信用的会计确认、计量与报告问题。

一　碳会计问题的提出

碳排放权交易制度设计中，基于配额的“总量 - 交易机制”和基于项目的“基准 - 信用机制”是两种最主要的减排制度。由这两种制度所产生的“配额”和“信用”已成为芝加哥气候交易所（CCX）、欧洲气候交易所（ECX）等碳排放权交易市场上的主要通货。然而，正是两种制度设计的复杂性大大增加了碳排放权交易会计问题的难度，使之成为世界性的会计难题。两种碳排放权交易制度所涉及的主要会计问题有：

（1）总量与交易机制下的配额是资产吗？这个结论是否会因为配额获得方式的不同而改变？如果配额是资产，应该如何进行初始确认和计量？

（2）获得的配额对于企业来说是负债还是收益？如果是负债，负债的本质是什么？怎样进行会计确认和计量？

（3）如何对配额的分配、交易、交付以及期货与期权交易进行会计处理？

（4）基准与信用机制下的基准是资产吗？信用的本质是什么？应如何进行会计确认和计量？信用取得、交易以及期货与期权交易应如何进行会计处理？

（5）碳排放权交易会计信息应包括哪些内容？应如何报告？是表内列报还是表外披露，还是两者兼而有之？

（6）制定和实施碳排放权交易会计法规需要具备哪些条件？准则的制定思路、概念结构和主要内容应如何体现？如何实现与其他会计准则的合理衔接？等等。

上述问题已成为碳会计领域的难题，以下将进行深入的研究。

二 碳排放权的本质分析

（一）碳排放权的法律属性分析

自从我国引入排污权交易制度以来，排污权的本质属性就成为法律界研究的热点。国内外碳排放权交易市场的飞速发展进一步激发了法律学者的研究兴趣。什么是排放权？其法律属性是什么？不同的学者有着各自不同的见解，并没有形成统一的观点。许多学者将排放权确认为用益物权，即非所有权人对他人之物所享有的占有、使用、收益的排他性权利[①][②]。然而，更值得关注的是，排放权最初并不是一个法律概念，而是一个经济学

---

① 吴元元、李晓华：《环境容量使用权的法理分析》，《重庆环境科学》2003 年第 12 期。

② 高利红、余耀军：《论排放权的法律性质》，《郑州大学学报》2003 年第 3 期。

概念。政府之所以开展排放权交易，其意图在于运用经济手段来解决环境污染问题。即通过环境污染治理成本内部化，促使企业致力于污染治理。碳排放权交易的目标是使边际减排成本不同的企业通过交易实现低成本的减排或减排收益。

（二）碳排放权的商品属性

在排放权的法律本质属性尚待明确的情况下，实践中我们通常从排放权持有者享有权利的角度，将排放权定义为“允许排放权持有者在一定时期、一定区域内拥有排放一定数量污染物的行政许可权利”。这意味着，我们更关注的不是“排放权是什么权利”，而是“排放权持有者拥有什么权利”。这样界定的理由是“准确定义碳排放权的法律属性固然重要，但对于排放权交易市场的形成却没有多大的意义”[①]。除了其本身的法律属性外，碳排放权还日益显示出明显的商品属性。

1. 碳排放权的商品特征分析

在国外，将排放权确认为商品已成为企业的惯例。美国的金融机构，如巴克莱资本（Barclay Capital）和花旗银行（Citibank）就是典型的代表，两者作为能源交易市场和碳排放权交易市场的主要参与者，都将排放权及其衍生金融工具纳入其商品投资组合中。作为煤、能源和其他商品交易的行业组织的国际交换和衍生组织（The International Swaps and Derivatives Association），已经发表了一个关于 EUAs 交易的新附件并纳入了《原始协议》（Master Agreement）中，成为行业排放权交易商品化的象征。

2. 碳排放权商品属性的局限分析

然而，尽管碳排放权商品化已日益获得市场和企业的公认，但其固有的局限却使得它成为阻止企业碳减排活动深入推进以及碳排放权交易市场全球趋同的巨大障碍。碳排放权商品化的局限性表现在以下三个方面。

（1）局限之一：“等价僵局”造成碳排放权交易市场的分裂。

从可持续发展的角度来看，碳排放权商品化的最大关注是具有环境额外性和财务额外性的信用流入市场，造成碳价格的大幅波动。当前，产生

---

① Jillian Button, “Carbon: Commodity or Currency? The Case of International Carbon Market Based on the Currency Model”, *Harvard Environmental Law Review* (1) 2008.

环境和财务额外性的信用主要表现形式有三。第一，“热空气”现象。当市场中有多余的信用时，就产生了“热空气”，如企业破产和产量下降带来的信用进入供给有限的市场。第二，产生于土地利用和土地利用变化和森林化的信用（Land Use，Land Use Change and Forestry，LULUCF CER），具有暂时性减排的特征。第三，产生于非京都机制下的信用。这些信用大多产生于自愿排放权交易制度，减排标准因不受京都机制的约束而宽松得多。显然，以上方式产生的信用有别于京都机制下产生的信用。如何实现京都与非京都机制下不同信用之间的价值对接，即如何解决“等价”问题是关键。

解决不同信用之间等价问题可以采取四种战略。第一是阻止这些具有环境和财务额外性的信用进入市场，清洁空气政策中心（the Center for Clean Air Policy）已建议 2012 年后为这些具有额外性的信用建立一个单独的市场；第二是允许这些信用进入市场，让特定管辖范围内的政府去排除管辖外的非等价信用，如 EU ETS 并不认可来自 LULUCF 中的 CER；第三是将环境额外性的信用确认为一种新的非交易信用，与其他单位不等价。不能交易的信用在世界碳排放权交易市场中并不普遍，NSW GGAS 中就设有这种单位。第四是就非等价信用的减排标准进行协商，以此确定彼此之间的合理比价。

表面看来，以上四种战略是解决等价性的合理方法。然而，这些战略在实践中却可能成为碳排放权交易市场发展的阻碍。因为“要不进入，要不退出”的“二分法则”虽然维持了不同市场之间信用的相对价值，但这是以减少碳减排投资为代价的。无法解决不同信用的价值对接将不可避免地出现“等价僵局”（equivalent impasse）。以 LULUCF 为例，“二分法则”将使得 LULUCF 产生的 CER 无法在国际碳排放权交易市场上流通。CER 的价值无法实现必然会阻碍资本流向发展中国家的森林保护行业，导致的结果是更多的资本流向能产生经济价值的产品而不是因保护森林而产生的碳汇上，以牺牲环境利益的代价换取了经济利益的增长。

追根溯源以上战略的设计原理发现，导致“等价僵局”的根源在于“二分法则”的潜在假定——采用商品属性来定义信用。众所周知，具有不同价格或者虽具有相同价格但用途不同的商品存在于不同的市场中。同理，非等价的信用也同样存在于不同的碳排放权交易市场中。例如，一吨东北大米的价格是3000元，一吨玉米的价格是1500元，如果卖主对一吨玉米的价格标价3000元，那么他的玉米将无法找到相应的买主，因为不同商品的价格是由其稀缺性和供求关系决定的。市场供求的力量将每吨玉米价格确定为1500元，而不是3000元。虽然同属于人们生活所必需的消费品，但它们是属于不同市场的非等价商品。与此类似，假定一个严格标准下产生的信用价格为30美元，另一个在宽松减排标准下产生的信用价格为15美元，它们是归属于不同碳排放权交易市场中的非等价单位。只要法规制度不改变，这两个市场无法实现有效的对接。

（2）局限之二："虚假比较优势"削弱高标准减排投资的积极性。

商品属性还会导致"虚假比较优势"（artificial comparative advantage）。不同碳排放权交易制度下信用的成本并不相同。与严格的减排要求相比，宽松减排制度产生的信用数量更大，减排成本更低。如果允许低成本信用进入减排要求更高的碳排放权交易市场，供求的失衡必然会降低信用的市场价格。这种"虚假比较优势"势必使得低标准减排者获益，高标准减排者受损，出现所谓"劣币驱逐良币"的现象。竞争优势的倒置会削弱高标准减排企业的积极性，与全球共同减排应对气候变化的目标是背道而驰的。

（3）局限之三："技术障碍"增加碳排放权交易的交易成本。

信用商品化还存在计量标准的统一问题。不同排放权交易制度在核算、监测、核实方法方面都可能存在差异，这种"技术障碍"（technology barrier）增大了信用价格对接的难度，增加了交易成本，削弱了市场的流动性。

另外，根据商品市场的划分，具有相同本质和用途的商品理应存在于同一市场之中。每一种信用的本质相同，都表示为排放一吨CO_2e的权利，显然不同的信用理论上可以在同一市场中交易。但实践中不同减排交易制度下排放量核算、监测和核实方法的差异却将本质相同的信用人为划分为不同的商品。碳市场分裂的结果是EUAs只能在EU ETS市场中交易，NSW信用也只能存在于NSW GGAS市场中。这不仅不利于单个市场的稳定发展（容易出现供应短缺或价格波动），而且人为割裂了全球碳排放权交易市场之间的内在联系。

3. 碳排放权的货币属性分析

碳排放权除了明显的商品属性外，更日益凸显其货币属性。

货币是商品交易发展到一定阶段的产物，是从商品中分离出来的固定充当一般等价物的商品。充当等价物的商品，因时因地而异，最终固定在某些特定的商品上，金银由于其天然的优势而成为世界各国普遍采用的货币商品。可见，具有价值的商品是成为货币的基础。碳排放权具有商品特征，这就为其成为货币创造了条件。Jurgen Lefevere 就明确地指出，《京都议定书》提出了排放权概念，这是一种可交易的货币。碳排放权的货币特性主要有以下几点。

（1）排放权的价值建立在国际协议或政府信用基础之上。

信用是由国家政府或国际组织通过法律程序认可的。没有政府信用，信用将毫无价值。例如，欧盟如果不认可 EUA 来满足其减排目标，那么 EUA 将一文不值。而一般的商品，如煤、石油等的价值不需要政府的认可。

（2）全球碳市场具有与货币市场趋同相似的过程。

从一国货币的产生过程来看，货币的发展经历了实物货币→金属货币→信用货币（纸币）的发展过程。国际货币体系也经过了金本位及固定汇率制度→虚金本位→“信用本位”及浮动汇率制度的发展历程。与此相似，处于初级发展阶段的碳排放权交易市场，其不同的信用可以根据“黄金标准”的含碳量确认其价值并且彼此之间可以自由浮动。就像货币市场中一种货币紧盯另一种货币一样，一种碳排放权也可以盯住另外一种碳排放权。随着全球碳排放权交易市场的逐步形成，碳排放权必然也会经历这样一个趋同的过程：多种碳排放权→几种主要碳排放权→单一碳排放权。

（3）信用的另一个货币相似特征是可以“存储”（banking）和“借贷”（borrowing）。

根据 EU ETS 和美国温室气体减排倡议组织（RGGI）的交易规则，某一特定期间的配额（allowance）和信用（credit）可以存储用于履行以后期间的交付义务。这些规则有助于交易者控制市场价格的波动以减少遵约成本。新生的美国碳排放权交易制度也包括存储机制以及提供有限范围的借贷。企业借入信用是预期以后期间可以分配获得配额满足遵约要求。尽管商品交易中也有存储，但商品市场中没有商品借贷概念。

（4）信用具有稀缺性。

由于碳排放权交易制度的引入，企业原来毫无约束的排放行为受到了排放总量（Cap）的限制。同时，碳减排意味着必须减少含碳能源的使用而转向低碳能源，能源转换所需要资金、技术和人才投入导致了碳减排成本的产生。总量限制和减排成本的双重压力使得企业只能产生有限的减排量，从而产生了信用的稀缺。信用的价格就是其稀缺性的表现。

（5）信用具有了广泛的接受性。

1996年，98%的交易量来自基于项目的信用交易。1996~2002年，碳排放权交易的数量在100万吨至300万吨之间。2004年碳排放权交易量比2003年增长了38%，达1.07亿吨。2005年EU ETS以及《京都议定书》生效以后，碳排放权交易获得了飞速的发展，到2009年底，碳排放权交易量达87亿吨，交易金额为1437.35亿美元。

（6）除了企业交易碳排放权外，个人碳排放权体系（Personal Carbon Trading，PCT）也在发展之中。

正如英国环境大臣大卫·米利班德（David Miliband）所设想的那样，“未来碳将成为货币，我们的银行卡里既有英镑也有碳排放权，当我们买电等能源时，我们既可以使用碳排放权，也可以使用英镑。政府为每个人分配一定数量的碳排放权，碳排放权可以进行买卖和储存，多余的可以出售，不足可以购买，很方便的交易”。

4. *货币属性的优势分析*

碳排放权不仅形式上更符合货币的特征，更重要的是碳排放权货币化在推动全球碳排放权交易市场发展和全球趋同等方面具有不可比拟的优势，与《京都议定书》全球共同减排的精神是内在一致的。

（1）优势之一：采用汇率制度打破“等价僵局”，促进全球碳排放权交易市场趋同。

碳排放权商品化导致了信用之间的“等价僵局”，人为割裂了碳排放权交易市场之间的联系。碳排放权货币化则认为，非等价的信用类似于非等价的货币，不同的货币可以同时在碳交易市场中流通、转让。基于供求关系、国际收支、经济实力和购买力水平等诸多因素，美元走强或人民币走强反映了市场对于这两种货币价值的判断。同样，在碳排放权本位下，不同碳排放权可以通过其汇率确定和变动来反映其相对价格。只要对不同的减排标准和额外性等因素给出合理的评价，市场主体会自动“逐优”而持有看涨的通货，不同的碳排放权之间也可以自由兑换，灵活使用。根据浮动汇率自由调整碳排放权价值打破了碳排放权交易市场的边界，促进了信用在全球碳排放权交易市场中的流动，必将成为全球碳排放权交易市场发展的强大推动力量。

货币特征还可以避免商品特征下信用之间的“激励不相容”现象。尽管每种信用可能不等价，但是可以根据汇率的调整确定每一单位的价格。政府无须强制性地将减排要求低的信用排除出市场，而只需要调低其汇率即可。不同价值的信用之间的流动不仅可以有效调节市场的供求关系，稳定价格，而且可以减少收益的不确定性，吸引更多风险规避的投资者参与碳排放权交易市场。

（2）优势之二：汇率调整消除“虚假比较优势”，激励高标准的减排投资。

成熟商品市场会对同质同量的商品赋予相同的价格。照此推理，每一个碳排放权交易市场中碳排放权应该是等价的，即1∶1。因为尽管名称各异，每一份排放权都表示排放一吨 CO_2e 的权利。如果这样的话，那么谁还会去遵从所谓的“黄金标准”呢？企业还会有动力去高标准减排吗？不同减排标准所产生的减排成本差异又如何从收益中补偿？显然，与一般商品市场不同，不同信用之间的价值不是简单的1∶1。这就需要借助各种碳排放权的比价创造市场的均衡。严格减排标准下的信用所获得的高价格和高收益将增加企业追加环保投入的积极性。货币模式所创造的这种公平比较优势，能自然消除商品模式下的“虚假的比较优势”。

（3）优势之三：价值计量克服“技术障碍”，提高市场的流动性。

信用货币化后，虽然信用仍需要采用技术手段核算碳减排量，但依据的标准不再是重量单位，而是货币单位。不同核算标准的信用拥有不同的市场价格。这种价格的差异将激励企业改进监测方法和核实手段，提高信用的减排价值。随着碳核算技术的进步以及碳排放权交易市场的深入，利益的驱动将促使信用核算方法实现统一，这个过程类似于度量衡单位的统一过程。

综上所述，碳排放权具有稀缺性、价格波动和可交易的商品特征，同时还具有依靠政府信用、自由存储和借贷、普遍接受性等货币特性，是一种兼具商品和货币特征的全新信用货币——“碳排放权”。商品属性奠定了排放权的价值基础，货币属性更凸显了其内在的本质（见表9-1）

表9-1 商品属性和货币属性的比较

	商品特征	局限
商品属性	1. 已纳入商品投资组合中； 2. 可以现货交易，也可以进行远期、期货、期权交易； 3. 价格随供求关系而上下波动	1. “等价僵局”造成了市场的分裂； 2. “虚假比较优势”削弱了高标准减排投资的积极性； 3. “技术障碍”增加了交易成本
	货币属性	优势
货币属性	1. 必须以政府信用或国际协定为基础； 2. 发展历程与货币市场历程类似； 3. 可以自由存储和借贷； 4. 具有普遍的可接受性	1. 汇率制度打破“等价僵局”； 2. 汇率调整消除“虚假比较优势”，激励减排投资； 3. 克服“技术障碍”，提高了市场的流动性

三 为交易而持有配额的会计确认与计量

总量与交易机制（Cap and Trading Scheme）的主要会计问题是如何对配额的分配、交易与交付进行会计确认、计量与记录。从该制度设计的目的来看，总量的设置意在控制排放总量实现减排的总体目标。配额的分配、交易与交付则是实现这个根本目标的手段和方式。但是，由于减排成本等方面的差异，各个企业的配额管理方式并不相同。有些企业可能通过碳排放权的交易来降低减排成本，充分发挥配额的交易功能；有的企业则通过采用低碳燃料、低碳技术来降低碳排放，配额仅仅用来履行期末交付义务。显然，配额的交易与否与其持有配额的目的密切相关。

然而，由于“交易观”是会计理论中的一个重要概念，配额的交易与否会对相关会计问题产生重要的影响。基于此，本文以配额交易与否为标准将持有配额的目的分为“为交易而持有配额”以及“为履行义务而持有配额”。以下将系统探讨这两种不同配额持有目的下的会计确认与计量问题。

（一）为交易而持有配额的会计确认

配额的分配（allocation）、交易（trading）与交付（delivery）构成总量与交易机制的核心内容，三者相互制约，相互促进。配额的分配是交易的基础。配额的交易是降低交付成本的手段。配额的期末交付是配额分配的目的，也是下一期间获得配额的条件。研究配额分配、交易与交付的会计问题，明确配额的本质是关键，也是研究相关会计问题的前提。

1. 碳排放权会计确认观点述评

由于对排放权本质和特征的认识差异，不同的机构和学者将其确认为不同的资产类别。目前的主要观点如下。

（1）确认为“存货”

2003 年，美国财务会计准则委员会（FASB）下的紧急任务小组（EITF）对参与总量与交易机制下的排污权会计基准草案（EITF 03 - 14, Participants' Accounting for Emissions Allowances under A “Cap and Trade” Program）进行讨论，集中讨论两个问题：一是总量与交易机制的参与者是否应将排污权确认为一项资产。二是该资产的性质是什么。讨论的结果是将期初获得的初始分配排污许可证，按取得的历史成本确认“排污许可证存货”；免费取得时计价为 0；不同年度的许可证应分别核算[①]。

从配额年度分配与交付的角度将排放权确认为流动资产—存货有其合理性，但碳排放权显然不符合存货的定义，“企业在日常活动中持有以备出售的产成品或商品、处在生产过程中的在产品、在生产过程中耗用的材料、物料等”。碳排放权的信用本质也与存货的实体价值不符。

（2）确认为“无形资产”

这是 IFRIC 的主要观点。2004 年 12 月公布的《IFRIC 3：排污权》重点研究了三个问题。第一个结论就是碳排放权符合资产的定义，而且属于资产的无形资产类别。因为碳排放权是“没有实物形态的长期资产”[②]。

然而，IFRIC 3 的无形资产模式也存在理论的缺陷，即排放资产与应

---

① EITF, “Participants' Accounting for Emissions Allowances under A ‘Cap and Trade’ Program Issue, No. 03 - 14”, http://www.fasb.org, 2003 - 12 - 20.

② IASB, “International Financial Reporting Interpretation Committee (IFRIC): Draft Interpretation D1, Emission Rights”, http://www.ifrs.org, 2004 - 2 - 28.

付碳排放权在计量和报告方面的不匹配，不能“真实而公允”地反映企业的经济实质。另外，碳排放权的交付义务特征也显著区别于商标权、经营许可权等无形资产。

（3）确认为“金融工具”

Fiona Gadd 等指出，配额具有与金融工具相似的特征。因为配额既可以现货交易，也可以进行远期、期货和期权交易。英国的 FRS 13 也认为碳排放权交易合同符合金融工具的定义。然而，我们应该看到的是，碳排放权交易的目的和本质是不同的。碳排放权期货、期权交易的目的主要是规避碳排放权交易中的价格风险，降低减排成本。而碳排放权的本质却是履行碳减排义务的凭证。碳排放权与其持有者之间并无特定的权益关系也从另一角度否定了碳排放权属于金融工具的观点，因为碳排放权并不符合金融工具“形成一个企业的金融资产，并形成其他单位的金融负债或权益工具的合同”的定义。

（4）确认为“捐赠资产”

自从美国 1990 年颁布了《清洁空气法修正案》并实施了 SO_2排放权交易制度后，许多专家就开始致力于排放权会计的研究。1996 年，Jacob R. Wambsganss 等在其论文《报告污染配额相关问题研究》中就对碳排放权的初始确认进行了比较系统的研究，在分析了将碳排放权确认为存货、无形资产、金融工具存在的不足后，提出应将排放权确认为捐赠资产，采用公允价值进行计量，这样能克服不同配额分配方式采用不同计量属性的弊端。

根据碳排放权交易制度可知，政府分配的碳排放权与“捐赠资产”具有重大的差别。与捐赠资产作为国家、社会团体或个人对企业的无偿性赠予相比，企业获得碳排放权是有条件的：第一，企业必须在指定的日期交付与实际排放量相对应的碳排放权，以解除其减排履约义务；第二，一旦出现减产、停产、破产等情况，企业必须将所分配的相应碳排放权归还给政府；第三，到指定的碳排放权交付日期，一旦企业的实际排放量超过了排放权所允许的排放量，企业必须接受现金罚款以及从碳排放权交易上购买与超排量相应排放权的“双重”惩罚。这些条件充分说明了碳排放权与捐赠资产的差别。

综上分析可知，将碳排放权确认为“存货”“无形资产”“金融工具”

"捐赠资产"等资产都有其理论合理性，也有其固有的缺陷，正是这些缺陷制约了碳排放权的会计确认，并阻碍了碳排放权交易会计准则制定的进程，成为国际会计研究领域中的一大难题。通过深入分析，本书认为，将排放权确认为不同的资产类别只是表面认识的差异，真正的根源在于对碳排放权本质认识的差异。

2. *碳排放权会计确认差异化的原因分析*

会计理论界关于排放权的确认之所以会出现诸多观点，其认识根源是从商品属性确认排放权。由于排放权交易制度是由法律制度、经济制度、市场制度等因素构成的一个综合体系。从不同的角度分析碳排放权交易制度，就会形成不同的认识，从而确认为不同的资产类别。

由碳排放权交易制度可知，为了实现总量限制下的减排，排放权交易制度设置了若干条件，其中包括：①确定排放总量（Cap），根据历史排放量确定，通常称为"祖父原则"（grandfather principal）；②配额分配方式，主要有无偿分配、竞价拍卖和固定价格出售三种方式；③配额的有效期限，配额的有效时间因各国排放权交易制度而异，在 EU ETS 的第一阶段（2005～2007 年），配额的有效期限通常为三年，2008～2012 年第二阶段的有效期限为 5 年。但是配额必须按年交付，即头一年的 2 月 28 日发放，下一年的 4 月 1 日必须要交付与排放量相当的配额，超排必须要接受惩罚，节约额则可以出售。

显然，国外会计准则机构和不同学者正是根据以上特征，从不同的角度将碳排放权确认为不同的资产类别。美国 FERC 根据碳排放配额的年度交付性质将碳排放权确认为流动资产—存货；IFRIC 3 则根据碳排放权的无实物形态特征将之分类为"无形资产"，Fiona Gadd 根据排放权可以进行远期、期货、期权的特征将之确认为"金融工具"。Jacob R. Wambsganss 认为政府无偿分配的配额类似于对企业的无偿捐赠，应该确认为"捐赠资产"。可见，仅仅根据排放权作为一种商品的某一个特征来进行会计确认，不免产生"盲人摸象"的结果。

3. *碳排放权会计确认的理论依据*

我国财政部 2006 年发布的《企业会计准则——应用指南》指出，货币性资产主要包括库存现金、银行存款和其他货币资金。碳排放权具有货币的特征，可以在现有的货币资金会计科目下创造一个新的货币资金类别——碳排放权。其理论依据如下。

（1）碳排放权符合货币资产的特征

货币作为一种特殊的商品，具有价值尺度、支付手段、流通手段、贮藏手段等功能。碳排放权具有典型的货币特征：国际协议或政府信用使之具有价值尺度功能；广泛的接受性为其发挥支付和流通功能创造了条件；碳排放权“存储”和“借贷”的制度安排使其可以发挥贮藏和流通功能。

（2）碳排放权具有代币功能

碳排放权交易市场由能源交易市场衍生而来，并与之高度相关。可以预计，即使将来碳排放权得到世界各国的普遍承认，碳排放权的交易范围可能更多的是用于能源消费。这种观点在个人碳排放权体系的设计中也有鲜明的体现。根据大卫·米利班德（David Miliband）的个人碳排放权交易设想，碳排放权主要用于电、天然气和石油等能源消费。目前，英国在建立个人碳排放权系统方面已经迈出了实质性的脚步，《英国气候变迁法案》（United Kingdom Climate Change Bill）也授予了政府建立个人碳排放权交易体系的权利①。2008 年，澳大利亚通过的《2008 年澳大利亚碳主张和交易实践法》旨在促进公司、企业和个人进行碳排放权交易。但是，从碳排放权的流通范围和交易对象来看，它只能作为一种非常重要的补充货币或代币（Complementary Currency）。个人碳排放权交易之所以在英国率先提出，主要是由于英国的各种代币体系很完善，代币也会很容易被公众所接受而广泛流通。

4. 碳排放权（配额）的会计确认标准分析

（1）碳排放权（配额）的资产性质分析

根据我国《企业会计准则——基本准则》，资产是指“过去的交易或事项所形成的，由企业所拥有或控制的，能给企业带来未来经济利益的经济资源”。资产确认的首要条件是满足资产的定义。为交易而持有的配额显然满足这一定义。

总量与交易机制中，要实现减排目标，政府部门必须设定排放总量

① 蔡博峰、刘兰翠：《碳货币——低碳经济时代的全新国际货币》，《中外能源》2010 年第 2 期。

（Cap），并将这一总量分解为具体的配额（Allowance）。无论是政府初始分配配额给企业，还是后来的配额交易都是事实上的交易行为；配额分配给企业后，企业有权进行交易、转让，拥有配额的完全控制权；配额的交易能为企业创造未来的经济利益，这已被国内外碳排放权交易市场发展的实践所证实。因此，配额满足资产的定义。

（2）碳排放权的会计确认标准分析

除了满足资产的定义外，要确认为资产还必须同时满足以下两个条件：①与该资产有关的经济利益很可能流入企业；②该资产的成本或者价值能够可靠地计量。

通过交易，企业可以获得配额所产生的经济利益。同时，国内外碳排放权交易市场的持续与稳定发展为这种经济利益的实现提供了保障。国际上碳排放权交易市场每年上千亿元的交易额也充分证明了这一点。显然，配额“所带来的经济利益是很可能流入企业的”。

在碳排放权交易市场日益发达的情况下，无论是免费分配的还是固定价格出售或以竞价拍卖方式分配碳排放权，都有相应的市场价格。点碳公司（Carbon Point）的数据表明，在欧洲碳排放权交易市场上，2010 年 3 月未登记的 CDM 产生的每吨核证减排量（CER）平均出价为 7.5 欧元，平均要价为 9.00 欧元，已登记的 CDM 产生的每吨核证减排量（CER）平均出价为 9.5 欧元，平均要价为 10.75 欧元。我国规定化工类 CDM 项目产生的 CER 最低为 8 欧元/吨、可再生类项目 CER 最低为 10 欧元/吨的指导价格。同时，碳排放权交易制度中规定的“存储”（Banking）和“借贷”（Borrow）等条款也有效避免了碳价格的大幅波动，从而使得碳排放权的价格可以可靠地计量。

显然，碳排放权满足资产的确认标准。

（3）碳排放权货币化的资产类别

根据碳排放权交易制度的规定，如 EU ETS，配额一般是年初发放、年末交付。尽管 EU ETS 在第一阶段一次性发放了 2005～2008 年 3 年的配额，但每年必须交付与排放量相当的配额。从这一角度来看，碳排放权应该确认为流动资产。根据其货币特征与代币功能，应将其归属于货币资金类别中，并开设一个新的资金类别——“碳排放权—配额或信用”。超过一年的配额在备查账簿中登记，待下一年再确认为当年的碳排放权资产。这样既符合碳排放权的流动资产性质，也有利于促进碳排放权交易市场的活跃，也符合逐年减排的全球减排目的。

（二）配额的会计计量

碳排放权的货币化确认解决了配额是否纳入会计信息系统以及确认为何种会计要素的问题。然而，企业持有配额的目的是交易，交易就需要明确配额的价格。这就需要研究配额的会计计量问题。任何会计计量都由计量单位和计量属性构成。选择货币作为计量单位，这已成为会计领域的共识。因为在商品经济或市场经济中，货币是商品价值的共同计量尺度。迄今为止，没有别的任何计量单位可以取代货币来计量商品的价值[①]。计量属性的选择相对复杂。尽管我国2006年发布的《企业会计准则——基本准则》中规定可以采用历史成本、重置成本、可变现净值、现值和公允价值5种计量属性进行资产和负债的计量，并由此形成了一个以历史成本为主、其他计量属性为辅的混合计量模式，但各种计量属性的有用性取决于它们在不同会计体系中的角色，计量属性和计量方法的变化反映了财务报告长期实践总结的规律：财务报告需要多种计量方法，最佳计量方法取决于财务报告的具体内容[②]。关于配额的计量，国内外会计学术界主要关注的是历史成本和公允价值这两种计量属性。由于不同的计量属性会对会计确认、记录和报告产生不同的影响，因而有必要结合碳排放权交易制度的目的和特点对配额进行会计计量分析。

目前，在国际、国内和地区的碳排放权交易制度中，配额以免费分配为主，拍卖为辅。如EU ETS在2005~2007年免费分配的比例达95%，仅将5%的配额用于拍卖。澳大利亚的新南威尔士温室气体减排体系（NSW GAAS）也采用免费分配方式。由于拍卖会产生价格，可以直接采用其购买成本作为配额的入账价值。免费获得的配额其价值的确认相对复杂。历史成本和公允价值哪种计量属性更合理？以下研究表明，这两种不同计量属

---

① 葛家澍：《正确认识财务报表的计量》，《会计研究》2011年第8期。

② James Cataldo & Morris Mcinnes：《从净收益视角看公允价值和历史成本计量属性的作用》，《会计研究》2009年第7期。

性的应用不仅会影响配额的入账价值，而且对配额的会计确认、记录和信息披露也会产生系列的影响。

1. 配额的历史成本计量分析

（1）配额历史成本计量的合理性

早在30多年前，美国会计原则委员会（APB）的第4号报告第41段中就指出，“企业财务会计是会计的一个分支。它在下述范围内，以货币定量的方式提供企业经济资源及其义务的持续性历史，也提供改变那些资源及其义务的经济活动的历史”。葛家澍教授也同样强调，财务会计应反映一个企业经济活动和真实历史，真实性应当是财务会计及其报表质量的主流①。由此可见，历史成本计量属性是财务会计本质职能的集中体现。

采用历史成本进行排放权计量的当属美国联邦能源管理委员会（FERC）于1993年3月发布的统一账户体系（Uniform System of Accounts）（RM92－1－000号文件），用来指导全国核算酸雨计划中的排污许可证交易事项。对于期初获得初始分配的排污权时，按取得的历史成本确认“排污许可证存货”，免费取得时采用名义价格计价，记为0。排放权到期时，交付与排放量相当的排放许可证，而不用记账。

（2）配额历史成本计量的缺陷

在IFRIC 3草案征求意见期间，不少企业和学者认为只要企业的碳排放量没有超过排放配额的限额，就不会产生相应的负债和费用，唯一的成本是企业购买超排配额所必须支付的价格，这就是所谓的“净额法”②。“净额法”是历史成本计量观的典型体现。历史成本计量观下的“净额法”不反映排放权的市场价值，虽然核算简单，但在反映排放权及其交易制度的本质方面存在明显的缺陷。

①“净额法”导致不同来源的配额会计确认和计量缺乏统一性

对于免费分配的排放权，企业按照历史成本原则将其金额确认为0，即在账面上不确认；而对于通过竞价拍卖和固定价格购买的配额，企业则按照购买成本进行确认。这样，对于经由不同分配方式获得的同质排放配

① 葛家澍：《财务会计的本质、特点及其边界》，《会计研究》2003年第3期。

② 王虎超、夏文贤：《排放权及其交易会计模式研究》，《会计研究》2010年第8期。

额，企业进行了不同的会计计量。然而，不同来源的碳配额可以相互替代，不会因为来源的不同而存在本质的差异。配额具有内在的价值，这不会因为来源方式的差异而发生改变。而且，不同排放权交易制度下的碳配额还可以相互交换。

针对是否确认免费配额的问题，国外曾一度爆发关于免费分配是“以牺牲消费者利益为代价赋予排放权交易管制企业巨额利润”的争论。针对这一争论，Paul A. Griffin 试图建立经济模型来描述和检验不同计量方法下（主要是 US REFC 的历史成本法和 IFRIC 3 下的公允价值法）企业温室气体排放与财务报表之间的关系。研究结果表明，历史成本法无法为投资者提供关于配额获取、交易与交付的会计信息。

②“净额法”忽视了排放负债的存在

配额分配的目的主要是期末履行交付与排放相当配额的义务，以强化企业的减排责任。这种义务是一种负债，其满足财务报告框架中的负债定义，“由过去的交易或事项所产生的，预期将导致经济利益流出的现实义务”。这种义务产生于配额分配之时，预期可能导致经济利益的流出。尽管配额最终用来履行企业因排放而产生的负债，但配额和排放负债是独立的，配额分配之时并不需要与排放负债相抵消。

③“净额法”忽视了配额的市场交易情况

美国的经验显示，在授予配额之前排放权通常就可以交易了。即使不存在国家或国际的碳市场，建立在双边基础上的交易也在进行当中，如 CDM 的远期合同交易。因此，可以推断，配额在被核算之前就已存在市场价格。而且，如果市场首次建立并在第一笔交易时确定价格，那么任何开盘交易与第一个报表日之间的差异将被计入损益表，以后的出售价格差异也将在该账户中得到反映。

一旦企业将获得的配额进行交易，“净额法”立即显示其弊端。当分配的配额被市场上购买的配额所代替，初始分配的方式将不再重要。极端的情况是，出售所有的初始分配数量以后再购回。那么就存在如何确定配额计量基础的问题。如果不允许排放配额与排放负债相互抵消（offset），那么持有初始分配数量不进行交易的企业与出售配额以后再购回的企业之间的会计信息将缺乏可比性。如果允许抵消，那么必须在配额分配时使用一些新的方法来限制允许抵消的数量。理由是配额的现行成本与分配之初公允价值之间的差异将只是价格变化或市场交易的结果而不是初始分配数量的调整。

2. 配额的公允价值计量分析

历史成本下的净额法不反映配额的市场价值和配额对企业价值的贡献，也就无法激励公司采取切实的减排行为。针对历史成本法的缺陷，IFRIC 认为排放配额应该采用公允价值进行计量，因为分配配额可以视为一项非互惠交易。《FAS 116—接受捐赠》会计准则规定大部分的捐赠（非互惠交易业务）在接受时应该按照公允价值入账。根据《FAS 157—公允价值》的规定，已存在的活跃排放权交易市场，如 EU ETS 足以为配额第一和第二层次的公允价值计价提供依据。即使不够活跃的排放权交易市场也可以借助于其他非市场信息进行第三层次的公允价值估计。因为配额价格除了受供求关系影响以外，其他因素，如超排所遭受的处罚、购买和安装减排设施的成本也可以成为配额定价的参考依据。因此，无论是从经济的角度还是从环保的角度都应该确认配额的市场价值。只有采用市场价值，才能使污染预防的边际成本与持有的排放权的当前边际成本进行比较。

采用公允价值进行排放权计量的典型代表当属 FASB 下属的会计准则解释委员会（IFRIC）发布的《IFRIC 3：排放权》。IFRIC 3 指出，初始分配的配额应该根据 IAS 38 确认为无形资产，并以公允价值进行计量①。2008 年 10 月，在 IASB 与 FASB 的联合会议上，与会人员坚持认为存在活跃碳排放权交易市场的情况下，公允价值是较合理的选择（IASB，2008）。配额历史成本计量和公允价值计量的优缺点比较见表 9－2。

表 9－2　配额历史成本和公允价值计量的优缺点比较

配额的历史成本计量	
合理性	缺陷
1. 历史成本符合传统会计计量惯例； 2. 反映了资产计量的成本投入观； 3. 避免了会计处理的复杂性	1. 导致不同来源的配额其会计确认和计量缺乏统一性； 2. 忽视了排放负债的存在； 3. 忽视了配额的市场交易情况

① IASB，"IFRIC Interpretation No. 3，Emission Rights"，http://www.ifrs.org，2004－12－24.

续表

配额的公允价值计量
活跃碳排放权交易市场下公允价值计量
1. 体现了非互惠交易的特征； 2. 肯定了碳排放资产与负债的存在； 3. 有利于污染预防边际成本与持有的排放权当前边际成本的比较

（三）应付碳排放权的会计确认

政府分配配额对企业到底意味着什么？收益还是负债？即如何确认碳排放权的对应科目，以合乎逻辑地反映配额分配对企业的财务影响。从目前的排放权会计研究现状来看，确认为收益已遭到企业的反对（IFRIC3 撤销的主要原因）。本文试图从另一个视角，即履行义务观（performance obligation view）的角度进行分析，以明确企业获得配额的实质。

履行义务观认为，政府与企业之间的协议构成了企业必须履行的义务，实现或获得来自配额的收益必须以履行减排义务为前提。这意味着企业获得配额是有条件的。企业参与碳排放权交易制度，获得配额的条件是企业与政府部门签订不可撤销的协议或承诺。这种承诺构成了企业的现实义务。因为它要求企业在某一履约期间（compliance period）内必须交付与实际排放量相当的配额。尽管履行义务的时间是在期末，但这种义务是获得配额之时就规定了的，不以企业的意志为转移。从交付配额的义务实质来考察，交付配额是企业现在承担的义务，将来可能造成企业资金的流出。这与传统负债的本质是没有根本区别的。将这种未来必须履行的义务排除在资产负债表之外，违背了实质重于形式的会计原则。

尽管企业可以立即将配额转化为现金，但却不能简单地将现金视为利润，因为此时企业的减排义务并未解除。企业的排放行为受到政府的管制，企业当期的履约行为也是未来期间获得配额的条件。通常情况下，为了限制企业的排放行为，企业获得的配额要低于实际的排放。如果企业继续按照原来的水平排放，则必须购买额外的配额，而购买配额必然导致经济利益流出企业。

履行义务观意味着不管企业是否存在返还配额的义务，配额都是强加于企业的义务，企业必须在期末交付与排放相应的配额数量，否则将遭受惩罚。从表面来看，履行义务观类似于发放贷款，期初发放，期末归还。政府之所以在排放之前分配配额，就是建立活跃的排放权交易制度，通过配额的交易降低企业未来的遵约成本。这是碳排放权交易制度的含义之一。含义之二是配额分配成为履行义务的要素。企业期末无条件的交付与排放量相当的配额是履行义务的必要条件。

（四）为交易而持有配额的分配、交易、交付会计记录

根据以上分析可知，配额的分配、交易、交付的会计处理规则见表9-3。

表9-3 为交易而持有配额的会计处理方法

经济业务	会计处理方法
期初获得配额时	确认一项“碳排放权—配额”和一项“应付碳排放权” 免费分配采用公允价值计量；拍卖分配采用取得成本计量
配额交易时	确认为货币资金和碳排放权之间的转化，不确认交易损益
期中报告	无须减值和摊销
产生排放时	不处理
期末交付配额时	碳排放权和应付碳排放权相互抵消。两者的差额计入投资收益
期货和期权交易	根据我国《企业会计准则第24号——套期保值》的规定进行会计处理

将为交易而持有配额的会计确认和计量的分析结果应用于IFRIC 3中的例题中（约有改动），以如实反映碳排放权的分配、交易和交付对企业的财务状况、经营成果和现金流量的影响。

1. 为交易而持有配额分配、交易与交付的会计处理

A公司是一家参与总量和交易制度（Cap and Trade Scheme）的公司，其分配的配额在活跃的市场上进行交易。总量和交易制度的履约期间与公司的报告期间一致。现有如下假定。

（1）2014年1月1日政府免费分配12000吨CO_2的配额给A公司，配额的当时市价是10欧元/吨。

（2）第六个月，A公司排放了5500吨CO_2，预计全年总排放量为12000吨CO_2。

（3）第七个月，A公司出售6000吨配额，当时的市价是12欧元/吨。

（4）12月31日，A公司实际排放12500吨CO_2。A公司从市场上购买

6500吨排放配额，当时的市价是11欧元/吨。

A公司向政府交付与其排放量相当的配额以履行其减排义务。

A公司的账务处理见表9-4。

表9-4　为交易而持有配额的会计处理分析

经济业务		理论分析	会计处理
1. 期初配额分配	(1) 免费分配	确认“碳排放权”和“应付碳排放权”	借：碳排放权—配额　120000 　贷：应付碳排放权　120000
	(2) 拍卖获得	确认“碳排放权”和“应付碳排放权” 购买配额支付的成本计入营业外支出	借：碳排放权—配额　120000 　贷：应付碳排放权　120000 借：营业外支出　120000 　贷：银行存款　120000
2. 配额交易		碳排放权向货币资金的转移，不确认收益	借：银行存款　72000 　贷：碳排放权—配额　72000
3. 年末购买配额		货币资金向碳排放权的转移	借：碳排放权—配额　71500 　贷：银行存款　71500
4. 年末交付配额		碳排放权和应付碳排放权相互抵消。两者的差额计入投资收益	借：应付碳排放权　120000 　贷：碳排放权—配额　119500 　　投资收益—交易净收益　500

2. 配额期货交易的会计处理

期货交易主要是为了避险和投机。衍生碳金融工具交易的主要目的在于规避碳价格波动风险。配额和信用是原生交易产品，衍生碳金融工具在此基础上产生。衍生碳金融工具的不断创新是全球碳交易市场逐步深化和成熟的重要原因。

仍以上述A公司为例，具体情况如下。

(1) 2014年1月1日政府免费分配12000吨CO_2的配额给A公司，配额的当时市价是10欧元/吨。

(2) 2月1日，A公司因扩大生产出现资金短缺，遂将12000份配额全部出售，出售时的公允价值为12欧元/吨。

(3) 2月3日，为了规避配额价格的上涨风险，A公司决定买入1200手（1手为10配额），2014年12月31日到期的期货合约X，标的价格为

10 欧元/吨。

（4）12 月 31 日，期货合约 X 到期，净额交割。配额的公允价值为 14 欧元/吨。这意味着期货合约 X 的公允价值上涨了 48000 欧元，配额的公允价值下降了 48000 欧元。A 公司购入 12000 份配额，用于履行配额交付义务（假定 A 公司的实际排放量刚好等于 12000 吨）。

（5）假定不考虑期货合约的时间价值、相关税费及其他因素。

A 公司的账务处理见表 9－5。

表 9－5　为交易而持有配额期货交易的会计处理分析

<table>
<tr><th colspan="2">经济业务</th><th>理论分析</th><th>会计处理</th></tr>
<tr><td rowspan="2">1. 配额分配</td><td>（1）免费分配</td><td>确认“碳排放权”和“应付碳排放权”</td><td>借：碳排放权—配额　120000
　　贷：应付碳排放权　120000</td></tr>
<tr><td>（2）拍卖获得</td><td>确认“碳排放权”和“应付碳排放权”
购买配额支付的成本计入营业外支出</td><td>借：碳排放权—配额　120000
　　贷：应付碳排放权　120000
借：营业外支出　120000
　　贷：银行存款　120000</td></tr>
<tr><td colspan="2">2. 配额出售</td><td>碳排放权向货币资金转移，不确认收益</td><td>借：银行存款　144000
　　贷：碳排放权—配额　144000</td></tr>
<tr><td colspan="2">3. 年末购买排放配额，期货合约交割，结算损益</td><td>期货合约的盈余 48000 欧元刚好与购买配额的现货交易亏损 48000 欧元相抵消，实现了高度有效的套期保值（80%～120%）</td><td>借：碳排放权—配额　168000
　　贷：银行存款　168000
借：被套期项目—碳排放权（配额）168000
　　贷：碳排放权—配额　168000
借：套期工具—期货合约 X　48000
　　贷：套期损益　48000
借：套期损益　48000
　　贷：被套期项目—碳排放权（配额）　48000
借：银行存款　48000
　　贷：套期工具—期货合约 X　48000</td></tr>
<tr><td colspan="2">4. 年末交付配额</td><td>义务履行，负债解除</td><td>借：应付碳排放权　120000
　　贷：被套期项目—碳排放权（配额）　120000</td></tr>
</table>

3. 配额期权交易的会计处理

仍以 A 公司为例，具体情况如下。

（1）2014 年 1 月 1 日政府免费分配 12000 吨 CO_2 的排放配额给 A 公司，配额的当时市价是 10 欧元/吨。

（2）2 月 1 日，A 公司因扩大生产出现资金短缺，遂将 12000 份配额全部出售，出售时的公允价值为 12 欧元/吨。

（3）2 月 3 日，为了规避配额价格的上涨风险，A 公司买入期权合约 Y，数量为 1200 手（1 手为 10 份配额），行权日期为 2014 年 12 月 31 日，行权价格为 10 欧元/吨；2014 年 12 月 31 日支付期权费 6000 元（总金额的 5%）。

（4）12 月 31 日，期权合约 Y 到期。配额的公允价值为 14 欧元/吨。A 公司购入 12000 份配额，用于履行配额交付义务（假定 A 公司的实际排放量刚好等于 12000 吨）。

（5）假定不考虑相关税费及其他因素。

A 公司的账务处理见表 9－6。

表 9－6 为交易而持有配额期权交易的会计处理分析

经济业务		理论分析	会计处理
1. 配额分配	（1）免费分配	确认“碳排放权”和“应付碳排放权”	借：碳排放权—配额 120000 贷：应付碳排放权 120000
	（2）拍卖获得	确认“碳排放权”和“应付碳排放权” 购买配额计入营业外支出	借：碳排放权—配额 120000 贷：应付碳排放权 120000 借：营业外支出 120000 贷：银行存款 120000
2. 配额出售		碳排放权向货币资金转移	借：银行存款 144000 贷：碳排放权—配额 144000
3. 年末购买排放配额，期权合约到期		期权合约的盈余刚好与现货交易亏损相抵，实现了高度有效的套期保值（80% ~120%）	借：碳排放权—配额 168000 贷：银行存款 168000 借：被套期项目—碳排放权（配额）168000 贷：碳排放权—配额 168000 借：套期工具—买入期权合约 Y 6000 贷：银行存款 6000 借：套期工具—期权合约 Y 48000 贷：套期损益 48000 借：套期损益 48000 贷：被套期项目－碳排放权（配额） 48000 借：银行存款 48000 贷：套期工具—期权合约 Y 48000
4. 年末交付配额		义务解除，负债解除	借：应付碳排放权 120000 贷：被套期项目—碳排放权（配额）120000

四　为履行义务而持有配额的会计确认与计量

（一）为履行义务而持有的配额不满足资产和负债的确认标准

1. 不进行交易的配额不满足资产的确认标准

关于会计的确认，从其具体操作过程来看，需要解决的主要是这些问题：①哪些项目应该予以反映？②这些项目应确认为什么要素？③什么时间予以确认？④应确认的金额是多少？其中第一个问题是关键。

什么项目应该予以反映？这一问题目前的答案是“交易观”，即在一个主体中，凡是交易或事项确实对企业的经济利益产生了影响，就应该进行会计处理，在会计系统中得到反映。尽管美国 FASB 在其概念框架中也为“非交易观”保留了概念上的合理性，即持有损益，只要证据充分，也可以进行确认。但是出于谨慎原则，目前所确认的是持有的损失而不是收益（金融工具例外）。因此，“交易观”是确认的前提和基础。

在碳排放权制度覆盖的企业中，假定期初获得配额刚好与期末交付的配额相同，即企业持有仅仅为履行减排义务的配额，没有交易功能的配额是不能为企业带来未来经济利益的。因此，为履行义务而持有的配额不应该在会计中进行确认。

2. 持有配额不构成企业的负债

负债是一种现实义务，该义务的履行将导致未来的经济利益流出企业。对于为履行义务而持有配额的企业而言，只要企业的碳排放量与持有的配额相当，配额交付义务的履行就不会导致未来经济利益流出企业。该义务也不会形成企业的现实义务。此时，排放负债并不存在。

如果排放量超过了配额的数量，则企业必须购买与超排量相当的配额。此时，支付的配额成本会导致经济利益流出企业。如果减排，则会产生多余的碳排放权，增加企业的资产和收益。

因此，为履行义务而持有配额的企业，配额分配之时并不需要确认相应的碳排放权和应付碳排放权，只需在期末交付配额时，确认超排或减排所产生的资产和损益。

为履行义务而持有配额的会计处理见表 9－7。

表 9 - 7　为履行义务持有配额的会计处理方法

经济业务	会计处理方法
期初获得配额时	免费分配不处理；拍卖分配按支付成本确认为碳排放权
期末交付配额时	只对超排或减排进行确认 超排：确认购买配额的成本，计入当期损益 减排：确认资产和收益的增加

（二）为履行义务而持有配额的会计处理

仍以上述 A 公司的经济义务为例，假定 A 公司为履行义务而持有配额，则只需确认超排或减排的财务影响，会计处理见表 9 - 8。

表 9 - 8　为履行义务而持有配额的会计处理分析

<table>
<tr><th colspan="2">经济业务</th><th>理论分析</th><th>会计处理</th></tr>
<tr><td rowspan="2">1. 期初分配配额</td><td>（1）免费分配</td><td>不确认相应的碳排放权和应付碳排放权</td><td>不进行会计处理</td></tr>
<tr><td>（2）拍卖获得</td><td>拍卖获得配额导致了现金的流出，计入当期损益</td><td>借：碳排放权—配额　120000
贷：银行存款　120000</td></tr>
<tr><td rowspan="2">2. 年末交付配额</td><td>（1）超排</td><td>对超排 500 吨进行会计确认（支出费用化）</td><td>借：投资收益　5500
贷：银行存款　5500</td></tr>
<tr><td>（2）减排</td><td>假定减排 500 吨，确认为资产和收益的增加</td><td>借：碳排放权—配额　5500
贷：投资收益　5500</td></tr>
</table>

由上述分析可知，在超排情况相同的情况下，配额交易与否将影响企业的减排成本。为交易而持有配额的企业尽管超排，仍然获得了 500 美元的收益；为履行义务而持有配额的企业则必须承担 5500 美元的支出。这反映了碳排放权交易在降低减排成本方面的作用，也充分证明了碳排放权交易制度设计的合理性。

五　“基准与信用机制”下信用的会计确认与计量

基准与信用机制主要涉及的会计问题有：①基准是否是一项资产？是否需要进行确认？②信用本质是什么？怎样进行确认和计量？

判断基准的资产属性，可以从以下几个方面进行分析。

（1）根据基准与信用机制的特点，基准是不能交易与转让的，显然不符合目前概念框架下的“交易观”。

（2）就像一般的经营风险不能确认为负债一样，一般情况下基准并不是稀缺的，后进入者也同样可以取得排放基准。因此，拥有基准并不能给企业带来“未来的经济利益”。相反，基准是政府强加给企业的一种减排压力。参与基准与信用机制的企业，如果排放量超过基准，企业将可能面临“双重惩罚”，即除了交付与超排相当的信用外，还必须接受现金惩罚。

（3）基准不能脱离企业的排放源而独立存在，也就无法单独确认其价值。

综上所述，基准不符合资产的定义，无须对其进行会计确认。以下将重点探讨信用的会计确认和计量问题。

（一）信用的会计确认与计量

资产确认的首要条件是需要满足资产的定义。企业参与基准与信用机制所获得的信用是否满足资产的定义需要进行具体分析。

（1）信用是否因“过去的交易或事项而产生”？

以 CDM 为例，核证减排量（CER）的产生需要经过 6 个程序才能产生。因此，信用是“过去的交易或事项而产生的”。

（2）信用是否为“企业所拥有或控制”？

在 CDM 项目中，企业对 CER 拥有所有权，可以进行存储、转让、交易。

（3）信用是否能带来“未来的经济利益”？

与为履行减排义务无意进行交易而持有的配额不同，信用的持有者可以自由地进行交易，为企业创造经济利益。如 EU ETS 就接受来自 CDM 产生的 CER。国际碳市场上基于项目的 CER 交易足以表明其创造未来经济利益的能力。

总之，信用满足资产的定义及确认标准。同时，由于信用与配额具有相同的货币属性，因此信用也应确认为“碳排放权—信用”。

（二）信用获得与交易的会计记录

1. 信用获得与交易的会计处理

B 公司是一家参与基准和信用制度（Basic and Credit Scheme）的公司（如参与 CDM 项目），其实际获得的信用可以在活跃的市场上进行交易。

假定如下：

（1）2014 年 10 月 31 日获得 1000 吨 CO_2 的信用，当时的市价是 10 欧元/吨；

（2）2015 年 2 月 5 日将信用出售，当时的市价是 12 欧元/吨。

获得信用，如果当期出售，则会增加企业的资产和当期收益；如果远期出售，则会增加企业的资产和递延收益。以后出售时，碳排放权资产转化为货币资产，递延收益转化为当期收益。

B 公司的账务处理见表 9－9。

表 9－9　信用获得与交易的会计处理

<table>
<tr><th colspan="2">经济业务</th><th>理论分析</th><th>会计处理</th></tr>
<tr><td rowspan="2">1. 获得信用</td><td>（1）以后出售</td><td>确认碳排放权与收益的增加</td><td>借：碳排放权—信用　10000
贷：递延收益　10000</td></tr>
<tr><td>（2）立即出售</td><td>确认货币资金与收益的增加</td><td>借：银行存款　10000
贷：投资收益　10000</td></tr>
<tr><td colspan="2">2. 以前获得跨期出售</td><td>前期持有、目前出售的信用，其递延收入确认为当期收益。价格的变动同时确认</td><td>借：银行存款　12000
递延收益　10000
贷：碳排放权—信用　10000
投资收益　12000</td></tr>
</table>

2. 信用期货交易的会计处理

仍以上述 B 公司为例，具体情况如下。

（1）2014 年 1 月 1 日，假定 B 公司估计 2014 年 10 月 30 日能获得 1000 吨 CO_2的信用，1 月 1 日当天的市价是 10 欧元/吨。

（2）为了规避信用的价格下降风险，B 公司决定于 2014 年 1 月 1 日购入 100 手（1 手为 10 吨）交易价格为 10 欧元/吨、2014 年 12 月 31 日到期的期货合约 Z。

（3）2014 年 12 月 31 日，期货合约 Z 到期，净额交割。信用的公允价值为 8 欧元/吨。这意味着期货合约 Z 的公允价值上涨了 2000 元，信用的公允价值下降了 2000 元。

（4）假定不考虑期货合约的时间价值、相关税费及其他因素。

B 公司的账务处理见表 9－10。

表 9－10　信用期货交易的会计处理

经济业务	理论分析	会计处理
年末出售信用，期货合约交割	信用与期货合约对冲	借：被套期项目—碳排放权（信用）　8000 贷：碳排放权—信用　8000
	期货合约价格上升净损益	借：套期工具—期货合约 Z　2000 贷：套期损益　2000
	信用价格下跌损益	借：套期损益　2000 贷：被套期项目—碳排放权（信用）　2000
	信用出售	借：银行存款　8000 贷：投资收益　8000 借：投资收益　6000 贷：被套期项目—碳排放权（信用）　6000
	结转期货合约净收益	借：银行存款　2000 贷：套期工具—期货合约 Z　2000

3. 信用期权交易的会计处理

仍以 B 公司为例，具体情况如下。

（1）2014 年 1 月 1 日，假定 B 公司估计 2014 年 10 月 30 日能获得 1000 吨 CO_2的信用，1 月 1 日当天的市价是 10 欧元/吨。

（2）1 月 1 日，为了规避信用价格的下跌风险，B 公司买入期权合约 W，合约规定购买标的物数量为 100 手（1 手为 10 份配额），行权日期为 2014 年 12 月 31 日，行权价格为 10 欧元/吨；2014 年 12 月 31 日支付期权费 500 元（总金额的 5%）。

（3）12 月 31 日，期权合约 W 到期，配额的公允价值为 8 欧元/吨。

（4）假定不考虑相关税费及其他因素。

B 公司的账务处理见表 9－11。

表 9－11　信用期权交易的会计处理

经济业务	理论分析	会计处理
年末信用出售，期权合约到期	信用现货与期权合约对冲	借：被套期项目—碳排放权（信用）　8000 贷：碳排放权—信用　8000

续表

经济业务	理论分析	会计处理
年末信用出售，期权合约到期	支付期权费	借：套期工具—买入期权合约 W 500 贷：银行存款 500
	期权净损益	借：套期工具—期权合约 W 2000 贷：套期损益 2000
	信用现货净损失	借：套期损益 2000 贷：被套期项目—碳排放权（信用） 2000
	信用出售	借：银行存款 8000 贷：投资收益 8000 借：投资收益 6000 贷：被套期项目—碳排放权（信用） 6000
	结转期权合约净收益	借：银行存款 2000 贷：套期工具—期权合约 W 2000

六 两种碳排放权交易制度下的会计处理比较分析

通过对总量与交易以及基准与信用两种碳排放权交易制度的分析可知，两者的会计处理既体现了两者的共性，也反映了两者的个性。

1. 会计处理的共性分析

（1）碳排放权观反映了碳配额和信用的共同本质——货币属性。

（2）从交易观的视角分析，无论是哪种交易制度，只有净排放量才具有资产的特征，即能为企业带来未来的经济利益。

（3）交易观也反映了碳排放权交易制度通过交易降低碳减排成本的目的。

2. 会计处理的差异分析

（1）在总量与交易制度交易下，由于碳配额是允许排放的总量，其是否具有资产属性具有不确定性。交易观认为为交易而持有的配额具有资产属性，而为履行义务而持有配额则不具有资产属性，也不产生相应的负债义务。

（2）由于碳配额和信用产生时间不一致，其会计确认的时间存在差异。碳配额一般在期初确认，而信用则直到期末才确认。

两种碳排放权交易制度会计确认的比较分析见表9－12。

表9－12　两种碳排放权交易制度会计确认的比较分析

时间	总量与交易制度（配额）		基准与信用制度（信用）
	为交易而持有	为履行义务而持有	
期初	确认一项“碳排放权—配额”和一项“应付碳排放权”	不确认	不确认
期中（交易）	货币资金和碳排放权之间的转化，不确认交易损益	不确认	不确认
期末交付	碳排放权和应付碳排放权相互抵消。两者的差额计入营业外收支	超排确认购买配额的成本，计入当期损益； 减排确认资产和收益的增加	超排确认购买配额的成本，计入当期损益； 减排确认资产和收益的增加

七　碳排放权交易会计报告

（一）碳排放权交易会计报告的主要内容

为了实现碳排放权交易会计的目标并满足其质量要求，本文认为碳排放权交易会计报告的主要内容应该是财务报表内列报配额与信用会计确认、计量、记录的结果，辅之以碳绩效指标的表外披露。具体内容如下。

1. *碳排放权交易财务报表列报的主要内容*

碳排放权交易会计报表内列报的内容应包括以下内容。

（1）资产负债表内应报告的内容

①在流动资产下单设一个资产项目——“碳排放权”，与货币资金项目相区别。该项目反映企业“碳排放权—配额”与“碳排放权—信用”的合计数。本项目应根据“碳排放权—配额”“碳排放权—信用”科目期末余额的合计数填列。

②在流动负债下单设一个负债项目——“应付碳排放权”，与其他流动负债相区别。该项目反映企业“应付碳排放权”的合计数。本项目应根据“应付碳排放权”科目的期末余额合计数填列。

相应资产负债表见表9－13。

表 9－13　资产负债表

会企 01 表

编制单位：　　　　　　　　　20××年××月××日　　　　　　　　单位：元

资产	期末余额	期初余额	负债和所有者权益	期末余额	期初余额
流动资产：			流动负债：		
货币资金			短期借款		
碳排放权			应付碳排放权		
…			…		
流动资产合计			流动负债合计		
非流动资产：			非流动负债：		
可供出售金融资产			长期借款		
…			非流动负债合计		
固定资产			负债合计		
			所有者权益：		
…			实收资本		
非流动资产合计			…		
资产合计			负债和所有者权益合计		

（2）利润表内应报告的内容

① 在“投资收益”项目下反映企业获得的“配额交易净收益”、“信用出售净收益”或“减排净收益”等的合计数。

② 在“营业外支出”项目下反映企业购买的“购买配额支出”等的合计数。

相应利润表见表 9－14。

表 9－14　利润表

会企 02 表

编制单位：　　　　　　　　　20××年××月　　　　　　　　单位：元

项目	本期金额	上期金额
一、营业收入		
减：营业成本		
加：投资收益 其中：（减排净收益）		

续表

项目	本期金额	上期金额
二、营业利润（亏损以“－”表示）		
减：营业外支出 其中：（购买配额支出等）		
三、利润总额（亏损以“－”表示）		
减：所得税费用		
四、净利润（净亏损以“－”表示）		

（3）现金流量表应报告的内容

在“经营活动产生的现金流量”下的经营活动现金流入部分增设“配额或信用出售收到的现金”等。

在“经营活动产生的现金流量”下的经营活动现金流出部分增设“购买配额或信用支付的现金”以及“超额排放罚款支付的现金”等。

相应现金流量表见表9－15。

表9－15　现金流量表

会企03表

编制单位：　　20××年××月　　单位：元

项目	本期金额	上期金额
一、经营活动产生的现金流量		
销售商品、提供劳务收到的现金		
配额或信用出售收到的现金		
…		
经营活动现金流入小计		
购买商品、接受劳务支付的现金		
购买配额或信用支付的现金		
超额排放罚款支付的现金		
…		
经营活动现金流出小计		
经营活动产生的现金流量净额		
…		

(4) 报表附注披露

会计报表附注披露那些难以用货币量化的信息，是对表内信息的补充和说明。碳排放权交易会计信息中，需要补充披露的信息有碳排放权、应付碳排放权的年初年末余额以及本期增加和减少额等信息。碳排放权变动情况表见表9-16。

表9-16 碳排放权变动情况表

项目	数量（数量单位）	金额（金额单位）
1. 当期可用的碳排放权		
（1）上期配额及核证减排量等可结转使用的碳排放权		
（2）当期政府分配的配额		
（3）当期实际购入碳排放权		
（4）其他		
2. 当期减少的碳排放权		
（1）当期实际排放		
（2）当期出售配额		
（3）自愿注销配额		
3. 期末可结转使用的配额		
4. 超额排放		
（1）计入成本		
（2）计入当期损益		
5. 因碳排放权而计入当期损益的公允价值变动（损失以“-”列报		

第二节 碳资产管理

随着气候政策的陆续出台以及全国统一碳交易市场的建立，企业不得不面临日益严格的碳减排约束[①]。控制碳排放，管理碳资产成为每一个企

① IPCC：《气候变化（2013）》，http://www.climatechange2013.org，2013-10-30。

业的必然选择。虽然越来越多的企业开始形成碳资产管理的意识，但对于碳资产的本质以及如何对其进行管理等问题却缺乏清晰的认识，理论界也尚未进行系统的研究，形成相应的理论和方法。为此，本文就碳资产管理的理论及实践问题进行探索性的研究。

一　碳资产概述

（一）碳资产的定义

虽然碳资产管理的呼声很高，但理论界和实务界对什么是碳资产并没有明确的定义，这无疑将影响碳资产管理行业的深入发展。为了探索碳资产的定义，本书拟借鉴环境资产定义和碳资源的相关研究成果，提升碳资产定义的科学性和合理性。

1. 环境资产的研究成果为碳资产定义提供文献参考

关于环境资产的定义，既有从宏观角度广义的研究，如联合国环境经济一体化核算体系（United Nations Integrated Environmental and Economic Accountants，UNSEEA）认为环境资产一般分为自然资源、土地和相连水面、生态系统三种资源。同时，也有会计组织和学者从微观层面研究环境资产，如联合国国际会计与报告标准政府间专家工作组（Inter-government Working Group of Experts on International Standards of Accounting and Reporting，ISAR）认为环境资产是指由于符合资产的确认标准而被资本化的环境成本。国内学者张以宽则根据现代会计理论中的资产理论，指出环境资产是会计主体拥有或控制的，可能带来经济效益的环境资源[①]。张劲松、张健认为环境资产是指由过去的交易或事项所形成的，由特定的会计主体取得或控制的，能以货币计量，可能带来未来效用的环境资源[②]。

综合以上研究成果可知，不同的角度将导致环境资产认识的差别。总体而言，宏观和微观的不同视角将导致环境资产的广义与狭义之分。广义的环境资产包括所有的自然资源资产、生态资源资产和人造环境资产。狭义的环境资产仅指人造环境资产，即指所有权已经界定或管理主体已经明

① 张以宽：《可持续发展战略与环境会计研究》，中国财政经济出版社，2002。

② 张劲松、张健：《环境会计要素确认研究》，《商业研究》2001年第2期。

确，并能对其执行有效控制，通过对其持有或使用可获得直接或间接经济利益的环境成本。许家林等认为应当采用狭义的环境资产定义，即ISAR对环境资产的定义。因为该定义一方面与当前会计理论体系中的资产理论是内在一致的，同时界定环境资产的时空范围也有利于微观会计主体明确环境资产的具体管理对象，具有现实的可操作性。理论上的内在一致性和现实的可行性将为环境资产管理提供有效保障①。

2. *碳资源的明确为定义碳资产提供基本前提*

环境资产虽可以提供理论借鉴，还必须明确碳资产的物质基础，即碳资源。所谓资源，资财之源，也指创造社会财富的源泉。马克思主义者认为创造社会财富的源泉是自然资源和劳动力资源，即"劳动是财富之父，土地是财富之母"。石玉林院士认为资源主要是自然资源、实物资源以及直接参与自然资源转变为实物资源的各种社会生产要素。因此，资源包括自然资源和社会资源两大类。碳资源的界定正是资源定义在气候科学内的延伸。

碳资源的产生与温室气体（二氧化碳等价物，CO_2e）的排放密切相关。对于微观企业而言，包括原料取得、制造、运输、销售、使用以及废弃这整个产品生命周期过程中直接或间接产生的温室气体排放总量，其也被称为碳足迹。世界可持续发展工商理事会（WBCSD）与世界资源研究所（WRI）于2003年发布了《温室气体议定书——企业核算和报告准则》（Greenhouse Gas Protocol—Enterprise Measurement and Reporting Principle，简称《议定书》），其突出的贡献在于明确了碳排放的来源。根据碳排放产生的边界，将温室气体的来源分为直接和间接排放，并由此界定了三个范围。其中，范围1（Scope 1）核算产生于企业内部的直接排放；范围2（Scope 2）核算企业活动外购电力所产生的间接排放；范围3（Scope 3）则核算没有包括在范围1和范围2中的其他排放，主要是价值链上下游的碳排放②。为了完整反映碳排放量，需要经过"碳盘查"、"碳减排"和"碳中和"等阶段。碳盘查，即对产品进行生命周期评估，盘查其各阶段

① 许家林、王昌锐：《论环境会计核算中的环境资产确认问题》，《会计研究》2006年第1期。

② WRI/WBCSD，"GHG Protocol Corporate Accounting and Reporting Standard"，http://www.ghg-protocol.org/standards/corporate-standard，2004-3-21.

的温室气体排放与移除情况，由此全面了解产品的碳足迹。碳减排，即在碳盘查分析的基础上寻找降低温室气体排放的环节，并制定相关减排措施，对排放行为进行控制与管理。碳中和，即通过从碳市场购买碳配额或信用的方式补足超额排放的部分，达到“零碳”状态。

根据碳排放的来源及特点，借鉴资源的含义，可将碳资源定义为“会导致温室气体排放的各种自然资源和社会资源”。具体包括以下几类：①化石能源，包括煤炭、石油、天然气等；②外购电力、热力资源；③碳排放权（配额或信用）；④核算、鉴证温室气体排放而产生占用的人力资源；等等。

3. *碳资产的定义*

根据碳资源的特点，参考环境资产的狭义定义，可初步将碳资产定义为“企业拥有或控制的，很可能带来未来经济利益的，与温室气体排放有关的各种有形或无形的碳资源”。该定义除了符合资产的本质以外，最显著的特点是突出了与温室气体排放有关。显然，碳资产是低碳经济的影响在企业中的具体体现。当经济形态发生转变的时候，资产的功能和形态也会随之改变。同时，明确碳资产的本质也有助于企业明确减排的重点环节，并据此制定低碳发展战略，促使企业降低碳排放，培育低碳竞争力，实现低碳转型。

（二）碳资产的特征

根据碳资产的定义，可知其具有以下几个显著特征。

（1）与温室气体排放有关。虽然有些碳资产在企业中一直存在，如使用的煤炭或石油等，但有些碳资产，如碳配额和信用，却是因为国家气候政策对温室气体排放的限制规定而形成的。显然，是否会导致温室气体排放是碳资产与一般资产最大的区别。

（2）物质形态既包括有形的，也包括无形的。煤炭、石油等碳资产是有形的，而碳配额和信用则是无形的。

（3）持有期限既有短期的，也有长期的。在一个经营周期内被耗用的化石能源称为短期碳资产，持有期限超过一年或一个营业周期的称为长期碳资产，如为碳减排而购入的专利技术、购买的专用设备等。

（三）碳资产的基本分类

根据碳资产的定义及特征，可以将碳资产分为流动资产、固定资产、无形资产、金融资产等类别，具体内容见表 9－17。

表 9－17　碳资产的基本分类

类别	具体资产形态	持有目的
流动资产	煤炭、石油、天然气等化石能源以及外购电力等	有形物质形态，参与生产经营
	碳排放权（碳配额或信用）	无形资产形态，主要用于弥补超额排放或参与碳市场交易
固定资产	为碳减排购买的专用设备	实施长期减排战略的物质基础
无形资产	自主研发或外购的低碳技术	降低能耗，提高减排效率
金融资产	碳期货、碳期权	降低碳排放权现货的价格风险

由此可见，碳资产贯穿于企业产品生命周期的整个过程，是物质流和价值流的统一体。由图 9－1 可知，投入端的碳资产是产生直接和间接碳排放的来源，碳核算、鉴证和报告是管理碳排放不可或缺的环节，碳配额的交易则是整个碳资产管理的一种调节手段，发挥着降低履约风险，减少碳成本的作用。

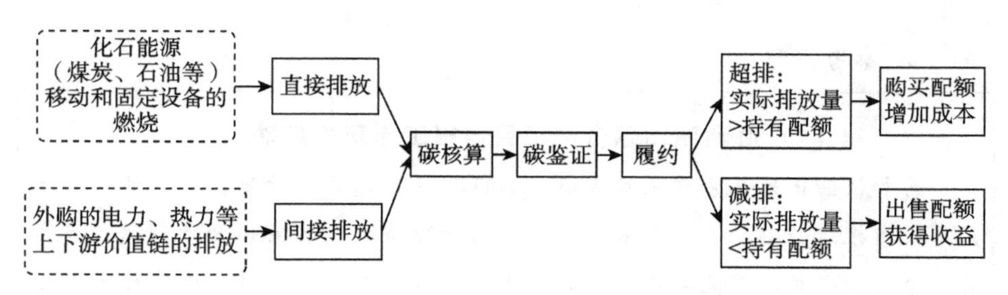

图 9－1　全生命周期的碳资产管理

二　碳资产管理的案例分析及评价

近年来，随着我国节能减排法律法规的陆续颁布以及七大碳交易所的建立，碳资产已逐步从一种理论概念上的资源演变成为能实实在在影响企业成本收益的经济资源。正因为如此，越来越多的企业开始重视并积极开展碳资产的管理。2015 年汉能碳资产管理（北京）股份有限公司成为中国碳资产管理行业首家挂牌公众公司，这是中国碳资产管理领域的重大事件，标志着碳资产管理服务市场正逐步形成。

（一）国外碳资产管理的典型案例简介

埃克森美孚（Exxon Mobil）是世界上最大的非政府石油天然气生产

商。公司制定了完整的低碳实施路径，并加大投入，促使能源使用效率的提高。公司短期减碳措施包括减少火炬燃烧、热电联产、与研究机构合作等；长期来看，以使用新能源和新技术为重点，如微藻生物柴油、氢能和生物质的使用，碳捕获和封存技术（CCS）的开发。此外，埃克森美孚的碳管理有非常明确的量化目标，其2009年碳排放比2008年减少了300万吨，降幅约为2%。

其全球炼化厂能效2012年比2002年至少提高10%。

（二）国内碳资产管理的典型案例简介

胜利油田积极推进地热余热资源利用，完成的8个地热项目正取得良好进展，以景苑西区、鲁胜集油站两个污水余热利用项目为突破口先行申请。根据国家《温室气体自愿减排交易管理暂行办法》规定，经过项目审定、注册、核证、签发的自愿减排量（CCER），可以参与自愿碳减排交易或用于解决企业未来温室气体排放配额不足的问题。

参考资料

胜利油田碳资产项目申报工作正式启动

为加快油田地热余热项目注册，形成碳资产储备，近日，胜利油田碳资产项目申报工作启动。近年来，油田快马加鞭推进地热余热资源利用，完成的8个地热项目在节能减排等方面取得了积极进展。经过对油田地热余热项目碳减排量和基础材料准备情况进行分析、研究，按照“加快推进，先易后难，示范引路”的原则，油田确定了2015年开展CCER项目注册的工作思路和任务目标，以景苑西区、鲁胜集油站两个污水余热利用项目为突破口先行申请。对于油田近年来实施的其他地热余热项目，也将按照投资项目运行模式整理完善相关资料，并结合项目模式，积极主动加快工作节奏，推进油田现有地热余热项目尽快完成CCER注册申报。2015年1月22日，集团公司能环部绿色低碳处与中石化抚顺研究院领导专家专程来油田调研指导，为油田稳步推进碳资产项目申报提出了建议和意见。有关专家认为，油田申报CCER项目注册，对于实现绿色低碳发展、促进节能减排具有重要意义。

资料来源：http://www.tanpaifang.com/tanzichanguanli/2015/0130/42030.html。

（三）对碳资产管理实践的评价

从目前的碳资产和碳交易现状可知，越来越多的企业开始主动参与到碳交易市场中来，也逐渐形成碳资产管理的意识。只是碳资产在我国毕竟还是个新生事物，碳资产市场的培育还需要一个长期的过程。显然，现阶段碳资产的管理还存在以下主要问题。

1. 对碳资产的本质没有清晰的认识

对于什么是碳资产、如何进行碳资产管理这些基本的理论和实践问题，目前理论界和实务界并没有给出明确的定义。即使是我国首家碳资产管理公司——汉能碳资产管理股份有限公司对资源的认识也是不全面的。这家起源于为清洁发展机制（CDM）提供咨询服务的公司，尽管目前的业务已延伸到CDM项目咨询、自愿减排（VER）咨询、中国自愿减排（CCER）咨询和管理等服务，但由于相关法律法规的缺失以及碳资产管理服务市场的不完善，对碳资产的本质以及碳资产管理框架缺乏深刻的认识。

2. 对碳资产的认识局限在碳交易市场中

目前，企业和市场都简单地将碳资产等同于碳配额。例如，普遍认为企业获得“碳资产”主要有：①政府分配的碳排放指标（配额）；②通过碳减排项目而获得的经核证的温室气体减排量；③通过交易购买的碳配额或信用等几种方式。从上述碳资产的定义及分类可知，碳配额是碳资产的应有之义，但绝非唯一的碳资产。碳资产形成于整个生命周期中，只有采取全周期、全环节的措施，如控制碳资源的投入、提高碳资源的利用效率，到最终废弃物的回收再利用，才能真正实现碳排放的减量化。因此，将配额等同于碳资产的看法是片面狭隘的，不利于碳资产的管理。

三　改进我国企业碳资产管理的几点建议

碳交易的发展赋予“碳”以内在价值，使碳排放的权利从此成为可以交换的商品，也使碳排放权成为具有多种资产存在形态的传统和新型并存的资产。当然，我国企业的碳资产管理还远不成熟，还需要从机构设置、法规制定、预算体系构建、参与碳交易以及借助专业咨询机构等方面进行完善。

（一）建立碳资产管理机构，制定相关法规

建立管理结构是实施碳资产管理的组织基础。为此，中石化成立能源

管理与环境保护部，专门负责碳资产管理。其具体工作包括组织碳盘查及编制碳盘查报告、组织碳核查、公司碳减排指标的分解、清洁发展机制和国内温室气体自愿减排项目指导和监督、组织国内碳排放交易、中国石化“国家登记簿”管理以及公司碳资产统计。东风汽车公司的经营管理部是碳排放权交易主管部门，经营管理部下专门设置了节能减排与环境保护处。该部门的主要职责包括研究国际、国家、行业、涉及省市的碳交易政策及发展动态；与省发改委、交易中心的业务衔接；组织试点单位参与培训；为公司决策层提供碳交易应对策略等。各试点单位能源管理部门负责碳排放的监测、报告与核查（MRV），财务部门负责账户开立、资金准备及交易运作等工作。与此同时，中国石化、湖北新冶钢有限公司等还制定了《碳资产管理办法》，其除了明确碳资产管理机构的职责外，还明确了各相关职能部门在碳资产管理中的职责、碳排放权交易的管理等内容。

（二）加强碳预算管理，提高碳资产管理效益

对于企业而言，碳减排已经成为能影响企业经营效益的重要经济活动。企业获得的碳排放配额会因节能减碳而成为企业潜在的碳资产，为企业创造财富，也会因为超排而成为潜在的碳负债，给企业带来损失。显然，这在未来将有可能变成企业运营中的“黑洞”。因此，我国企业应在碳管理意识的指导下，建立健全碳资产核算体制，构建碳预算体系。

碳预算的理念源于全球和国家碳预算，即核算一个国家乃至全球在一定时期内允许排放到大气中的碳数量，将该理念延伸到企业层面，则要求企业除了关注销售、采购、生产、盈利、现金流量等单项预算组成的责任指标体系外，还应该清晰地了解自身的“碳足迹”。即从产品设计、能源结构选择、低碳技术研发、投融资安排等各个环节发掘碳价值，提前预测企业未来的碳排放量。通过碳预算，一方面有助于制定低碳发展战略，优化配置碳资源，不断提升碳资产管理水平；另一方面则可以发挥碳预算的绩效考评功能，激励和约束企业全员、全部门的节能减碳，共同提高碳资产管理效益，实现企业的低碳可持续发展。

（三）积极参与碳市场交易

随着7个试点碳市的稳步运行和全国碳市的有序推进，未来全国碳市场配额容量有望达到40亿~50亿吨，配额价值有望达到1000亿~2000亿元。基于碳减排成本差异而设计的碳排放权交易制度，利用碳交易市场的价值规律，能有效地调节不同减排成本企业的成本和收益，是有助于降低全国整体碳排放成本的一种市场机制。例如，某企业超排 1000 吨，如果必须通过引进减排技术等手段减排，则需投入 10 万元；而通过参与碳交易，如果碳配额价格为 40 元/吨，则只需要 4 万元即可，碳成本只是内部减排的 40%。可以说，无论是超排购入碳配额，还是减排出售碳配额，积极参与碳交易都是企业降低碳排放成本，提高碳减排收益的一种有效手段。

（四）借助咨询服务机构的专业优势强化碳资产管理

目前，除了少数企业开始尝试进行碳资产管理外，绝大部分的企业并未形成碳资产管理意识，更别提设置相应的组织机构和制定相关法规了。而碳资产管理意识的缺失以及管理能力的限制，不但影响企业对碳资产价值以及减排成本的评估，最终也会在投资决策和预算制定方面影响整个公司。例如，在碳配额交易市场中，如果企业能够提前对自身的碳排放量及时盘查，随时掌握自己的排放量，不仅能大大降低企业的履约风险，而且还可以充分利用价格的上下波动获得碳交易收益。因此，对于这些企业而言，借助碳资产管理专业机构提供的咨询服务进行节能减碳是非常必要的，即专业的人做专业的事降低成本，提高碳资源整合效益；整合碳资产管理工作，满足国内国际政策背景未雨绸缪；增加企业碳资产保值、增值机会，助未开发碳资产企业占领绿色经济新高地，这对于双方来说无疑是一种双赢的选择。

内容提要

（1）碳排放权交易制度设计中，基于配额的“总量—交易机制”和基于“项目的基准—信用机制”是两种最主要的减排制度。由这两种制度所产生的“配额”和“信用”已成为芝加哥气候交易所（CCX）、欧洲气候交易所（ECX）等碳排放权交易市场上的主要通货。然而，正是两种制度设计的复杂性大大增加了碳排放权交易会计问题的难度，使之成为世界性的会计难题。

（2）碳排放权的法律属性。许多学者将排放权确认为用益物权，即非所有权人对他人之物所享有的占有、使用、收益的排他性权利。然而，更值得关注的是，排放权最初并不是一个法律概念，而是一个经济学概念。政府之所以开展排放权交易，其意图在于运用经济手段来解决环境污染问题。即通过环境污染治理成本内部化，促使企业致力于污染治理。碳排放权交易的目标是使边际减排成本不同的企业通过交易实现低成本的减排或减排收益。

（3）碳排放权的商品属性。在国外，将排放权确认为商品已成为企业的惯例。美国的金融机构，如巴克莱资本（Barclay Capital）和花旗银行（Citibank）就是典型的代表，两者作为能源交易市场和碳排放权交易市场的主要参与者，都将排放权及其衍生金融工具纳入其商品投资组合中。作为能源及其他商品交易的行业组织的国际交换和衍生组织，已经发表了一个关于 EUAs 交易的新附件并纳入了《原始协议》中，成为行业排放权交易商品化的象征。

（4）商品属性的局限分析和货币特性。“等价僵局”造成碳排放权交易市场的分裂；“虚假比较优势”削弱高标准减排投资的积极性；“技术障碍”增加碳排放权交易的交易成本。碳排放权的价值建立在国际协议或政府信用基础之上；全球碳市场具有与货币市场趋同相似的过程；“存储”和“借贷”；具有稀缺性；具有广泛的接受性。商品属性奠定了排放权的价值基础，货币属性更凸显了其内在的本质。

（5）总量与交易机制（Cap and Trading Scheme）是如何对配额的分配、交易与交付进行会计确认、计量与记录的。从该制度设计的目的来看，总量的设置在于控制排放总量、实现减排的总体目标。配额的分配、交易与交付则是实现这个根本目标的手段和方式。

（6）根据碳资源的特点，参考环境资产的狭义定义，可初步将碳资产定义为“企业拥有或控制的，很可能带来未来经济利益的，与温室气体排放有关的各种有形或无形的碳资源”。该定义除了符合资产的本质以外，最显著的特色是突出了与温室气体排放有关。显然，碳资产是低碳经济的影响在企业中的具体体现。当经济形态发生转变的时候，资产的功能和形态也会随之改变。

思考题

1. 请结合碳会计的定义举例说明其工作内容和意义。
2. 为什么碳排放权是碳资产而不是碳成本?
3. 什么是总量交易机制?
4. 碳资产管理对企业开展低碳工作的意义是什么?
5. 简要描述下如何将碳资产管理与管理会计进行结合。

参考文献

[1] EITF, "Participants' Accounting for Emissions Allowances under A 'Cap and Trade' Program Issue No. 03 – 14", http://www.fasb.org, 2003 – 12 – 20.
[2] IASB, "International Financial Reporting Interpretation Committee (IFRIC): Draft Interpretation D1, Emission Rights", http://www.ifrs.org, 2004 – 2 – 28.
[3] IASB, "IFRIC Interpretation No. 3, Emission Rights", http://www.ifrs.org, 2004 – 12 – 24.
[4] 吴元元、李晓华:《环境容量使用权的法理分析》,《重庆环境科学》2003 年第 12 期。
[5] 高利红、余耀军:《论排放权的法律性质》,《郑州大学学报》2003 年第 3 期。
[6] 郑庭伟:《论排污权》,载吕忠梅、徐祥民主编《环境资源法论丛》,法律出版社,2005。
[7] Jillian Button, "Carbon: Commodity or Currency? The Case of International Carbon Market Based on the Currency Model", *Harvard Environmental Law Review* (1) 2008.
[8] 张彩平:《碳排放权交易初始会计确认研究》,《上海立信会计学院学报》2011 年第 4 期。
[10] 蔡博峰、刘兰翠:《碳货币——低碳经济时代的全新国际货币》,《中外能源》2010 年第 2 期。
[11] James Cataldo & Morris Mcinnes,《从净收益视角看公允价值和历史成本计量属性的作用》,《会计研究》2009 年第 7 期。
[12] 葛家澍:《财务会计的本质、特点及其边界》,《会计研究》2003 年第 3 期。
[13] 周明春、刘西红:《金融危机引发的对公允价值与历史成本的思考》,《会计研究》2009 年第 9 期。
[14] 葛家澍:《正确认识财务报表的计量》,《会计研究》2011 年第 8 期。

[15] 王虎超、夏文贤：《排放权及其交易会计模式研究》，《会计研究》2010年第8期。
[16] IPCC,《气候变化（2013）》，http://www.climatechange2013.org，2013-10-30。
[17] 联合国经济和社会事务部统计处编《国民经济核算体系》，国家统计局国民经济核算司译，中国统计出版社，1995。
[18] 张以宽：《可持续发展战略与环境会计研究》，中国财政经济出版社，2002。
[19] 张劲松、张健：《环境会计要素确认研究》，《商业研究》2001年第2期。
[20] 联合国国际会计与报告标准政府间专家工作组编《联合国国际会计和报告标准：环境成本和负债的会计和财务报告》，刘刚译，中国财政经济出版社，2003。
[21] 许家林、王昌锐：《论环境会计核算中的环境资产确认问题》，《会计研究》2006年第1期。
[22] WRI/WBCSD, "GHG Protocol Corporate Accounting and Reporting Standard", http://www.ghgprotocol.org/standards/corporate-standard, 2004-3-21.

第十章
国内外典型碳市场

本章主要分析国内外典型碳市场运行状况，包括欧盟碳市场、美国碳市场和中国碳市场，探讨欧盟和美国碳排放权交易体系的发展经验能够更好地深化我国对碳排放权交易体系的认识，为建构和完善我国碳排放权交易体系提供启示。

第一节　欧盟碳市场

一　欧盟碳排放权交易机制建立的过程

1997 年在日本京都召开的《气候框架公约》第三次缔约方大会上通过的国际性公约，为了应对全球气候变化，实现《京都议定书》所规定的目标，欧盟于 2005 年 1 月正式启动了世界上第一个温室气体排放配额交易机制①。由于不同国家经济发展程度及新技术应用程度不同，为履行《京都议定书》的规定，不同成员国碳排放量配额不同，在市场经济的作用下，相互交易必然产生，在这种特殊的国际背景下欧盟碳交易市场诞生了。欧盟碳交易市场规范了世界碳交易市场，将碳排放权的市场交易合法化，如今欧盟碳交易市场已获得全世界“最大的排放贸易体系”的称号②。

1997 年欧盟在《京都议定书》中承诺，作为《京都议定书》附件 I 的

---

① 中国碳排放交易网，http://www.tanpaifang.com/tanjiaoyisuo/2014/0822/37050.html。

② 蔡绿：《欧盟碳交易市场的发展及其影响分析》，吉林大学硕士学位论文，2012。

15个成员国作为一个整体，到2012年时温室气体排放量将比1990年至少削减8%。为了帮助成员国实现《京都议定书》的承诺，1998年6月欧盟委员会发布了题为《气候变化：后京都议定书的欧盟策略》（*Climate Change：Towards an EU Post-Kyoto Strategy*）的报告，提出应该在2005年前建立欧盟内部的温室气体排放权交易机制。同时，根据《京都议定书》中8%的整体减排承诺目标，欧盟成员国签署了一个各国的分摊协议。2001年，欧盟温室气体排放交易机制（Emission Trading Scheme，以下简称"ETS"机制）意见稿提交欧盟委员会并正式讨论。2002年10月，欧盟委员会通过了该意见稿。2003年10月13日，欧盟委员会通过了温室气体排放配额交易指令（Direetive2003/87/EC），这个指令建立起了欧盟排放交易机制的法律基础和运营基础，并规定欧盟ETS机制从2005年1月起开始实施。2006年11月，欧盟委员会对欧盟ETS机制的运营情况进行报告，并首次将第二阶段国家分配计划（NAPII）纳入议程。2008年1月，欧盟ETS机制进入第二阶段。2008年1月23日，欧盟委员会公布了欧盟ETS机制第三阶段的提议意见稿。展望第三阶段，欧盟提出了"3个20%"的减排目标（即到2020年减少CO_2排放20%，减少能源使用20%，可再生能源使用占能源使用总量的20%），将有力助推欧盟碳排放权交易市场的发展壮大。目前，欧盟ETS市场是全球最为重要的碳交易市场，根据欧洲环境署官方数据，2012年欧盟温室气体排放量继续下降1.3%，比1990年减少1082吨，降低19.2%，2020年实现减排20%的目标完全可以达到。

二　欧盟碳排放权交易机制的主要内容

欧盟ETS机制几乎完整地复制了《京都议定书》所规定的市场机制，但与《京都议定书》下的排放权交易机制以国家为约束对象不同，欧盟ETS机制的约束对象是各工业行业的企业，交易也主要是私人企业（包括金融机构）之间的排放配额的转让。欧盟温室气体排放权交易机制主要内容如下。

（一）交易机制实施的时间和产业规划

在实施对象上，欧盟ETS机制开始只适用于二氧化碳的排放，而不是对所有温室气体进行控制。在实施时间和产业安排上则循序渐进地分为三个阶段。

第一阶段从2005年1月1日至2007年12月31日，此阶段为试验期，这一阶段只涉及对碳排放有重大影响的经济部门。这些产业包括能源产业（主要为耗能20MW以上内燃机发电产业、炼油业、炼焦业等），有色金属的生产和加工产业，水泥、玻璃、陶瓷等建材以及纸浆造纸产业等，包含了近12000个来自燃烧过程排放二氧化碳的工业实体，涵盖了约占欧洲温室气体排放46%的能源密集型产业，接近欧盟二氧化碳排放总量的一半。

第二阶段从2008年1月1日至2012年12月31日，时间跨度与《京都议定书》首次承诺时间保持一致，正式履行对《京都议定书》的承诺。

第三阶段是从2013年至2020年，根据欧盟在哥本哈根会议提出的立场，在第三阶段排放总量每年以1.74%的速度下降，以确保2020年温室气体排放比1990年至少低20%。在这个阶段将把航空业和交通业等产业纳入排放交易体系。

可以看出，欧盟在排放交易机制实施对象、实施时间阶段和产业安排上，都采取一种谨慎和渐进的方式，以取得政治上和所涵盖企业的最大支持。

（二）总量限额与配额的分配机制

欧盟排放交易机制从本质上讲，属于“限额与交易”（Cap-and-trade）机制，欧盟15国总的限额是2008年至2012年间排放总量在1990年的基准上下降8%。1998年欧盟15国签订了分担协议，根据“共同但有区别的责任”原则，确定各自国家的温室气体减排目标，其总和达到整体比1990年排放量下降8%的目标。在试验阶段欧盟采取分权化的治理机制，欧盟没有预先确定排放总量，由各成员国详细制定本国的“国家分配计划”（National Allocation Plan，以下简称NAP）落实减排目标，但需要通过欧盟委员会的审批。成员国在制定完NAP后，最重要的是列出涵盖的排放实体的清单，确定分配给各个部门或各个企业在每个承诺期的排放配额数量。NAP还应当涵盖新加入者如何参与欧盟排放交易计划的安排，包括三种方式：免费方式、在市场上购买配额方式、通过定期拍卖获取配额方式。

在第一阶段NAP中，分配给企业的排放配额95%是免费的，剩余部分由各成员国通过拍卖或者其他方式进行分配；到第二阶段，免费配额下调为90%，以后阶段继续下调。2008年以前，分配排放配额总量应该与各成员国在减排量分担协议和《京都议定书》中承诺的减排目标相一致，同时还要考虑到企业正常生产活动的需要以及实现减排的技术潜力。由于分配给企业的排放配额是有限的，这就导致了排放配额的稀缺性，使得排放配额有了价值，为排放交易市场的产生奠定了基础。

（三）许可和核证机制

排放实体首先需要向主管机关提交温室气体排放许可证的申请书，如果经营者能够监控和报告温室气体的排放，并得到主管机构的满意，主管机构将向其颁发温室气体排放许可证，授权其部分或者全部装置排放温室气体。许可证对监控要求和报告要求都做了规定，并要求经营者在当年结束后的四个月内，有义务提交每年核证装置排放温室气体总量相等的配额。如果经营者没有按规定进行核证，使主管机构对提交的上一年温室气体排放的报告不满意，则该经营者不能再转让或出售其配额，直到其报告核证后令主管机构满意。完善的许可和核证机制，可以保证参与主体碳排放量和减排量相关数据资料的正确性，从而保障了排放权分配与交易过程的合法性和公平性。

（四）配额的转让和存储借贷机制

取得排放许可证后，各个排放实体的排放许可量就要受到分配到的配额量的限制，每一份配额（European Union Allowance，EUA）代表排放一吨二氧化碳或二氧化碳当量的权利，EUA成为在欧盟范围内碳排放交易市场流通的“通货”。配额的颁发、持有、转让和注销，是通过成员国以电子数据库形式建立的登记系统进行的，以确保配额的转让没有违反《京都议定书》的义务。欧盟委员会指定一个核心管理人维护独立的交易日志，用来记录配额的发放、转让和注销，以及每笔交易的核查，以确保配额的发放、转让和注销不存在违规现象。任何主体都可以持有配额，任何企业、机构、非政府组织甚至个人都可以进行登记并获取独立账户来记录每个人拥有的配额，可以自由进入市场进行买入或卖出的交易。

每个阶段配额可以在不同年份中进行存储和借贷，但试验期的配额不能跨阶段存储，即ETS第一阶段的配额不能存储于第二阶段以后使用；但从ETS第二阶段开始，可以把本阶段的配额存储到下一阶段使用。

（五）处罚机制

在每年的4月30日之前没有提交足够配额以满足其上一年的温室气体排放的经营者，需支付其超额排放的罚款。对超额排放的处罚标准是：对没有提交相应数量配额的经营者，在第一阶段试验期采用较轻的处罚，每吨当量二氧化碳配额罚款40欧元，从第二阶段开始升至100欧元。罚款额度远远高于配额同期市场价格。对于超额排放的罚款并不豁免该经营者在接下来的年份里提交同等数量超额排放的配额的义务。也就是说被罚款的经营者在下一年度仍需加大节能减排的力度以节省下一年的配额使用量，不然就需通过市场购买足够多的配额，把上年的差额抵消掉。

（六）链接兼容机制

为帮助欧盟ETS机制所涵盖的企业在二氧化碳减量义务上提供更多的弹性空间，欧盟2004/101/EC号决议进一步为EUA和《京都议定书》下的CDM项目产生的核准减排量（简称CER）指标及JI项目下的减排单位（简称ERU）指标建立了链接关系，即一个单位的EUA等于一个单位的CER，也等于一个单位ERU。企业提交上一年二氧化碳排放量相等足额的排放许可配额量，可以用同企业取得的CER和ERU来代替。但欧盟也为CDM和JI项减排指标流通到欧盟内部市场限定了一些条件，其中影响比较大的有三个：第一，通过核能设施、土地使用、土地使用变更和林业项目（简称LULUCF）的减排指标不能进入欧盟ETS市场；第二，装机容量超过20MW的水电项目必须在满足具体的可持续发展目标，尤其是世界大坝委员会最终报告中的一些指标之后，所产生的减排量才能够进入欧盟市场；第三，成员国在ETS第二阶段以后（含第二阶段）的国家分配计划书中，为各设施制定了使用CER和ERU的上限。由于欧盟是国际碳市场最主要的参与者，因此欧盟对这些具体项目的准入规定，明显地影响到来自这些项目指标在市场上的流动性和价格。此外，通过双边协议，欧盟排放交易机制体系也可以与其他国家的排放交易机制体系实现兼容。这种具有开放式特征的链接机制不仅起到了推动全球碳市场的积极作用，也将为欧盟在建立全球排放交易市场中处于领导者地位打下基础[①]。

① 肖志明：《碳排放权交易机制研究》，福建师范大学博士学位论文，2011。

三　欧盟碳市场的特点

《京都议定书》要求，从2008年到2012年，欧盟二氧化碳等6种温室气体年平均排放量要比1990年的排放量低8%。为了帮助其成员国履行减排承诺，获取运用总量交易机制减排温室气体的经验，欧盟制定了排放交易体系，并于2005年初试运行，2008年初开始正式运行。

（一）欧盟排放交易体系属于总量交易（cap-trade）

总量交易是指在一定区域内，在污染物排放总量不超过允许排放量或逐年降低的前提下，内部各排放源之间通过货币交换的方式相互调剂排放量，以实现排放量减少、保护环境的目的。欧盟排放交易体系的具体做法是，欧盟各成员国根据欧盟委员会颁布的规则，为本国设置一个排放量的上限，确定纳入排放交易体系的产业和企业，并向这些企业分配一定数量的排放许可权——欧洲排放单位（EUA）。

如果企业能够使其实际排放量小于分配到的排放许可量，那么它就可以将剩余的排放权放到排放市场上出售，获取利润；反之，它就必须到市场上购买排放权；否则，将会受到重罚。

欧盟委员会规定，在试运行阶段，企业每超额排放1吨二氧化碳，将被处罚40欧元，在正式运行阶段，罚款额提高至每吨100欧元，并且还要从次年的企业排放许可权中将该超额排放量扣除。由此，欧盟排放交易体系创造出一种激励机制，它激发私人部门最大可能地追求以成本最低方法实现减排。欧盟试图通过这种市场化机制，确保以最经济的方式履行《京都议定书》，把温室气体排放限制在社会所希望的水平上。

（二）欧盟排放交易体系采用分权化治理模式

分权化治理模式指该体系所覆盖的成员国在排放交易体系中拥有相当大的自主决策权，这是欧盟排放交易体系与其他总量交易体系的最大区别。其他总量交易体系，如美国的二氧化硫排放交易体系都是集中决策的治理模式。欧盟排放交易体系覆盖27个主权国家，它们在经济发展水平、产业结构、体制制度等方面存在较大差异，采用分权化治理模式，欧盟可以在总体上实现减排计划的同时，兼顾各成员国差异性，有效地平衡各成员国和欧盟的利益。

欧盟交易体系分权化治理思想体现在排放总量的设置、分配、排放权交易的登记等各个方面。例如，在排放量的确定方面，欧盟并不预先确定排放总量，而是由各成员国先决定自己的排放量，然后汇总形成欧盟排放总量。

不过各成员国提出的排放量要符合欧盟排放交易指令的标准，并需要通过欧盟委员会审批，尤其是所设置的正式运行阶段的排放量要达到《京都议定书》的减排目标。在各国内部排放权的分配上，虽然各成员国所遵守的原则是一致的，但是各国可以根据本国具体情况，自主决定排放权在国内产业间分配的比例。此外，排放权的交易、实施流程的监督和实际排放量的确认等都是每个成员国的职责。因此，欧盟排放交易体系某种程度上可以被看作是遵循共同标准和程序的 27 个独立交易体系的联合体。

总之，欧盟排放交易体系虽然由欧盟委员会控制，但是各成员国在设定排放总量、分配排放权、监督交易等方面有很大的自主权。这种在集中和分散之间进行平衡的能力，使其成为排放交易体系的典范①。

（三）欧盟排放交易体系具有开放式特点

欧盟排放交易体系的开放性主要体现在它与《京都议定书》和其他排放交易体系的衔接上。欧盟排放交易体系允许被纳入排放交易体系的企业可以在一定限度内使用欧盟外的减排信用，但是，它们只能是《京都议定书》规定的通过清洁发展机制或联合履行机制获得的减排信用，即核证减排量（CER）或减排单位（ERU）。在欧盟排放交易体系实施的第一阶段，CER 和 ERU 的使用比例由各成员国自行规定，在第二阶段，CER 和 ERU 的使用比例不超过欧盟排放总量的 6%，如果超过 6%，欧盟委员会将自动审查该成员国的计划。

此外，通过双边协议，欧盟排放交易体系也可以与其他国家的排放交易体系实现兼容。例如，挪威二氧化碳总量交易体系与欧盟排放交易体系已于 2008 年 1 月 1 日实现成功对接。

（四）欧盟排放交易体系的实施方式是循序渐进的

为获取经验、保证实施过程的可控性，欧盟排放交易体系的实施是逐

① 李布：《欧盟碳排放交易体系的特征、绩效与启示》，《重庆理工大学学报》（社会科学版）2010 年第 3 期，第 1～5 页。

步推进的。第一阶段是试验阶段，此阶段主要目的并不在于实现温室气体的大幅减排，而是获得运行总量交易的经验，为后续阶段正式履行《京都议定书》奠定基础，该阶段仅涉及对气候变化影响最大的二氧化碳的排放权的交易。第二阶段欧盟借助所设计的排放交易体系，正式履行对《京都议定书》的承诺。第三阶段是从 2013 年至 2020 年。在此阶段内，排放总量每年以 1.74% 的速度下降，以确保 2020 年温室气体排放要比 1990 年至少低 20%[①]。

四　欧盟碳排放交易机制实施成效分析

欧盟 ETS 机制的建立目的是帮助欧盟成员国实现对《京都议定书》的减排承诺目标，更有效地帮助企业实现减排义务。虽然运行时间较短、欧盟 ETS 机制存在着各种弊端和不足，但从欧盟 ETS 机制 2005 年运行以来的各项数据表现来看，其在以下几方面实现了初步的成效。

（一）欧盟 ETS 机制对碳减排起到了积极推动作用

从 2005 年 ETS 机制建立并运行以来，欧盟 15 国的温室气体排放量明显呈下降趋势，而 2002 ~ 2007 年欧盟 GDP 增长率分别为 1.2%、1.2%、2.3%、1.8%、3.0%、2.7%。可见，2006 年至 2007 年欧盟 GDP 增长率相比于 2002 年至 2004 年呈增长趋势，这一方面可以排除欧盟温室气体排放下降是由经济增长下降导致的因素，另一方面反映了 ETS 机制对控制温室气体排放起到了明显的促进作用。如果再考虑到欧盟 ETS 机制在 2005 ~ 2007 年三年为刚起步的试验阶段，那么 ETS 机制在这几年所取得的减排成绩是值得肯定的。

（二）欧盟 ETS 机制运行促进了欧盟企业能效的提高

由于 ETS 机制的运行，欧盟企业可以利用节能减排低碳技术，将企业二氧化碳的排放降低下来，企业二氧化碳的排放量降低也就相当于把排放许可配额节省下来，企业则可以把这些多余的配额拿到市场上去卖，因此 ETS 机制把原本一直游离在资产负债表外的碳排放，通过许可配额纳入企

① 李布：《借鉴欧盟碳排放交易经验　构建中国碳排放交易体系》，《中国发展观察》2010 年第 1 期，第 55 ~ 58 页。

业的资产负债表中，排放配额就成为一项资产。正是由于排放许可配额已被纳入欧盟企业的资产负债表中，因此碳排放成本必然会影响到欧盟企业的战略投资与决策，特别是对温室气体排放量大的企业影响较大。ETS 机制的运行扭转了一些企业在提高能效方面的研发资金一直减少的趋势。由于提高能效和减排技术等方面的投资都是不能直接产生效益的长期投资，在 ETS 机制没实行之前，企业并没有碳成本的约束，市场对提高能效的技术需求也不大。这些都导致企业对降低碳排放方面的技术研发没有积极性，提高能效研发费用预算曾一度减少。而 ETS 机制实施成了他们提高能效研发费用的主要动力。

当然，ETS 机制对企业提高能效的刺激作用是通过排放许可配额价格来影响的，配额价格越高，其刺激作用就越强。但由于第一阶段免费配额分配过多，第二阶段又受全球金融危机的影响，配额价格并不理想，因此 ETS 机制对企业提高能效的刺激作用还没有完全体现出来。展望第三阶段，随着欧盟经济的恢复增长，以及 ETS 机制在第二阶段和第三阶段的改善、排放上限更严格、实行跨阶段的配额存储机制、配额免费比例下降、拍卖比例上升、拍卖收入的 20% 将被用来提高能效的技术创新等，可以预测将来配额的价格将比第一阶段和目前更高，这对提高能效将起到更强的刺激作用。

（三）反映排放配额供求关系的价格机制初步形成

流动透明的碳价格信号，是配置稀缺的碳排放资源的基础，经过几年的市场发展，欧盟排放交易市场的价格发现机制已经形成，表现在以下层面。

碳排放许可配额的市场价格同其他碳排放权价格一样明显受配额的供求关系的影响。在欧盟碳配额市场上，供给主要来自：①各成员国分配的排放配额；②因连接机制通过《京都议定书》下各减排机制流入欧盟的碳排放指标；③因存储机制上阶段存储下来的配额。而需求一侧则是企业的实际排放量。第一阶段，配额过度分配导致市场上配额供过于求，造成配额价格在 2006 年 4 月欧盟第一次排放数据公布以后迅速跳水，从 30 欧元落到 7 欧元。第二阶段虽然上限有所严格，但由于全球金融危机的影响，欧盟经济发展有所放缓，企业减产导致碳排放总体下降，使得企业从 2008 年以后到现在的配额变得相对过剩，造成配额价格走低，维持在 10 ~ 15 欧元低价。

配额的市场价格与其他能源价格的相关关系正在加强，配额价格已开始影响到企业的生产决策，从碳价、石油价格和煤炭价格正相关的变动趋势看，排放配额、石油和煤炭之间已形成了相互的替代关系和牵制关系。

配额的价格信号已能准确反映碳排放许可配额的供给与需求状况。在最初阶段的不确定性逐渐消除后，排放许可配额的价格与造纸和钢铁等产业产量表现出显著相关的关系，即产量越大，排放许可配额需求就越多，排放许可配额的价格就越高；另一方面说明，碳排放许可配额价格已经影响到企业的生产决策，不采取减排措施或降低产量，则需要承担更多的减排成本。

（四）欧盟 ETS 机制促进了 CDM 和 JI 项目发展和全球碳市场的繁荣

欧盟 ETS 机制与《京都议定书》下的 CDM 和 JI 机制相链接（EU2004/101/EC），不仅为欧盟 ETS 机制所覆盖的企业在达成 ETS 所规定的义务上提供了更多的选择性，更是活跃了欧盟和全球的碳交易市场，降低了排放配额 EUA 的交易价格和二氧化碳减排的成本。鼓励更多欧盟国家的投资人投入《京都议定书》所认可的 CDM 与 JI 项目的减排计划中，对于促进 UNFCCC 非附件一国家的二氧化碳减排技术和资金流入，具有正面的意义。

从 2005 年欧盟 ETS 机制试运行开始，通过 CDM 项目所实现的 CER 和通过 JI 项目的方式获得低价 ERU 的成交量急剧放大，价格不断提高，虽然从 2008 年起受金融危机影响，抵消市场的项目有所萎缩，但仍比 2005 年之前的成交量要大。CDM 和 JI 项目的购买者 86% 是欧盟国家下的需求者。从这一数据中可以看出欧盟 ETS 机制是全球碳市场最重要的引擎。

（五）欧盟 ETS 机制推动了低碳技术在欧盟和全球的发展

首先，欧盟排放交易机制推动了欧盟内部低碳技术和低碳产业的发展。ETS 机制运行后，短期内影响是使一些公司和行业（特别是电力行业）开始考虑转换燃料，例如从煤炭到天然气转换。从长期影响上看，开始影响一些公司和行业的投资决策，如电力行业和公司，开始重点投资可再生能源、清洁煤和低碳技术的投资，或通过 CDM 和 JI 机制对其他国家在低碳领域的投资。

其次，通过 CDM 项目的发展，欧盟成员国通过提供资金和技术的方式与发展中国家开展项目合作，也进一步推动了低碳技术在全球的发展。在世界银行《2010 碳市场现状和趋势》的报告中提到，可再生能源项目和提高能源利用效率方面分别占了 CDM 市场 43% 和 23% 的份额，也就是说在2009年CDM市场上清洁能源项目总共占了2/3的份额，而其中CDM项目最主要需求方是欧盟成员国。

（六）欧盟排放交易市场交易量不断上升，低碳金融产业不断壮大

欧盟配额交易市场从2005的ETS机制运行以来，成交量急剧增长；根据世界银行2010年碳市场报告，尽管全球GDP因金融危机在2009年下降了0.6%，工业化国家更是下降了3.2%，然而碳市场仍然保持坚挺，碳市场总的交易量达到了1440亿美元，比2008年增长了6%。欧盟ETS机制保持着全球碳市场的引擎作用，在配额市场上占据了1190亿美元交易量，期货市场份额也占据了全球73%的份额。[①] 随着欧盟ETS机制的不断完善以及欧盟和全球碳交易市场不断成熟，又带动了投资银行、对冲基金、私募基金以及证券公司等金融机构参与到碳交易市场中来。一个与碳排放权相关的直接投资融资、银行贷款、碳指标交易、碳期权期货等一系列金融工具为支撑的碳金融体系正逐步形成。

五　欧盟碳排放权交易机制实施的相关成本费用分析

欧盟ETS机制的实施产生了良好的减排效果，并推动了相关低碳产业和全球碳市场的发展。但好的减排机制既要具有促进减排的环境有效性，也要具有不会让交易机制所覆盖下企业造成过大负担的成本有效性。下面对企业在实施欧盟ETS机制过程中所产生的相关成本费用进行分析。

这里分析的成本费用不是指减排相关的直接成本，因为这种直接减排成本，不论国家政府实施哪种政策手段控制碳排放，企业为实现减排目标直接采取减排措施都会发生。也不是狭义上的直接的市场交易费用。而是指公司为参与碳排放权交易机制，达到碳排放权交易机制规则要求所投入的资源。具体地说包括前期准备实施ETS机制发生的成本，建立相关制度达到参与ETS机制规则要求所产生的成本，和参与市场交易所发生的成本。既包括为交易准备过程中发生的各项行政成本，也包括直接的交易费用。主要分为以下三类。

（1）早期实施成本是开始实施ETS交易机制之前所发生的成本。包括：

① 数据来源于世界银行《2010年碳市场报告》。

①企业为熟悉 ETS 机制相关规则和准则相关的学习和培训费用；②聘请相关咨询顾问公司的服务费；③对公司基准线排放量进行计算统计费用；④建立受 ETS 机制监管的排放设施交易账户；⑤任何必要的资本设备的购买（如碳排放监测、数据录入和存储设备的购买）。早期实施的这部分成本大部分是固定成本。

（2）监测、报告和验证费用是监测、报告和验证流程所产生的相关费用。因为 ETS 机制对企业排放装置强制要求每年进行监测、报告和验证排放量，所以这部分成本每年都会持续发生。

（3）交易成本是公司进入碳交易市场参与交易所发生的费用。配额交易相关的成本是可变的，因为这项费用依赖于碳交易量和交易金额；此外还有交易信息搜寻费用；如果企业是通过第三方间接交易，还会产生相关佣金费用。对企业实施排放权交易机制的成本费用问题，实证调查研究分析是唯一有说服力的方法，由于这方面的分析遭遇了能否取得相关数据的困难，因此在当前文献中相关的实证研究是相当的少[①]。

六　欧盟排放权交易机制实施的经验启示

正是由于欧盟 ETS 机制在创建排放交易市场的有效性方面取得了较大的成功，因此这一机制给我们提供许多经验启示。

（一）交易机制的建立要循序渐进

碳排放交易机制的建立因涉及众多利益相关者，作为先驱者的欧盟在排放交易机制建立与实施过程中，采取了循序推进的方法，提高了可控性和有效性，从而增加相关利益者的支持和政治上更具有操作性。如欧盟排放交易机制在实施过程为了降低风险采取试验阶段、划分多个阶段的方法，在产业选择范围，排放配额分配方式[②]，总量限额控制上都以最大减少反对程度为考量[③]。

① 肖志明：《碳排放权交易机制研究——欧盟经验和中国抉择》，福建师范大学博士学位论文，2011。

② 欧盟 ETS 机制下配额的免费分配增加了企业的收益，使得反对声音最大的工业部门转变了态度，支持进行排放交易。

③ 肖志明：《欧盟排放交易机制实施的成效与启示》，《武陵学刊》2011 年第 1 期，第 34 ~ 41 页。

（二）碳排放量统计数据的支撑至关重要

在欧盟排放交易机制试运行的初始阶段，由于各国和相关企业的实际排放情况的数据非常缺乏，各企业的初始排放限额主要是根据粗糙的统计数据和企业的自我评估来分配；但排放配额（EUA）的市场价格决定于企业实际排放量和市场流通的配额数量，因此在2006年4月第一次官方的核查报告及排放数据出台后，投资者发现企业实际排放量并没有预期那么多，市场对配额需求量并不大，已分配的配额的数量偏多，这样EUA市场价格很快跌落下来，造成了市场价格大幅度的波动。而有了第一阶段的排放数据后，使得第二阶段投资者的市场预期以及欧盟对排放上限的设置，配额的分配都得到了有依据的调整，第二阶的配额价格波动幅度因此有所减缓。因此，各国在建立碳排放交易机制时要注重对企业碳排放量数据的盘查和统计，这是建立碳排放交易机制和交易市场的重要基础工作。

（三）存储机制能对配额的价格波动起到平滑作用

欧盟第一阶段没有利用存储机制的调节作用，导致了配额价格到了试验阶段结束时滑落到接近0欧元，价格波动幅度巨大，到了第二阶段，欧盟改善了ETS机制中这一缺陷，允许第二阶段的配额存储到第三阶段使用，这样对配额的价格波动幅度起到了平滑作用。因此，在2008年下半年到2009年即使因全球金融危机配额出现过剩现象，但并没有出现同第一阶段配额价格大幅下降的现象。因为企业认为第三阶段配额可能会因为免费分配比例下降而出现配额短缺，配额价格将会上涨，因此出现了有些企业在第二阶段从市场逢低买入配额，以备第三阶段使用的投资行为，这样就抑制了配额价格大幅波动的趋势。

（四）排放总量限额需长期规划

欧盟为了保证排放配额价格的稳定性，为鼓励碳投资者对低碳环保技术长期投资的积极性，在后京都协议还没有结果时，欧盟在2009年提出到2020年温室气体排放要比1990年至少低20%，并将第三阶段时间延长至8年（2013～2020年），2010年7月公布了2013年以后的排放总量控制目标。据英国金融时报分析，与过去碳排放配额供给富余之后碳排放价格迅速下降不同，2009年前几个月，欧盟碳排放交易价格还略有上升，随后直至进入2010年，都稳定在约13.5欧元/吨的水平上。其原因在于欧盟长期坚定的碳减排规划，使企业可以做出相对较长时期的投资决策，同时企业可以利用配额跨阶段存储机制将其拥有的排放限额保留到未来几年备用，以待未来经济形势好转[①]。

（五）多种减排政策手段与 ETS 机制配套使用

碳排放交易机制最终目的是经济、有效地降低碳排放，而降低碳排放离不开提升能源使用效率、研发可再生能源技术、调整产业结构等。由于目前低碳技术的市场需求还在开发中，与减排相关的低碳技术发展离不开政府财税金融优惠政策的扶持，离不开政府对产业的指导。只有让更多企业积极投入到低碳技术和低碳产业中来，排放配额的供给和需求量才会提升，配额市场才会不断壮大，ETS 机制市场和其他低碳产业市场已起到相互促进的作用。因此，ETS 市场的发展离不开其他气候和环保政策支持，只有综合各项相关的政策，ETS 机制才能更有效地起到降低温室气体排放的作用。

第二节　美国碳市场

一　美国碳市场设立背景

（一）美国的碳排放问题

美国人口规模为 3.2 亿人，仅低于中国、印度，规模庞大的人口必定会给气候环境带来多重负面影响，在经济发展之时，美国也不得不面对严峻的气候问题。

1. 温室气体排放

美国既是世界上最大的能源生产国，又是世界上最大的能源消费国，且人均能源消耗水平也较高，温室气体排放量大，人均温室气体排放水平也不低，作为当今世界的唯一超级大国需要承担较多的全球气候变化责任。

2. 气候变化问题

随着温室气体排放增多，美国气候也出现了明显的变化，温度方面，平均气温升高，高温天气出现的频率提高，影响了人民的正常生活，也干

① 肖志明：《欧盟排放交易机制实施的成效与启示》，《武陵学刊》2011 年第 1 期，第 34 ~ 41 页。

扰了人民的健康安全。降水方面，气候变暖加快了水循环的速度，降水多的地方降水更多，降水少的地方降水更少，天气更为异常。风暴方面，随着气候变暖，热带风暴、严寒天气发生的概率加大，破坏更为严重，造成严重的经济损失和人员伤亡。

（二）美国联邦政府的碳减排行动

美国早在1955～1970年就颁布法案，以治理大气污染，如1955年的《空气污染控制法》（*Air Pollution Control Act*，1955），1963年的《清洁空气法》（*Clean Air Act*，1963），1967年的《空气质量法》（*Air Quality Act*，1967），以及1970年、1977年颁布的《清洁空气法》修改法案。但政府过于热心经济发展，这些法案并未落到实处。

1. 1988～1992年乔治·赫伯特·布什时期

1988年由于严峻的干旱，农作物产量大幅下降导致价格陡升，美国政府开始关切气候变化。1990年政府颁布了《清洁空气法》修正案，对SO_2排放实施总量控制与市场机制相结合的制度。1992年政府批准了《联合国气候变化框架公约》（*United Nations Framework Convention on Climate Change*，UNFCCC），同意实施减排目标，至2000年把CO_2排放量降低至1990年的排放水平，同年政府颁布了《能源政策法》（*Energy Policy Act*，1992）。

2. 1992～2000年威廉·杰弗逊·克林顿时期

1993年政府颁布《气候变化行动方案》（*The Climate Change Action Plan*），承认过多的温室气体排放造成海平面上升，破坏生态系统，危害农业生产，因此要减少温室气体的排放。1997年美国国会批准了《伯瑞德—海格尔决议》（*Byrd-Hagel Resolution*），明确美国气候变化对外政策原则，如果欠发达国家不承诺温室气体减排义务，将会严重损坏美国经济，美国不会签订任何同UNFCCC相关的协定。1998年政府签订了《京都议定书》（*Kyoto Protocol*），但未采取减排的实质性行动，也未把《京都议定书》交由参议院表决。克林顿在碳减排上没有太大作为。

3. 2001～2008年乔治·沃克·布什时期

2001年政府明确反对《京都议定书》，不再参加UNFCCC缔约方会议。2002年政府颁布了《清亮天空与全球气候变化行动倡议》（*Clear Skies and Global Climate Change Initiatives*），表示要削减电力部门NO、SO_2和Hg排放量的70%；在10年内降低18%的温室气体排放强度；鼓励应用开发清洁技术，以税收激励自愿减排行动。2005年政府颁布了《能源政策法》(*Energy Policy Act of* 2005)，第一次提出财政资金补贴清洁能源与可再生能源的研发及应用。2007年政府颁布了《能源独立和安全法》(*Energy Independence and Security Act of* 2007)。政府承认温室气体排放增加造成全球气候变暖，危害了美国国家安全，可经由技术解决气候变化问题，美国可在2025年前制止温室气体排放增加，但政府并未施行具体的减排举措。

4. 2008～2016年巴拉克·侯赛因·奥巴马时期

奥巴马执政之后，调整了美国碳减排政策。2009年的《美国清洁能源和安全法案》(*American Clean Energy and Security Act of* 2009) 第一次提出清晰的减排目标：温室气体排放2020年要比2005年下降17%，2030年要比2005年下降42%，2050年要比2005年下降83%。2009年的经济复兴计划 (*Economic Recovery Plan*) 关注绿色发展，政府要在今后10年内投资1500亿美元，发展可替代能源，严格汽车与建筑的能效标准，给予可再生能源企业财政补贴与税收减免，在全美构建总量控制与碳排放交易体系。2015年政府推动深度减排温室气体，碳排放2025年比2005年下降26%～28%。在国际上，美国主动参加多边气候合作，不仅参加UNFCCC谈判，与八国集团 (G8)、20国集团 (G20)、亚太经合组织 (APEC) 合作，还和中国、印度、墨西哥等国家合作，期盼这些国家做出更有力的碳减排承诺。奥巴马政府在卸任之前不断巩固其气候政策遗产。

(三) 美国碳减排政策的主要影响因素

美国既是发达的工业国家，也是一个碳排放大国，但美国在碳减排行动议题上摇摆不定。实际上，美国之所以参与全球气候事务，是出于巩固美国国际霸权、变革经济增长模式、确保能源安全的考量，但美国特殊的政治结构使得联邦政府气候治理立法缓慢，干扰了美国的碳减排活动。

1. 美国政策立法程序

美国国会有参议院与众议院，一般来说，一项法案首先由参议院与众议院的相关委员会草拟，众议员与参议员分别就各自草拟的法案展开投票表决，若皆获得通过，参议院和众议院会建构一个联席委员会整合法案以平衡两院的利益，若两院通过了整合后的法案，就递交给总统，总统同意则法案生效。若一项法案在本届国会的两年内未获通过，下届国会就需重新审议该法案，而国会议员每2年需改选1/3，州议会选出参议员，民众直接选出众议员，议员在做出决策前需调节好各方利益，所以一项法案从草拟到最终出台耗时弥久。

2. 国会权力构成

美国政治体制是立法、行政、司法三权分立，国会作为立法机构，负责司职制定、颁布法案，批准与执行国际条约，各项立法提案先要经由参议院、众议院的委员会通过，才可由参议院、众议院讨论，但各利益集团、非政府组织等皆会干扰国会的表决，譬如气候变化议题，煤炭、汽车、钢铁、石油等高能耗产业集团抵制美国过多地承担减排责任，反对气候立法过于严厉，导致提案久议而不决，气候立法关系到经济社会各个方面，更是难以得到决断。参议院、众议院若分别由民主党、共和党掌控，则纷争不断，气候立法常常会悬而不决。若总统属于一党，而参议院、众议院皆由另一党掌控，则总统就可能难以有所作为。2014年美国中期选举后，共和党控制了参议院与众议院，奥巴马的气候政策不得不绕过国会，以行政命令的方式推行，但这难以保证碳减排政策的连续性。

（四）美国联邦制下的碳排放治理交互机制

美国宪法明确指出，联邦政府拥有宪法列明的权力，如征税、发债、国防、外交、洲际贸易与和国际贸易等，州、地方政府享有宪法未列明的权力，宪法没有禁止州政府做的，州政府都可以做，如此一来，联邦、州、地方政府（县、市）各级政府间，职责划分明确，在所属辖区内独立自主地施政，对其选民负责，州和县、市的自治权颇大。州、县、市的政策措施更能对辖区内居民产生直接影响。美国《1977年清洁空气法案修正案》（*Clean Air Act Amendment of* 1977）明确，在不违反联邦政府的污染治理最低要求的情况下，各州政府有权编制与实施各自的污染治理法律，同时重奖各州环保法案的切实落实；明晰了联邦政府与州政府在环境治理上的交互关系，联邦环保法规占优，在一定条件认可各州环保法律的效力，联邦法规和地方法规相互平衡。州和地方政府在碳排放治理上弹性较大，可自主实施碳减排。联邦政府在可再生能源发展上没有主动性，各州财政收入的约1/5来自能源使用方与环境保护专项税收，州政府有能力也有意愿制定与实施气候治理政策，更切合地区实际，也更容易管理。在特别的联邦政治体制下，美国各州碳排放治理行动如火如荼地发展起来。

二 芝加哥气候交易所

2000 年，美国西北大学研究生院资助 Richard L. Sandor 博士与 Michael Walsh 博士及有关研究人员 34.7 万美元，检验美国碳排放市场能否推动温室气体减排；2001 年，西北大学研究生院又资助 76 万美元继续检验碳排放市场对减排的影响，这一阶段的参加者有来自公司、非政府组织、学术机构的 100 多位研究人员。2003 年，研究的主持人在美国 Joyce 基金会（Joyce Foundation）的支持下，成立了芝加哥气候交易所，有 13 个创始会员，注册登记为私营公司。芝加哥气候交易所（Chicago Climate Exchange，CCX）是全球第一个自愿性参与温室气体减排的平台，2003 年以会员制开始运营。按照 CCX 的制度安排，首先通过交易所的会员注册系统纳入会员，会员自愿设计并形成交易规则，CCX 的会员涉及航空、汽车、电力、环境、交通等数十个不同行业。按照要求，CCX 的会员自愿但从法律上承诺减少自身的温室气体排放，以会员 1998～2001 年的温室气体排放量为基线，采取两个阶段的逐年计划减量策略。CCX 规定了可在交易所范围内流通的配额单位及交易品种，同时开展 6 种温室气体减排交易。会员必须严格遵守相关年份的减排承诺，如果会员减排量超过了自身的减排额，它可以将自己超出的量在 CCX 交易或储存，如果没有达到自己承诺的减排额就需要在市场上购买碳金融工具合约（CFI），每一单位 CFI 代表 100 吨 CO_2 当量。交易通过 CCX 网上交易平台，采用碳配额和碳抵消两种交易类型来履行减排义务（碳抵消交易属于公益性质，主要用于农业、森林、水管理和再生能源部门）。此外，CCX 也接受清洁发展机制（CDM）项目[①]。

2004 年，芝加哥气候交易所在荷兰阿姆斯特丹设立欧洲气候交易所（European Climate Exchange，ECX），欧洲气候交易所已发展为欧盟排放交易体系内的一个重要温室气体交易市场，2011 年被美国洲际交易所（In-

---

① 温岩、刘长松、罗勇：《美国碳排放权交易体系评析》，《气候变化研究进展》2013 年第 2 期，第 144～149 页。

tercontinental Exchange，ICE）收购。

（一）减排目标和减排阶段

芝加哥气候交易所买卖的是碳金融工具合同（Carbon Financial Instruments）。减排目标有：用公开透明的价格推动温室气体排放许可交易的顺利开展；设置必要的制度规范，基于成本效益最大化来治理温室气体排放；推动公共部门与私人部门温室气体减排能力的提高；加强温室气体减排所需的智力支持建设；激励社会成员共同应对全球气候变化危机。

芝加哥气候交易的减排交易项目关联着6种温室气体：CO_2、CH_4、N_2O、HFCs、PFCs与SF_6，减排阶段分为，第1阶段（2003～2006年），6种温室气体基于1998～2001年平均排放水平每年减排1%；第2阶段（2007～2010年），6种温室气体基于2000年排放水平减排6%。

（二）会员制度

协作会员（Associate Members），是温室气体直接排放非常少的办公室工作的CCX参与者。参与者会员（Participants Members），不需接受减排要求的约束，是市场流动性与抵消信用的供应人。交易参与者（Exchange Participants），买入碳金融工具来抵消特定温室气体排放的实体或个体。芝加哥气候交易所实行会员制度，所有在CCX体系参与交易的实体或个体都必须注册成为CCX的会员，也包括美国新墨西哥州和波特兰市等地方政府。实体或个人首先要登记注册为芝加哥气候交易所会员，才能在CCX交易平台进行交易，会员有400多家，来自印度、中国、澳大利亚等多个国家或地区包括福特和杜邦等世界五百强企业，还有农业协会如国家农民协会等，涉及航空、环境、汽车、电力、交通等几十个行业。会员可分为正式会员、协作会员、登记参与会员、交易参与者。正式会员（Full Members），是直接排放温室气体的CCX参与者。CCX的会员分为七类，包括：正式会员、协作会员、登记参与会员、抵消提供者、抵消整合者、流动性提供者和交易参与者。

CCX规定，全体会员的共同利益包括：第一，降低财务、操作及名誉上的风险；第二，减排额通过第三方以最严格的标准认证；第三，向股东、评估机构、消费者、市民提供在气候变化上的应对措施；第四，建立符合成本效益评价的减排系统；第五，获得驾驭气候政策发展的实际经验；第六，通过可信的有约束的应对气候变化措施，得到公司领导层的认可；第七，及早建立碳减排的记录和碳市场的经验[①]。

（三）温室气体排放权交易机制

1. 交易机制的架构

芝加哥气候交易所的交易以自愿的限额和交易（Voluntary Cap-and-Trade）为基础，同时辅以排放抵消项目。减排计划基于会员以前年度及现阶段温室气体排放情况而订，如果会员的减排目标超额达成，可卖出或留存多出的减排配额，如果会员未实现减排目标，需买入排放权以达标。碳金融工具合同交易标的有交易配额（Exchange Allowances）与交易抵消信用（Exchange Offsets Credits），交易配额由 CCX 按照各会员的减排要求与减排计划分配给正式会员，交易抵消信用产生于合格的抵消项目。

2. 温室气体排放抵消项目运转制度

排放抵消项目进入气候交易体系，可以较低成本解决气候变化问题，让无排放限制的地区与实体一道来解决气候变化问题，让人们更好地认识到社会与生态环境间的交互作用关系，还可降低温室气体排放，提高减排能力。但在芝加哥气候交易平台中，企业实际减排还是占大头，排放抵消项目产生的减排量还是占小头，但排放抵消项目未来发展前景光明，商机无限。

3. 温室气体排放量管制

监测、报告、核定 CCX 会员的温室气体排放量是非常重要的工作基础，这决定着交易体系的登记结算能否顺利有序地开展。温室气体排放量的监测需监测排放源释放出的所有温室气体的排放量。温室气体排放许可证中需说明排放行为、安装的监测装置、监测要求、采用的监测方法与监测频率。温室气体排放量书面报告要详细说明所属报告期内历年的温室气体排放量，要在每年 3 月底前向主管部门提交过去一年温室气体排放量的书面报告。温室气体排放量核定要按照芝加哥气候交易所指示确保核定的排放量数据真实、可靠。核定人要严格、专业、客观、实事求是地核定排

---

① 朱鑫鑫、于宏源：《美国地方自主减排体系如何运行——以芝加哥气候交易所为例》，《绿叶》2015 年第 3 期，第 34～42 页。

放量。

4. 温室气体排放权市场的外部监管

芝加哥气候交易所作为《商品交易法》下豁免的私人交易平台，不受金融行业监管局或其他政府监管机构的管控，采用自行监管的方式管理。芝加哥气候交易所的机构设置中有理事会，理事会下设执行协会、环境遵从协会、交易和市场协会、抵消协会、会员协会与林地协会，各司其职。芝加哥气候交易所还与全美券商联合会（National Ag Safety Database, NASD）签署合作协议，由全美券商联合会帮助芝加哥气候交易所对会员实施注册登记、市场监管，防范市场欺诈，由外部审核芝加哥气候交易所会员的温室气体排放基准。

芝加哥气候交易所作为自愿参与的减排交易平台，与会员间乃私人合约关系，若某个实体成为交易所会员，则需要按照交易所规则行事。若会员违背交易所规则，背弃减排要求，则需承担违反合约的法律责任，按照交易所规则，可视情节轻重处以罚款、暂停交易权乃至取消会员资格。

（四）温室气体排放权交易运作情形

芝加哥气候交易所温室气体排放权交易平台的设立，为美国企业参加世界温室气体排放权交易夯实基础，经由气候交易平台，会员累积了碳排放交易的丰富经验，还经由卖出剩余排放配额取得盈利，有利于会员企业规划合理可行的应对气候变化的长期发展计划，帮助企业打造绿色环保的市场形象。碳金融工具还为资本市场的风险管理供应了运作对象，大量投资者的介入，有利于社会关注气候变化议题。

美国欠缺碳限额交易的联邦层面的立法，造成芝加哥气候交易所会员不多，市场交易规模不大，交易价格不高，1 个交易单位碳金融工具合同（1 个交易单位代表 100 吨 CO_2）价格从最高价格 7.4 美元降到 0.05 美元。芝加哥气候交易所 2006 年完成第一阶段的交易活动，2010 年 10 月停止交易活动，2011 年第 3 期交易活动取消了，历时 8 年的自愿参与的限额交易减少了 7 亿吨排放量，类似于每年公路上减少 1.4 亿部机动车，其中 88%减排量来自工业，12%减排量来自排放抵消项目。芝加哥气候交易所不再进行交易，但是依然保留排放抵消项目，交易所从 2003 年起发展排放抵消项目，已产生经第三方认证的 8000 万吨排放抵消信用额，其中有 200 万吨来自中国，这些信用额仍然有效，可以转入其他地方性碳交易市场继续交易[①]。

三　区域温室气体减排行动

美国区域温室气体减排行动（Regional Greenhouse Gas Initiative，RGGI）从2005年起着手准备，7个东北部的州签署了区域温室气体减排行动，以减少温室气体排放，迄今为止，正式加入RGGI的是大西洋沿岸和东北部的9个州：康涅狄格州（Connecticut）、特拉华州（Delaware）、缅因州（Maine）、新罕布什尔州（New Hampshire）、纽约州（New York）、佛蒙特州（Vermont）、马里兰州（Maryland）、马萨诸塞州（Massachusetts）、罗得岛州（Rhode island），RGGI公司是非营利公司，基于RGGI减排行动所设。

RGGI是美国第一个强制性的、市场基准的CO_2减排限额与交易（Mandatory Cap and Trade）项目，显示了美国一些州对区域限额—交易CO_2减排项目的身体力行。

（一）减排目标和减排阶段

RGGI减排目标为，以最经济实惠的方式维系且降低RGGI成员州内CO_2排放量；强制性纳入管控的是使用石化燃料发电且发电规模高于25兆瓦的电力部门，各州需要把25%以上的碳排放配额拍卖收益专款专用于可再生能源、能源效率等消费者权益保护项目；为美国其他地区与别国作碳减排的领头羊示范。RGGI碳减排管控选择电力部门，电力部门为美国区域碳排放交易体系中的重要部门，电力部门是主要的碳排放源，减排成本不是太高，监管较为规范与完善，数据信息较为完备，对国家经济的影响面可以管控。

RGGI分为两个阶段开展减排，第一阶段（2009~2014年），确保区域总的碳排放量、各州碳排放量和2009年的排放量一致，最大限额为1.65亿短吨，此阶段乃碳排放缓冲期，使电力部门能有充足时间来适应减排管控；第二个阶段（2015~2020年），各州年减排量每年要下降2.5%，

① 谢艳梅：《芝加哥气候交易所的启示》，《资源与人居环境》2010年第24期，第51~52页。

2018 年电力部门的碳排放量比 2009 年下滑 10%。第一阶段中 RGGI 设定的碳排放配额总量过多，2009～2012 年，RGGI 碳排放配额过剩，拍卖价格过低，拍卖市场拍卖的碳排放配额出现大量流拍。所以，RGGI 在 2013 年调整样板规则（Model Rule），大幅调低配额总量，2014 年的配额总量调整为 9100 万短吨，还按每年 2.5% 的比例下调，至 2020 年约为 7820 万短吨。

（二）温室气体排放权交易机制

RGGI 温室气体排放权交易机制有四个组成部分：CO_2配额拍卖、市场管控、CO_2排放与配额追踪、CO_2排放抵消项目。

1. CO_2配额拍卖

RGGI 会发放与规定排放总量相同的碳排放权配额，1 个配额为 1 万吨的 CO_2当量，再考量各州过去的碳排放规模、用电规模、人口规模、预期的新排放源等的基础，制定出碳排放交易的总量。“标准规则”在初始分配时以拍卖的方式分配碳配额。配额的拍卖以每个季度为单位举行。为了防止市场中的不正当竞争行为，“标准规则”对每个竞标者设定了获得配额的上限，即在每次拍卖中最多可购买拍卖中配额数目的 25%。实际执行中，各州所拿出的碳排放配额进行拍卖的比例有的是 90%，还有的是 100%。电力部门通过拍卖活动获得的碳排放配额可以自用，还可用于交易，或存储留待未来使用，电力部门还可通过碳排放抵消项目取得碳排放抵消信用，进而获取额外的碳排放配额。除了电力部门是碳排放配额的竞标者外，金融投资者也可以参加竞标，为避免过度投资扰乱市场，RGGI 对竞标者设置了可购买碳排放配额的最大额度，每次拍卖中最多可以买走当次拍卖总额的 25%。金融投资者购买的配额主要用于交易以获得盈利。一级市场每季度拍卖一次碳排放配额，采取统一价格、单轮竞价、密封投标的方式进行拍卖。碳排放配额在一级市场拍卖之后，就可在二级市场上交易。在协议期完结时，若电力部门未达成所设定的碳减排要求，则会受到严肃的处置①。

---

① 冯静茹：《浅析美国区域性碳排放权交易制度及其启示——以美国区域温室气体行动为视角》，《人民论坛》2013 年第 14 期，第 250～251 页。

2. 市场管控

RGGI 的拍卖活动与交易活动皆受到中立的第三方市场管控机构——Potomac Economics 的监督，从而提高市场透明度，规避碳排放配额拍卖的副作用，防范强势的电力部门或金融投资者操纵拍卖价格或交易价格，Potomac Economics 的职责是确保碳排放配额拍卖市场与交易市场的公正、公开、平稳、有序运作，增强社会各方对市场的信心。为准确可靠地核定碳排放量，进行常规监测，RGGI 还要求电力部门配备合规的碳排放监测装置，且需每年对监测装置进行年检，确保监测装置的正常监测活动。

3. CO_2 排放与配额追踪

RGGI 的 CO_2 排放与配额追踪（CO_2 Allowance Tracking System，RGGI COATS）主要是追踪调查管制的排放源的碳排放量；追踪碳排放配额的账户持有情况与交易情况；判断碳排放情况与州碳预算交易项目是否相符；向 RGGI 州提交特别许可的额外配额；向 RGGI 州提交碳排放抵消项目申报与管控证明报告；追踪碳排放抵消信用额度；向公众报告碳排放进展和市场数据。

4. CO_2 排放抵消项目

RGGI 碳排放抵消项目产生的碳减排量会获得碳抵消配额，碳排放抵消项目限于 9 个 RGGI 州的 5 类项目：垃圾填埋场甲烷捕捉与破坏、电力部门 SF_6 减排、林业项目的碳封存、建筑业石化能源使用效率提高引起的碳减排、农业肥料管理甲烷减排。碳排放抵消是各个 RGGI 州碳预算交易项目中的重要内容，碳抵消提供一定的配额灵活性，也为碳减排创造可能。RGGI 州在这五类项目中发展碳抵消项目，获得碳抵消奖励，取得配额之外的碳排放配额，碳排放抵消配额可以用来补足电力部门的限额短缺，但在每个履约期（为期 3 年）不得超过电力部门排放限额的 3.3%，而且碳排放抵消必须是真实的、额外的、可信的、可执行的、长期的。

（三）温室气体排放权市场制度

1. 碳排放配额拍卖流程

碳排放配额拍卖从 2014 年起，开始采用成本控制机制（Cost Containment Reserve，CCR），CCR 是在碳排放配额需求超过供给时调整配额价格的机制，CCR 是在初始拍卖的配额量之外的一定量的碳排放配额。拍卖流程如下：第一，设定临时出清价格；第二，决定是否拍卖 CCR 的碳排放配额、拍卖数量及最后的结算价格；第三，授予碳排放配额。

2. 投标报价限制

拍卖平台会自动拒绝违反报价限制的投标。第一，最低保留价格投标限制。2014 年的最低保留价格是 2.00 美元，随后年份的最低保留价格是前一年的最低保留价格乘以 1.025，拍卖平台会自动拒绝报价低于保留价格的投标。第二，保证金投标限制。投标者的投标价值不能超过其拍卖中的保证金数额。拍卖平台会自动拒绝投标者最大投标价超过保证金的投标。第三，碳排放配额量投标限制。任何投标者或联合投标者在一次拍卖中可买的最大配额数量是拍卖中发放的初始碳排放配额的 25%。即使有 CCR 配额，也不能增加可买的最大配额数量。拍卖平台会自动拒绝投标者或联合投标者购买的最大碳排放配额数量超过初始碳排放配额 25% 的投标。

（四）温室气体排放权交易运作情形

RGGI 在最初几年的运转中遭遇碳排放配额严重供大于求的情况，因此采用了减少配额总量、延长临时控制期、改变成本控制机制、调整碳排放抵消项目类别、更新保留价格规则等革新举措，从革新之后的数次拍卖结果看，RGGI 革新卓有成效，增进了能源使用效率，已为各成员产生了净的经济收益回报。

RGGI 各州的碳排放配额主要通过各州的拍卖进行，拍卖收入在战略性能源和消费者项目上进行再投资获得收益。RGGI 投资项目涉及广泛，为私人家庭、地方经济、低收入者住房、工业设施、社区建筑、个人消费者等带来众多好处。

至今，1.78 万企业、3700 万家庭加入 RGGI 投资项目，项目培训了 3700 名工作人员，能源消费节省 3.95 亿美元，长期来看可节约 29 亿美元，节约了 180 万兆瓦时，长期来看可节约 1150 万兆瓦时，节约了 180 万 mm BTU，长期来看可节约 4870 万 mm BTU，CO_2 减排 130 万短吨，长期来看可减排 1030 万短吨，相当于马路上少了 24.5 万辆机动车，长期来看少了 190 万辆机动车。

美国环保署（EPA）对电力部门的碳限排力度加大，不少州对经由碳市场实施碳减排的兴趣浓厚，有5个州有意向加入RGGI，同RGGI官员就加入进行商谈。

四　西部气候倡议

西部气候倡议（Western Climate Initiative，WCI）发端于2007年亚利桑那州（Arizona）、加利福尼亚州（California）、新墨西哥州（New Mexico）、俄勒冈州（Oregon）和华盛顿州（Washington）所签署的区域温室气体减排协议。WCI源于两个已有州的区域性减排协议，一个是2003年加利福尼亚州、俄勒冈州和华盛顿州建立的西部海岸全球变暖倡议（West Coast Global Warming Initiative，WCGWI），还有一个是亚利桑那州和新墨西哥州发起的西南气候变化倡议（Southwest Climate Change Initiative，SCCI）。2007~2008年，加拿大的不列颠哥伦比亚省（British Columbia）、曼尼托巴省（Manitoba）、安大略省（Ontario）、魁北克（Quebec）和美国的蒙大拿州（Montana）、犹他州（Utah）以及墨西哥的一些州也加入WCI。各个地区在2010年共同发展WCI地区减排规划。

（一）减排目标和减排阶段

WCI的减排目标是，WCI地区的温室气体排放量在2020年时要比2005年减少15%，推动清洁能源技术的开发与应用方面的投资，创造绿色就业岗位，保护公共健康。

为达成减排目标，WCI从2012年起运作，分为2个阶段，第一阶段（2012~2014年），从各地区的主要耗能行业如工业、电力、交通运输等部门着手进行减排，第二阶段（2015~2020年），减排范围扩展至运输燃料、居民用能源、工商业能源等在第一阶段未被纳入的领域。

（二）组织结构

2011年WCI组建了WCI公司，这是一个非营利性公司，对各州、省的温室气体排放权交易进行管理和技术指导。每个WCI成员指定一名代表在WCI公司任职。WCI成员制定WCI的整个活动，为温室气体减排目标的实现制订计划和政策。WCI公司的主要工作是开发碳排放配额和抵消证书的追踪系统，管理配额拍卖，对配额拍卖、配额与抵消证书交易进行市场管控。WCI 公司的董事会成员包括来自加利福尼亚州、魁北克省与不列颠哥伦比亚省的官员，WCI 公司的服务对象涵盖已有会员和未来加入 WCI 的会员地区。WCI 成员还组建了工作委员会来完成 WCI 职责，工作委员会可以组建任务组来完成特定工作，还司职委员会委员的任命，负责指定工作组的任务范围和进行结果评定。

（三）温室气体排放权交易机制

1. WCI 限额与交易项目

WCI 限额与交易项目包括各个州、省按各自规定所实施的限额与交易项目。涉及 7 种温室气体排放，发电（包含从 WCI 区域外进口的电力）、工业燃料、工业加工、交通燃料、居民用燃料与商业燃料所产生的二氧化碳、一氧化碳、甲烷、全氟化碳、六氟化硫、氢氟碳化物、三氟化氮。成员在施行限额与交易项目时，会按各自地区减排目标发放碳排放配额。所有可发放配额就是排放限额。配额可以买卖。各成员互认配额就产生了区域性配额市场。各成员互认配额，就使得各成员发放的配额在整个 WCI 区域内是可用的。排放多少温室气体，就需要上交相应数量的配额。为减少碳排放总量，发放的配额数量会逐年减少。对于谁可拥有碳排放配额没有限制要求，配额可以在排放温室气体的实体和第三方间买卖。如果实体减排量低于拥有的配额数，可以卖出多余的配额或持有配额以备未来所需。需减排的实体卖出多余的配额就可以弥补一些减排成本，持有配额以备未来所需会减轻未来减排遵从成本。碳排放配额交易由于能够使实体在如何减排与何时减排上有所松动，从而可以减少实体的遵从成本，而且碳排放配额交易在排放上设置了价格，从而激励实体想方设法减排。

2. 市场交易管控

第一，碳排放数据报告制度。WCI 限额与交易项目包括严厉的碳排放汇报要求，从而可以准确及时地测算与记录各实体所排放的温室气体情况。每 3 年，各个实体需要就其排放和报告的每吨 CO_2 当量上交一个配额。准确、及时、连续的温室气体排放数据是有效减排所必需的，限额与交易项目尤其要求所有排放者有高质量的排放数据，才能递交相应数量的排放配额从而抵补排放量。

第二，碳泄漏防范。WCI 要在发展经济的同时，防范碳泄漏。如果生产活动从 WCI 地区转移到非 WCI 地区，则会出现碳泄漏。可以采取一定激励措施，尤其是可通过碳排放配额的分配，来减少碳泄漏风险，支持 WCI 地区经济增长和就业增加。WCI 成员集中发展能源密集型、贸易外向型行业（Energy-intensive，Trade-exposed，EITE），这些行业竞争激烈，容易发生碳泄漏。向这些行业免费发放碳排放配额，不失为增强这些行业竞争力，减少碳泄漏的一种方法。

第三，碳排放限额。WCI 明确要求温室气体排放到了 2020 年要比 2005 年减少 15%，这也正是区域减排限额。各州、省的减排限额就是各州、省所发放的排放配额，称作各地配额预算，要求排放者每年报告排放情况，排放者要提交足够的排放配额和抵消证明来补足排放量。地区的碳排放配额预算及可用的抵消证明额是地区内排放者排放上限的主要决定因素。WCI 要求各地按相同方式来发展碳排放配额从而确保项目的连续性和透明性，还要求抵消证明也采用同样的限制。

第四，碳抵消。WCI 在限额与交易项目中引入碳抵消来减轻碳减排的遵从成本。碳抵消项目带来的碳减排等同于碳排放源减少的碳排放。关键是要确保碳抵消的品质，不仅达到环境目标，也让国家和全球了解抵消行动。温室气体抵消是限额与交易项目之外领域的项目或活动引发的温室气体减排。WCI 成员发放的碳抵消证代表每吨二氧化碳当量减排。要获得 WCI 成员发放的碳抵消证，减排要符合碳抵消原则，有明晰的权属，遵循协议要求，碳抵消项目发生在加拿大、美国或墨西哥。

第五，碳市场管理协调。WCI 的限额与交易项目的实施要求有效的管理流程。碳排放配额和其他遵从工具的追踪系统、碳减排遵从验证与执行、地区管理组织这三方面需要加强协调。追踪系统作为 WCI 限额与交易项目的一个重要组成，目的是确保配额发放、持有、转移、退出与取消的准确账户记录，追踪系统在使用上简便、可靠，符合法律要求，满足公开透明要求。执行区域的限额与交易项目需要 WCI 成员间的合作与协调，这样才能确保完整性、有效性与连续性。这种协调需要通过一个区域管理组织执行上述职责才能达成。

第六，电力部门的管控。北美电力系统的密切关联性使得电力部门碳泄漏发生不足为奇，各地区间存在大量的电力交易。为维持碳价格的稳定性、确保公平竞争，与进口电力相关的碳排放也算在 WCI 碳排放内。

（四）温室气体排放权市场制度

1. 拍卖

欧洲碳排放权和 RGGI 都用拍卖方式分配配额。WCI 的配额有部分采用拍卖方式分配，至于拍卖的配额占比由 WCI 各成员自行决定。WCI 要求拍卖要公正、透明、效率最大化，且符合各地法律要求。拍卖采用密封投标、单轮竞价、统一价格的方式进行，一个季度拍卖一次，密封投标、单轮竞价的拍卖方式可减小市场控制的可能性，且易于理解。按季度进行拍卖可平衡投标人的竞买成本，给出规范的市场价格信号。

2. 碳减排遵从弹性和项目管理遵从成本

WCI 设定限额与交易项目要可靠、经济地实现环境目标。该项目有利于经济增长和就业岗位创造。碳减排遵从弹性和项目管理遵从成本的适应性确保了减排环境目标和经济增长目标的实现。但是在特定情况下，可能会增加遵从成本，这会影响消费者或工业竞争力，还会增加碳泄漏风险。特定情况涵盖技术成本、气候、碳排放估计的不确定、经济复苏的时间和力度的不确定造成对不同年份碳减排预期的不确定等。

3. 市场运作机制

WCI 限额与交易项目旨在经由市场力量以尽可能低的成本刺激技术革新、减少温室气体排放，为实现这些目标，参与者要能在一个良好运作的市场中交易碳排放配额和抵消证。这要求市场运作公开透明、信息披露及时、减少投机行为，使市场价格完全反映供求关系。WCI 还要加强对配额和抵消证现货交易的监管，WCI 可以与贸易组织共同进行监管。美国商品期货交易委员会监管衍生市场，加拿大省级管理部门监管衍生市场，两者可加强合作。

4. 市场合作

WCI 不仅要实现成员间相互合作以推动碳减排，还要与其他碳减排市场合作。这给企业带来更多减排机会，同时能降低减排成本。扩张碳减排价格覆盖面可减少碳泄漏，维持竞争力。扩大碳排放配额和抵消市场从而提高市场流动性，减少市场动荡，降低市场投机的可能性。各市场间合作，还可共担管理职能，减少市场运作成本，增强市场间的协调性。各个碳市场的合作可以通过互认碳减排工具展开，各碳市场发放的抵消证和配额可在各市场间通用，在合作之前，各碳市场会审视配额预算，信息要求，追踪系统，区域内交易电力的排放账户，管控、报告、认证、执行以及碳排放抵消处理等内容。WCI 积极探求与其他市场的合作，WCI、RGGI 和 MGGRA 在尝试展开合作，在多边或双边联系上开启了良好的开端①。

（五）温室气体排放权运作情形

目前只有加利福尼亚和魁北克按照 WCI 要求进行限额与交易项目，碳市场自 2013 年启动，两地从 2014 年起施行碳排放配额与碳排放抵消信用的互认，使用相同的登记系统、拍卖平台，市场运作与市场管控信息共享，但彼此在管理上独立。2015 年，加利福尼亚州—魁北克联合碳市场的年配额预算规模为 4.58 亿吨，成为仅次于欧盟碳排放交易体系的全球第二大碳市场。

加州碳减排目标是 2020 年的排放量与 1990 年的相同，魁北克则是 2020 年的排放量比 1990 年低 20%，魁北克的减排目标更高，意味着魁北克需要从加州净流入配额与抵消，但是，魁北克的经济规模只有加州的 1/6，魁北克的减排目标高可能会拉高市场价格，但效果轻微。

加州和魁北克能源部门中，加州 70% 的州内电力来自石化燃料，魁北克的电力部门主要是可再生能源，95% 来自水电，魁北克在电力和工业部门减排容易，很难让省内的实体提高效率，可能需要不断求助市场来满足限额。

加州和魁北克碳市场发放的配额根据历史数据给出，逐年减低，多数配额以免费的方式供给，但是仍然多于碳排放量，排放配额的拍卖价格经常会以保留价格卖出，或略高于保留价格，拍卖的配额有时会出现卖不完的情况，但是随着市场信心的增强，拍卖价格平稳增加，配额拍卖出的成交率不断提高。

根据碳市场发展数据，加州与魁北克在对抗气候变化减少碳排放之时，经济也得到一定的长足发展②。

---

① 梅德文：《全国碳市场构想》，《中国投资》2013 年第 2 期，第 73 ~ 75 页。

② 邢佰英：《美国碳交易经验及启示——基于加州总量控制与交易体系》，《宏观经济管理》2012 年第 9 期，第 84 ~ 86 页。

参考资料

2013 年 1 月 1 日，美国加州碳市正式启动，出于风险规避和管理成本控制等方面的考虑，大型工业设施、电力生产设施以及电力第一进口商成为首批纳入的受控源，配额总量近 1.6 亿吨。加州碳市第一履约期（2013 ~ 2014 年）已结束，控排企业 100% 履约。在第二履约期（2015 ~ 2017 年），受控源从“下游”延展至“上游”，纳入了燃料供应商，碳市配额总量可达 3.9 亿吨。

资料来源：《国际碳行动合作组织（ICAP）2016 年度全球碳市场报告》

五　美国碳排放权交易市场运行效果

尽管美国没有构建全国层面的碳市场，但是区域性的碳市场在不断的发展中，也取得一定成效。

（一）引导其他地方政府减排上的跟进

芝加哥气候交易所、区域温室气体减排行动、西部气候倡议的减排活动，为美国其他地方树立了典范，引起关注，带动其他各州与城市的碳减排活动。已有多个州依照各自的资源、经济与政治结构提出了相应的温室气体减排目标：新墨西哥州（New Mexico）温室气体减排目标是到 2020 年温室气体排放量在 2000 年基础上下降 1/10；缅因州（Maine）温室气体减排目标是到 2020 年温室气体排放量要在 1990 年的基础上下降 1/10；纽约州（New York）温室气体减排目标是到 2020 年温室气体排放量在 1990 年的基础上下降 1/10，提高供暖用燃料中的生物燃料占比，增加邮电混合动力车的应用，纽约州计划在 2020 年前对政府所属学校、医院、机关的老旧电器设备系统进行升级换代，并提供低息贷款，以实现 20% 的碳减排目标。多数州建立基金投入清洁能源项目、提高能源使用效率项目。多个州颁布施行了能源有效利用标准。加利福尼亚州在 2009 年颁布《低碳燃料标准》，要求至 2020 年前在加利福尼亚州的汽车燃料含碳量下降 10%。美国有 13 个州制定了可再生能源标准，有 11 个州采用加利福尼亚州的《低碳燃料标准》，这 11 个州是肯塔基州、特拉华州、马里兰州、缅因州、马萨诸塞州、新泽西州、新罕布什尔州、纽约州、宾夕法尼亚州、罗得岛州与佛蒙特州。美国各州政府在气候变化碳减排上主动积极，交相呼应，推动着相互间采取更为科学的碳减排行动。

（二）推动联邦层面的政府减排行动

应对气候变化、减少温室气体排放不仅需要地方采取行动，更需要各国政府、国际社会的共同行动，地区性的行动固然好，但不能取代整齐划一的全局行动，在各区域的减排行动激励下，特别是在一些地区的正面样板示范作用下，州政府通常起到政策实验室的作用，州政府的碳减排政策及其实施为联邦政府制定实施碳减排政策的参照样本，推动着联邦政府制定全国性减排政策，有力地激励联邦政府加快碳减排步伐。

各州的碳减排行动对美国温室气体总排放量的减少贡献斐然。许多州的经济规模巨大，温室气体排放量也高，甚至在经济规模、碳排放量上超过一些国家，但由于缺乏全局调控，碳泄漏时有发生。加之更宽广的地理区域的碳减排活动能够消除大量的重复工作，激励和约束着联邦政府采取统一的减排行动，打造更为协调统一的宏观管制氛围，规避碳泄漏，更为有效地减少碳减排成本，产生碳减排的规模经济效应。

（三）激发企业共同利益诉求参与减排

在碳减排活动中，要形成普遍认可的交易体系，就需要参与其中的各实体有着相同的交易理念和一致的目标。这就要求参与的各个实体有着趋同的利益诉求。市场经济中，企业追求的是利润最大化，只有在可实现利润最大化的情形下新的市场模式或技术革新才能得到推广。美国的官僚、企业家和新闻媒体，为推动经济社会的发展而自发地联合，在应对气候变化、推动温室气体减排之时，对于企业而言，碳减排是一种挑战，碳排放量大的企业，若不早早准备技术革新，将来会遭遇重大损失。碳市场的发展，对企业来说，是一种机遇，迫使企业技术革新，积极应对碳减排的要求，化压力为动力，还可以为企业打造良好的社会形象。碳减排会影响能源利用的效率与能源利用的结构，清洁能源、可再生能源的利用比例会大幅增加，主动参与减排活动可以使其在能源结构调整中占据先发优势。对于投资者来说，碳市场提供了一个新的投资途径，只要操作得当，就能获益匪浅。总体来看，推动碳市场发展，对于企业、投资者来说，可以增强其社会责任感，改善企业的社会形象，推动技术进步，占领市场优势地位，更因为能够满足其利润最大化的利益诉求，从而激励各实体共同推动碳市场的进步。

但是，美国碳市场发展中也有一些不和谐的负面效果，如碳泄漏和市场投机行为加上政府对减排资金的规划不合理导致了许多问题。从美国碳市场的运转来看，芝加哥气候交易所、区域温室气体减排行动、西部气候倡议发展中皆有过配额过剩状况。由此可见，碳市场要素设计的关键是碳排放总量的设定和配额的分配。配额分配涉及企业参与碳市场的积极性、市场活跃水平及公平性议题，美国各碳市场皆对配额的分配方法展开了各自的探求。虽然这些问题发生的缘由各有不同，但都不利于碳市场的发展和减排活动的开展。

六　美国碳市场的经验启示

美国碳市场发展经验表明，碳市场运作中的问题很普遍，还需经由后续调整持续完善，因此在碳排放市场机制设计时要导入自我评估和调整机制，这才是碳市场可持续发展的硬杠杠。我国碳市场起步较晚，可以从美国碳市场发展的经验与教训中得到一定的启示。

（一）加快建立以市场机制为主导的温室气体减排的长效机制

美国一直致力于对环境污染物的有效控制，并将市场机制作为重要的手段之一，形成了稳定长效的机制。我国目前也面临节能减排、大气污染防控等现实问题，且逐步认识到市场机制的重要作用，应加快对碳市场在顶层设计、实施保障等方面的理论研究和工作推进，建立适合中国国情的长效的减排市场机制。

（二）碳市场配额分配设计应体现行业的差异和社会公平

配额分配是碳交易制度核心问题之一。美国的区域碳市场在配额分配上采用的方法因覆盖范围不同而存在较大差异。RGGI 项目覆盖单一电力行业，设计了“拍卖—投资”的收入中性机制。加州碳市场覆盖行业多、差异大，更多考虑避免企业泄漏的问题，通过免费配额给予企业过渡支持。建议我国在碳市场顶层设计中加强对配额分配机制以及可能带来的额外收入和对企业、行业乃至整个社会影响的分析和研究。地区碳交易试点在实施过程中应加强对碳泄漏问题的研究，合理设计和使用免费与拍卖的配额分配方法。

（三）建立对碳排放数据的科学的质量控制制度

真实、准确的数据是碳市场的关键和基础。目前，实测法和计算法是获取碳排放数据的两大基本方法，并且实测法在数据的科学性和准确性方面被普遍认为高于计算法。美国在对污染物排放长期采用 CEMS 测量的基础上，重视碳排放实测法的应用，并对工厂排放数据的现场实测和收集有严格的质量控制要求，投入大量的人力物力来保证数据的质量。加州坚持引入第三方核查机制，也是为了保证数据的质量。建议我国加快建立对企业级数据排放报告和核查的制度建设，加强对排放数据从产生、收集、报告、核准到使用的全程精细化质量控制，保证碳排放数据的质量。

（四）碳市场建设应重视法律强制力和技术执行能力的充分结合

美国在管制污染物排放、建立排放报告制度等方面都有立法保障强制实施，并且法律条文详细明确、可操作性强。同时，美国环保部、加州空气资源委员会等单位在法律实施过程中，制定了有关技术标准和指南，开展了大量研讨培训和能力建设工作，从而保证管制企业有足够能力履行减排义务。建议我国在碳市场建设过程中，加强有关碳交易立法的研究工作，明确主管部门、企业、核查机构、交易机构、金融机构等参与主体的责任和义务；同时加快有关“MRV”配额分配方法等技术支撑工作的建设①。

第三节　中国碳市场

一　中国碳市场建立的背景

中国碳市场的建立有其时代背景和发展的必然，既有中国自身的原因，也有国际环境的压力。

（一）中国自身有温室气体减排的诉求

中国是世界上最大的温室气体排放国，也是受气候变化负面影响最大的国家之一。根据 IEA 的统计结果，自 2006 年起中国碳排放量接近 6 Gt CO_2，

① 刘海燕、郑爽：《美国碳市场建设及对我国的启示》，《中国经贸导刊》2014 年第 3 期，第 7～8 页。

占世界碳排总量的21.88%，超过美国，跃居世界第一，而这一数值到2011年迅速增长到8 Gt CO_2，占世界总量的25%以上，估计2035年左右中国碳排放总量占全世界的份额将达到28%左右。同时，中国还是世界上最大的能源消费国、最大的煤炭消费国，国内经济可持续发展面临的资源和环境约束日益凸显，而温室气体减排除了应对全球气候变化，还可以带来节能与环境改善的协同效益。从国际环境看，控制温室气体排放应对气候变化的呼声日益强烈，虽然未对发展中国家有强制减排要求，但碳减排是各国维护全球环境的责任和义务。如果未来受到强制约束时再进行碳交易体系的建立与改革，则可能会付出高昂的代价，这也是促成中国碳排放权交易体系建立的重要原因。

（二）EUETS的示范效应

EUETS运行的经验和教训为中国建立碳交易市场提供了良好的模板。从欧盟2000年发布《温室气体绿皮书》正式宣布以碳排放权交易为欧洲气候政策的重要组成部分，到最终EUETS运行，其间草案和法律经过多次完善和修订，随后又经过试运行所累积的经验不断改进和延伸，目前已进入了第三阶段。目前，中国各地碳交易试点的运行几乎是结合各地特点在EUETS基础上的改进。

二　中国碳市场特点

7个碳排放权交易试点省市从2013年开始运行碳交易市场。试点地区分布于我国东、中、西和北部，人口1.99亿人，面积48万平方公里。试点地区具有不同的产业结构和经济发展水平，拥有全国约30%的GDP和产生全国约20%的二氧化碳排放量。

（一）控排目标

国内7个碳排放交易试点均以单位GDP二氧化碳排放下降为目标，属于降低碳强度的减排目标。各个试点省市依据自身的经济发展情况和产业格局衡量减排潜力，进而制定各自的减排目标。相比欧盟各成员国间大跨度的减排目标，中国试点地区内单位GDP二氧化碳排放量相比2010年下降15%～19.5%，差距较小（见表10－1）。

（二）排放边界

总体来看，EUETS 是基于排放设施的交易体系，其对温室气体排放的控制与监管具体到排放设施；而国内试点当中，除了未明确规定的北京与重庆，其他地区的交易试点均以企业为单位进行温室气体的控排与监管。在控排范围内，各试点碳市场在覆盖行业和纳入标准方面差异较大，国内各试点中都设立了不同的能耗（以标准煤消耗或二氧化碳排放为单位）要求。湖北、广东和重庆都是工业大省（市），因此碳市场仅覆盖工业，纳入标准也相对较高。而北京、上海和深圳第三产业较为发达，其碳市场不仅包括工业，还纳入了第三产业，如建筑、航空、商业等，纳入标准也相对较低。由于各试点碳市场的覆盖行业和纳入标准不同，加上企业结构有所差异，因此各试点碳市场覆盖的企业数量也相差较大，深圳市最多，覆盖企业数量高达 832 家，以中小企业为主；天津市最少，仅覆盖 114 家，以大型工业企业为主。

表 10－1　七个试点间控排目标和主体范围的比较

地区	控排目标（对比 2010 年）		主体范围	
	单位国内生产总值二氧化碳排放下降	单位国内生产总值能源消耗下降	覆盖范围	报告范围
全国	17%	16%	—	—
广东	19.5%	18%	电力、钢铁等工业行业年碳排放量2万吨以上（或综合能源消费量1万吨标准煤）及以上的企业，新建年排放二氧化碳1万吨以上项目的企业	年排放1万吨二氧化碳（或综合能源消量5000吨标准煤）及以上的工业企业
湖北	17%	16%	年能源消费量6万吨标准煤及以上的重点工业企业	年综合能源消量8000吨标准煤及以上的工业企业
上海	19%	18%	钢铁、石化、化工、有色、电力、建材、纺织、造纸、橡胶、化纤等年碳排放量两万吨及以上及航空、港口、机场、铁路、商业、宾馆、金融等非工业行业年碳排放量一万吨及以上	二氧化碳年排放量10000吨及以上的其他企业

续表

地区	控排目标（对比2010年）		主体范围	
	单位国内生产总值二氧化碳排放下降	单位国内生产总值能源消耗下降	覆盖范围	报告范围
天津	15%	19%	钢铁、化工、电力、热力、石化、油气开采等重点排放行业和民用建筑领年碳排放量2万吨以上	钢铁、化工、电力热力、石化、油气开采等重点排放行业和用建筑年碳排放量1万吨以上
深圳	15%	19.5%	年碳排放总量5000吨二氧化碳当量以上的企事业单位、2万平方米以上的大型公共建筑物和1万平方米以上的国家机关办公建筑物、自愿加入并经核准的企事业单位或建筑物、主管部门制定的其他企事业单位或建筑物	年碳排放总量3000吨以上但不足5000吨二氧化碳当量的企事业单位、主管部门规定的特定区域内的企事业单位或建筑物
北京	18%	17%	年二氧化碳直接排放量间接排放量之和大于1万吨（含）的单位为重点排放单位，需履行年度控制二氧化碳排放责任，是参与碳排放权交易的主体；年综合能耗2000吨标准煤（含）以上的其他单位可自愿参加，参照重点排放单位进行管理。符合条件的其他企业（单位）也可参与交易①	本市辖区内年综合能耗2000吨标准煤（含）以上的用能单位
重庆	17%	16%	2008－2012年任一年度排放量达到2万吨二氧化碳当量的工业企业	——

资料来源：“十二五”控制温室气体排放工作方案

① 戴丽：《我国工业绿色化发展压力大》，《节能与环保》2014年第2期。

（三）配额分配

合理地分配碳排放权额度是整个碳交易机制有效运行的基础。配额分配也体现了极强的地域特色。北京、天津、深圳和湖北按年度进行配额分配，而上海、重庆和广东则是2013～2015年的配额一次性分配（见表10－2）。分配模式以免费分配为主，同时考虑小部分配额拍卖，但在配额数量的计算方法上差异较大，大部分试点采用统一的方法，有的试点则对增量和存量区别对待。如天津存量采用历史排放法，增量采用基准线法。

表 10－2　各试点间配额分配情况的比较

地区	发放方式及配额分配情况	
广东	一次性	基于 2011～2012 年历史排放，按碳排放强度和碳排放总量增幅逐年降低，配额免费和部分有偿购买。2013～2014 年控排企业、新建项目企业的免费配额和有偿配额比例为 97% 和 3%，2015 年比例为 90% 和 10%
湖北	年度	综合考虑企业历史排放水平、行业先进排放水平、节能减排、淘汰落后产能等因素，每月 6 月 30 日前免费发放
上海	一次性	基于 2009～2011 年历史排放水平，部分行业按基准线法则等方法；采取免费或有偿的方式分配配额
天津	年度	以 2009～2012 年历史排放水平为基础、免费发放为主
深圳	年度	以控排单位的 2009～2011 年历史排放量为基础，采取无偿分配和有偿分配两种方式，无偿分配不得低于配额总量的 90%，有偿分配可采用固定价格、拍卖（该方式出售配额数量不得高于当年年度配额总量的 3%）或其他有偿方式
北京	年度	制造业、其他工业和服务业企业（单位）基于历史排放总量； 供热企业（单位）和火力发电企业基于历史排放强度
重庆	一次性	以配额管理单位既有产能 2008～2012 年最高年度排放量之和为基准配额总量，2015 年前，按逐年下降 4.13% 确定年度配额总量控制上限，2015 年后根据国家下达本市的碳排放下降目标确定。配额管理单位在 2011～2012 年扩能或新投产项目，其第一年度排放量按投产月数占全年的比例折算确定。2015 年前配额实行免费分配①

资料来源：各试点相关政策部分来自各试点交易所官方网站，下同。

①佚名：《重庆市碳排放权交易管理暂行办法》，《重庆市人民政府公报》2014 年第 8 期，第 1～4 页。

参考资料

湖北省对于配额的分配，综合考虑企业历史排放水平、行业先进排放水平、节能减排、淘汰落后产能等因素，制订企业碳排放权配额分配方案。由于以行业先进排放水平为标准，湖北省给行业中各企业发放的碳排放配额相对较少，该种分配方式较能刺激配额以及核证减排量的市场需求，并能较多地促进行业整体的节能减排发展。试点期间，配额免费发放给纳入碳排放权交易试点的企业。根据试点情况，适时探索配额有偿分配方式。湖北没有像广东和上海地区一样一次性发放3年的配额，而是选择按年度来分配发放，即每年6月30日前免费发放。每年分配碳排放权配额的分配方式有利于市场监管部门对市场状况的监测及调整。如果在第一年出现超额发放的情况，则可在第二年收紧额度，反之亦然。但是，由于湖北是工业大省，一旦发生由经济衰退、行业不景气而引起的停产、减产等情况，产生的富裕碳排放配额与核证减排量对市场的冲击将是致命的。所以，如何从碳排放配额分配方法上降低这种风险，是湖北省应该主要攻克的问题。

资料来源：《环维易为中国碳市场调查报告（2016)》。

（四）交易要素的比较

各试点在交易过程中，各自建立了自己的交易平台，并发放了各自有特色的交易产品（见表10－3）。在交易参与者和风险控制的规定上也各有不同。

表10－3　各试点间交易要素的比较

地区	启动时间	交易平台	交易产品	交易方式	交易参与者	风险控制
广东	2013.12	广州碳排放权交易所	配额，CCER	采取国家法律法规和有关规定允许的方式	控排企业其他组织和个人，第一年只有控排企业	未规定
湖北	2014.04	湖北省碳排放权交易中心	配额，CCER（＜10%）	电子竞价、网络撮合等	控排企业，拥有CCER的法人机构和其他组织，省碳排放权储备机构，符合条件的自愿参与碳交易的法人机构和其他组织	涨跌幅10%
上海	2013.11	上海环境能源所	配额，CCER	公开竞价、协议转让及其他方式	控排企业，符合条件的其他组织和个人	涨跌幅30%
天津	2013.12	天津排放权交易所	配额，CCER（＜10%）	网络现货交易、协议交易和拍卖交易	控排企业及国内外机构、企业、社会团体、其他组织和个人	涨跌幅10%

续表

地区	启动时间	交易平台	交易产品	交易方式	交易参与者	风险控制
深圳	2013.06	深圳排放权交易所	配额，CCER	现货：电子竞价、定价点选、大宗交易、协议转让	控排企业，其他未纳入企业、个人、投资机构	涨跌幅 10%
北京	2013.11	北京环境交易所	配额，CCER	公开交易；协议转让；经市发展改革委或市金融局批准的其他交易形式；场外交易	控排企业，报告企业可自愿参加，其他符合条件的企业	涨跌幅 20%
重庆	2014.06	重庆碳排放交易中心	配额，CCER（<8%）	公开交易	配额管理单位、其他符合条件的市场主体及自然人	涨跌幅 20%

（五）补充机制

调控政策方面，体现地域特色的是抵消机制。虽然各试点省市都允许使用中国核证减排量（CCER）进行抵消，但是对于 CCER 的数量和来源有明显不同的规定，如广东省要求 70% 以上的 CCER 必须来自本省，这是根据该省西北部地区与珠三角地区经济发展差距较大而推出的自身补偿机制，既可帮助西北地区获得技术与资金，也可推进本省碳市场的发展。各试点间补充机制设计差异见表 10－4。

表 10－4　各试点间补充机制设计差异

地区	补充机制主要内容
广东	自愿减排机制，不得超过本企业所获年度碳排放权配额的 10%
湖北	自愿减排机制，抵消额度不得超过该企业年度碳排放配额的 10%。已备案减排量 100% 可用于抵消；未备案减排量按不高于项目有效计入期（2013 年 1 月 1 日～2015 年 5 月 31 日）内减排量 60% 的比例用于抵消
上海	自愿减排机制，经国家核证项目的温室气体减排量，探索碳排放交易相关产品创新，清缴比例由市发展改革部门确定并向社会公布
天津	中国自愿减排机制，比例不得超过年度排放量的 10%
深圳	自愿减排机制。经深圳碳交易主管部门核查认可的碳减排量抵消其一定比例的碳排放量，不得超过年度排放量 10%

续表

地区	补充机制主要内容
北京	自愿减排机制，不得超过当年排放配额数量的5%，其中，本市辖区内项目获得的CCER必须达到50%以上
重庆	2015年前，每个履约期内国家核证减排量使用数量不得超过审定排放量的8%，减排项目应当于2010年12月31日后投入运行（碳汇项目不受此限）

（六）激励约束机制和处罚

对于未按时完成配额清缴工作的，各试点省市也制定了不同的约束措施，包括罚款、记入企业信用、取消企业其他财政支持或者项目审批等，但是不同试点的惩罚力度不一，惩罚力度差异会直接影响碳市场的实施成效。从违约处罚来看，国内7个试点地区的处罚措施均以罚款为主，天津市对未履行义务的企业主要实行责令整改制度，其惩罚力度最弱。产生这种差异的主要原因在于各试点省市建设碳市场的法律基础不一样，政府所能行使的权利也不同（见表10－5）。

表10－5　各试点间激励约束机制的比较

地区	激励约束机制	处罚
广东	资金和政策支持	按市场年平均价格的3倍处以罚款
湖北	建立激励约束机制	未缴纳差额按照当年度碳排放配额市场均价的3倍予以处罚，同时在下一年度分配配额中予以双倍扣除
上海	研究建立激励约束机制，如融资支持、财政支持、政策支持	未履行报告义务；提供虚假不实资料或隐瞒重要信息未按规定接受核查：1万元≤X≤3万元 无理抗拒阻碍第三方机构开展核查工作：3万元≤X≤5万元 未履约配额清缴义务：5万元≤X≤10万元
天津	暂未公布	责令整改、公开通报或者取消相关补助
深圳	表彰或奖励	未按时提交核查报告：逾期未改1万元≤X≤5万元，情节严重5万元≤X≤10万元； 未按时提交足额配额或CCER：强制扣除，不足部分从下一年度配额中直接扣除，按当月前连续六个月碳交易配额平均价格的3倍罚款；未在迁出、解散或破产清算之前完成履约：强制扣除，不足部分按当月前连续六个月碳交易配额平均价格的3倍罚款

续表

地区	激励约束机制	处罚
北京	暂未公布	未按时提交核查报告：逾期未改 $X \leqslant 5$ 万元； 未按时提交足额配额或 CCER：按照市场均价的 3 至 5 倍予以处罚
重庆	鼓励金融机构优先提供与节能减碳相关的融资支持，探索配额担保融资等新型金融服务	责令整改、公开通报或者取消相关补助

资料来源：李真《我国碳交易市场配额机制研究》，《上海市经济管理干部学院学报》2014 年第 6 期，第 31 ~ 37 页。

（七）合规周期

在配额放弃与注销（合规机制）的问题上，国内各试点的遵约机制基本相同。从各地方试点地区已出台的相关政策性文件中可以看出，各试点均将履约日期定为每年 5 月、6 月左右，尽管配额发放形式不尽相同，但各试点地区每年均对辖内控排企业进行合规（见表 10 – 6）。

表 10 – 6　各试点间 MRV、合规时间对比

试点	排放报告	核查报告	质量控制	履约
广东	3 月 30 日前	4 月 30 日前	发改委抽查和复核	6 月 20 日前
湖北	2 月底前	4 月底前	——	5 月底前
上海	3 月 31 日前	4 月 30 日前	发改委 30 日内审定	6 月 30 日
天津	4 月 30 日前		核查机构间相互校核	5 月 31 日前
深圳	3 月 31 日前	4 月 30 日前	发改委抽查和重点检查	6 月 30 日前
北京	4 月 15 日前	4 月 30 日前	5 月发改委审核及抽查	6 月 15 日前
重庆	4 月 20 日前完成上年度排放量审定、调整上年度配额。核查工作在此日期前完成			6 月 20 日前

三　中国碳市场运行效果

（一）七试点碳配额交易情况

1. 各试点碳市场交易价格差异较大

碳市场启动初期，各试点交易价格差异较大，深圳最高，湖北最低，之后各试点的交易价格逐渐趋同。2013 年履约期，深圳成交均价最高，为 67.67 元/吨，2014 年为湖北的第一个履约期，成交均价最低，为 24.34 元/吨，各试点价格差异较大。进入 2014 年履约期，经过碳市场发展和调整，市场供求关系变得具有可预测性，价格逐步回落，进入较为合理的价格区间，各试点成交均价集中在 24～55 元/吨的范围内，并逐渐趋同。2015 年度碳价普遍下跌，但总体更加稳定，目前 7 个试点地区的碳价呈两个阵营，上海、广东、湖北、天津、重庆这 5 个碳交易试点的碳价在 20 元/吨附近波动，而北京、深圳这 2 个碳交易试点的碳价在 40 元/吨附近波动。

2. 碳交易市场前期的碳价飙升，履约期前后价格波动大

在开市前期，多数的中国碳交易市场都经历了不同程度的碳价上升。例如，深圳试点在 2013 年 6 月的开盘价约为 30 元/吨，但深圳碳配额（SZEA）价格在 2013 年 10 月时一度飙升至每吨 100 元以上（虽然当时的交易量较少）。这个现象也曾在国外的碳交易市场上出现过。在欧盟碳交易市场的第一阶段时，欧盟碳配额（EUA）在 2005 年初以低于 10 欧元/吨的价格开始交易，但到 2005 年中旬时，EUA 价格飙升至 30 欧元/吨。

碳价履约前后波动较大。在 7 个碳交易试点当中，有些试点的碳价出现了季节性的波动。在上海（2014 年 6 月）、北京（2014 年 7 月）和湖北（2015 年 7 月）的第一履约期时，这些试点的碳配额价格都出现了上涨的现象，涨幅介于 30% 至 60% 之间（对比开市价格）。履约期过后，碳配额价格便立即回落。碳配额价格会出现这种现象主要是因为控排企业在履约期的配额需求大量增加，导致碳价飙升。在碳市场和控排企业成熟后，碳价将减少季节性波动。

3. 试点交易履约驱动性较强，但碳市场交易总量比例较稳定

湖北交易量占中国碳市场总交易量的 48%，远远超过起步较早且配额总量相当的上海、广东和天津等试点。2013 年履约期，除天津之外，深圳、上海、北京、广东最后一个月的成交量占总成交量的比重均超过了 65%，完成履约后，交易量又显著下降。2014 年履约期与 2013 年履约期相比，交易量集中于履约截止前的情况有所改善，履约最后一个月，除广东外，其余试点成交量占总成交量的比例均在 50% 以下。中国碳市场交易持续性较差，原因在于大部分控排主体的碳排放权交易策略十分被动，参与碳排放权交易的主要动机仍是完成履约。交易不能分散在平时而是集中于履约前一个月会大幅增加企业的履约成本，尤其是在缺乏碳期货和期权交易的市场上，根本无法实现低成本减排的初衷。

案例研究

对比7个碳交易试点地区的时序综合交易情况，2015年度全国范围内当日碳交易量明显增加的日期比2014年度最多提前了约70个交易日，这也说明2015年度碳市场交易的积极性远远高于2014年度，更多交易者主动参与交易；从日交易量在20万吨以上的交易日数量来看，2015年度有22天，约为2014年度12天的两倍，而从日交易量在5万吨以上的交易活跃期持续时间来看，2015年度比2014年度多了50多个交易日，这都反映出2015年度碳市场活跃度远高于2014年度。

对比7个碳交易试点两个年度的交易情况可以发现，变化最大的是广东碳市场，2015年度广东碳市场交易总量占全国总交易量的27%，而在2014年度该值仅为6%；天津碳市场和上海碳市场的交易总量急剧减少，两者共减少了约16%的市场份额。表现最为稳定的是湖北碳市场和深圳碳市场，其中，湖北碳市场是国内最大的碳市场，市场份额约为全国总量的43%，而配额总量最小的深圳碳市场交易量之高得益于其较高的交易活跃度。

资料来源：《环维易为中国碳市场调查报告（2016)》。

4. 履约率较高

2015年6月底7月初，全国7个碳交易试点陆续步入年度履约期限，率先完成履约的是广东、北京、上海、深圳4个碳试点。截至6月30日，北京碳市场543家碳排放企业全部按期履约，未出现一家单位受罚。同日，上海190家试点企业全部按照经审定的碳排放量完成2014年度配额清缴，上海碳市场成为国内唯一一个连续两年圆满完成履约的试点地区。7月1日，深圳市634家管控单位顺利完成了2014年度碳排放履约义务，按时足额提交了碳排放配额，深圳碳市场履约率约99.69%，华瀚科技有限公司、深圳翔峰容器有限公司两家企业由于未能按时足额提交配额，将面临失信惩罚。截至7月8日，2014年度广东184家控排企业碳排放履约率达

100%。广东也在碳交易启动第二年度，首次实现所有控排企业100%履约，7月10日，湖北碳市场138家控排企业100%完成履约，同比减排781万吨，同时，湖北碳市场也超额完成国家下达的碳强度下降目标，排放下降率为3.19%。天津市2014年度碳排放履约工作也于7月10日结束，112家纳入企业中，履约企业111家，未履约企业1家，履约率为99.1%。重庆碳市场履约期推迟1个月，推至2015年7月23日，2015年是重庆碳市场首个履约年，且实行2013~2014年度合并履约。在经历了7省市的碳交易试点后，随着企业对碳履约更加重视、碳资产意识提升，全国性的碳交易市场将尽快逐步建立。

（二）CCER成交情况

批经核证的减排量（CCER）赶在试点履约期结束前极速获签发，截至2015年5月底，国家发改委分四批共签发74个项目的CCER，签发总量达2000万吨左右。上海碳市场CCER协议转让5.97万吨，累计成交量200.93万吨，位居七个试点碳市首位，是首个CCER交易量超过200万吨的试点碳市。截止到2015年6月26日，其他试点地区CCER成交量如下：北京为150.32万吨，深圳为139.42万吨，天津为111.66万吨，广东为91.09万吨，湖北仅有一笔公开交易，重庆无成交。

四　中国碳交易试点的经验和教训

中国碳排放权交易7个试点的制度设计体现了我国不同发达程度地区的不同特点，体现了发展中国家和地区不完全市场条件下ETS的广泛性、多样性、差异性和灵活性，从而与欧美等发达国家和地区的ETS相比形成自己的特色。

（一）政策先行、法律滞后

各试点重点围绕碳市场的关键制度要素和技术要求，充分发挥行政力量，在短时间内完成了关键制度设计，启动了碳交易，并在实践中不断补充和完善。

（二）在覆盖范围上，只控制二氧化碳排放

控排企业的排放边界主要以企业组织机构代码为准在公司层面而不在设施层面界定。由于试点区域经济结构差别大，覆盖行业广泛多样，不仅

包含重化工业，也包含建筑、交通和服务业等非工业行业。在纳入企业选择上，都是设定一个排放门槛值，将符合条件的一律纳入。

（三）在配额总量和结构上将总量设定与国家碳强度目标相结合

各试点充分考虑经济增长和不确定性，进行总量设置。同时，通过柔性的配额结构划分，以及配额储存预借的跨期灵活机制，适应经济高增长和不确定性的特征。

（四）在配额分配机制上综合了各种分配方式

通过免费分配与拍卖相结合、历史法和标杆法相结合、事前分配与事后调整相结合的“三结合”方法，一方面，在一定程度上克服了数据基础薄弱、控排主体环境意识不强、参与碳市场积极性较弱的问题；另一方面，为政府留下了较大的管理空间和手段，平衡了经济适度高增长和节能减排之间的关系。

（五）允许采用一定比例的 CCER 用于抵消碳排放

在抵消机制上，允许采用一定比例的 CCER 用于抵消碳排放。同时，各地充分考虑 CCER 抵消机制对总量的冲击，通过抵消比例限制、本地化要求和项目类型规定，控制 CCER 的供给。

由于 7 个试点横跨了中国东、中、西部地区，区域经济差异较大，制度设计体现出了一定的区域特征。深圳的制度设计以市场化为导向；湖北注重市场流动性；北京和上海注重履约管理；而广东碳市场重视一级市场，但政策缺乏连续性；重庆企业配额自主申报的配发模式使配额严重过量，造成了碳市场交易冷淡。这些都为 2017 年全国碳市场的建立提供了丰富的经验和教训。

内容提要

（1）欧盟碳市场是碳排放权交易机制的先驱者，正是欧盟 ETS 机制的运作，增强了欧盟各国和相关企业节能减排的意识和意愿，促进了投资者对低碳技术和低碳产业的投资，推动了欧盟和全球碳排放市场的繁荣以及碳金融业的发展，为各国建立和发展温室气体排放交易机制积累了可借鉴的丰富经验。

（2）尽管美国没有全面层面的碳市场，但是区域性的碳市场在发展中取得了一定成效。为美国其他地方树立了典范，引起关注，带动其他各州与城市的碳减排活动。地区、州层面碳减排在前，加上联邦层面碳减排的种种好处，激励和约束着联邦政府采取统一的减排行动。碳市场的发展，对于企业、投资者来说，可以增强其社会责任感，改善企业的社会形象，推动技术进步，使其占领市场优势地位；而由于能够满足各主体利润最大化的利益诉求，各主体又共同推动碳市场的进步。

（3）在国际减排承诺和国内资源环境双重压力之下，中国于2011年底启动了“两省五市”碳排放权交易试点，并计划于2017年启动全国碳市场。

（4）中国七个试点在国内具有一定的代表性，体现出新兴经济体不完全市场的特征和规律。七个试点在法规政策和机构设置、制度设计中覆盖范围、配额总量和结构、配额分配机制和抵消机制，以及市场运行和履约情况上具备共性特征及差异性。

（5）碳市场试点的运行为全国碳市场的建立打下了基础，但也存在各自的问题，在全国碳市场统一时应予以足够重视。

思考题

1. 欧盟碳排放权交易机制建立的过程是什么？
2. 欧盟碳排放权交易机制经验有哪些？
3. 欧盟碳排放权交易机制有何成效？
4. 美国碳排放权交易市场运行效果如何？
5. 简述中国碳市场与 EU－ETS 的联系与区别。
6. 请总结中国碳交易试点的市场的经验教训。

参考文献

[1] Fazekas, D.，“Auction Design, Implementation and Results of the European Union Emissions Trading Scheme”, *Energy and the Environment*, 2008.

[2] Alan, S. M. , Richard, G. R. , “International Trade in Carbon Emission Rights: A Decomposition Procedure”, *The American Economic Review*（2）2009.

［3］黄平、周晋：《从国际市场实践看我国碳交易市场存在的问题及对策》，《兰州学刊》2014 年第 10 期。

［4］郑爽：《欧盟碳排放贸易体系现状与分析》，《能源与环境》2011 年第 3 期。

［5］Paltsev, S. V. , "The Kyoto Agreement: Regional and Sectoral Contributions to the Carbon Leakage", *The Energy Journal* (4) 2001.

［6］Kuik, O. , Gerlagh, R. , "Trade Liberalization and Carbon Leakage", *The Energy Journal* (3) 2003.

［7］Babiker, M. H. , "Climate Change Policy, Market Structure, and Carbon Leakage", *Journal of International Economics* (2) 2005.

［8］Sijm, J. P. M, Kuik, O. J. , Patel, M. , et al. , "Spillovers of Climate Policy: An Assessment of the Incidence of Carbon Leakage and Induced Technological Change due to CO_2 Abatement Measures", Netherlands Research Programme on Climate Change Scientific Assessment and Policy Analysis, ECN report ECN－C－05－014, 2004.

［9］Copeland, B. R. , Taylar, M. S. , *Trade and the Environment: Theory and Evidence*, Princeton Uninversity Press, 2005.

［10］Mongelli, Tassielli, G. , Notarnicola, B. , "Global Warming Agreements, International Trade and Energy/Carbon Embodiments: An Input-output Approach to the Italian Case", *Energy Policy* (1) 2006.

［11］范英：《中国碳市场顶层设计重大问题及建议》，《中国科学院院刊》2015 年第 4 期。

［12］林文斌、刘滨：《中国碳市场现状与未来发展》，《清华大学学报》（自然科学版）2015 年第 12 期。

［13］齐绍洲、程思：《2015 年中国碳排放权交易试点比较研究》，武汉大学气候变化与能源经济研究中心，2016，http://www. brookings. edu/btc。

［14］北京环维易为低碳技术咨询有限公司：《2016 环维易为中国碳市场调查报告》，2016。

［15］李峰、王文举：《中国试点碳市场配额分配方法比较研究》，《经济与管理研究》2015 年第 4 期。

［16］李志学、张肖杰、董英宇：《中国碳排放权交易市场运行状况、问题和对策研究》，《生态环境学报》2014 年第 11 期。

［17］彭斯震、常影、张九天：《中国碳市场发展若干重大问题的思考》，《中国人口·资源与环境》2014 年第 9 期。

［18］郑爽等：《全国七省市碳交易试点调查与研究》，中国经济出版社，2014。

图书在版编目(CIP)数据

碳排放权交易概论 / 孙永平主编. -- 北京 : 社会科学文献出版社, 2016.11 (2023.7 重印)
碳排放权交易系列教程
ISBN 978-7-5097-9724-2

Ⅰ.①碳… Ⅱ.①孙… Ⅲ.①二氧化碳-排污交易-研究 Ⅳ.①X511

中国版本图书馆 CIP 数据核字(2016)第 223107 号

·碳排放权交易系列教程·
碳排放权交易概论

主　　编 / 孙永平
副 主 编 / 张彩平　刘习平　朱齐艳

出 版 人 / 王利民
项目统筹 / 恽　薇　高　雁
责任编辑 / 王楠楠
责任印制 / 王京美

出　　版 / 社会科学文献出版社·经济与管理分社 (010) 59367226
地址: 北京市北三环中路甲 29 号院华龙大厦　邮编: 100029
网址: www.ssap.com.cn
发　　行 / 社会科学文献出版社 (010) 59367028
印　　装 / 北京虎彩文化传播有限公司

规　　格 / 开 本: 787mm×1092mm 1/16
印 张: 21.5　字 数: 338 千字
版　　次 / 2016 年 11 月第 1 版　2023 年 7 月第 5 次印刷
书　　号 / ISBN 978-7-5097-9724-2
定　　价 / 69.00 元

读者服务电话: 4008918866